国际电气工程先进技术译丛

反馈控制导论

Feedback and Control for Everyone

[西班牙] 佩德罗·阿尔韦托斯 (Pedro Albertos)

[澳大利亚] 艾文·马雷斯 (Iven Mareels)   著

范家璐 王良勇 等译

柴天佑 审校

机械工业出版社

本书是反馈控制理论的初级教程。第 1 章介绍了反馈的基本概念，并用其与动力学的关系对反馈与控制的特征和要点进行了介绍；第 2 ~ 5 章介绍了反馈控制中涉及的信号和系统模型；第 6 章分析了反馈控制的稳定性、敏感性与鲁棒性；第 7 章重点分析了反馈；第 8、9 章介绍了控制子系统的结构与组成；第 10 章讲述了如何设计反馈控制器，使系统满足期望运行性能的同时还具有稳定性和抗干扰能力；第 11、12 章介绍了反馈控制在实际领域中的应用和益处。

本书从反馈与控制的理论介绍开始，然后扩展到我们日常生活中的控制应用，将反馈控制理论和个人以及社会联系起来，使读者能更清晰、生动地了解反馈控制并学会如何应用反馈控制。本书内容浅显易懂、内容全面、从理论延伸到实际应用。

主要读者为反馈控制初学者，包括学生以及相关专业领域的工作人员，还可作为大学反馈控制理论等相关课程的入门教材。

译 者 序

非常感谢机械工业出版社让我们来翻译 Pedro Albertos 和 Iven Mareels 两位控制领域全球知名专家著的《Feedback and Control for Everyone》一书,非常荣幸地将关于反馈控制的优秀外文书籍翻译成中文,以供国内更多对反馈控制感兴趣的学者和技术人员等阅读和研究,以推动反馈控制理论及应用在国内的发展。

2011 年秋,我博士毕业加入东北大学流程工业综合自动化国家重点实验室工作,彼时原著作者、IFAC 前主席 Pedro Albertos 教授正利用学术休假与我们合作教学、科研。当时,Albertos 教授应邀加入柴天佑院士(实验室主任)领衔的授课团队,为东北大学信息科学与工程学院自动化专业的大一新生讲授"自动化导论"等系列课程,而我被指派为翻译。当时,Albertos 教授的授课讲义是以这本《Feedback and Control for Everyone》为基础,其内容深入浅出,一些复杂的专业理论知识通过用易于理解的例子进行分析讲解,让学生们听得津津有味,不再感到专业的理论知识枯燥乏味。而且 Albertos 教授纯正的英文、让学生们感到和一个纯正的英文讲述者进行学术交流是一件很激发兴趣和交流欲的事,所以学生们和 Albertos 教授全程的沟通和互动都很顺畅和很积极,我这个翻译在课堂上完全没有了用武之地。也就是那次课学生对这门课的反应和反响以及那种热烈的课堂气氛,让我萌生了将这部经典专著译成中文版本的想法,想必在东北大学之外,也有很多学生以及从事相关专业领域的从业人员会对这本书的内容有兴趣,也相信将这本书翻译成中文会帮助更多的人解决求学或在实际工作中遇到的反馈控制问题。经过提议,Albertos 教授和柴天佑院士都表示很支持,随后我便与实验室的王良勇老师一起开始了本书的翻译工作。

对于刚毕业的青年教师,在教学与学术成长的路上既要忙于发表论文和申请项目,还要服务于实验室的各方面建设,所以白天很难有时间集中进行本书的翻译工作。通常是在夜深人静时在书房进行翻译工作,常常是东方露出鱼肚白的清晨伴我左右,这种安静的环境也让我能更加专心、仔细地进行翻译,尽最大努力翻译准确,不曲解原著对反馈控制的解释与介绍,尽量不让读者因为翻译的不准确而造成理解的偏差。

初稿出炉后,每次趁 Albertos 教授来访时一起讨论,推敲一处处可能存在翻译不准确的地方并进行修改。柴天佑院士也在百忙之中对全书进行了审校。在整个翻译过程中,我们也得到了流程工业综合自动化国家重点实验室研究生们的帮助,他们分别是高伟男、路兴龙、崔莹、张也维、郭单、曲钧天、杨霄、崔文娟、张猛和薛文倩。成稿之后，《控制工程》编辑部主任高敏教授也对全文进行了再次审校。在此，一并感谢大家！

不论是我和良勇老师本人，还是帮忙的研究生们，虽然我们对反馈控制都比较熟悉，但难免会有检查遗漏等原因造成的错误，敬请同行和读者赐教。

范家璐

2017 年 11 月

原书前言

我们着手撰写一部关于控制与反馈导论的书始于意识到很少有人从学术研究圈子外介绍其主要思想。尽管我们自我介绍是控制工程师，实际上我们被反复提醒一个事实：对于控制工程和控制技术，大众并没有普遍的了解。所以，也就免不了得到一个"什么是工程师？"的回复。我们不禁怀疑大部分控制工程师甚至都不这样自我介绍，因为这势必导致一场糟糕的交流。

同事、朋友和合作者们会经常问我们一些相当本质性的问题，比如："你在控制中研究的是什么？有没有这个领域的非专业性导论？我能不能通过阅读一些资料来对这个领域的系统理论有一定的了解？你们主要尝试解决什么问题？主要结果是什么？"。为了回答以上问题，我们可以给出一大堆以数学为基础的技术文献，这对于工程师或数学系毕业生来说是完全可以接受的，但是对于大多数人来说却是一个难以跨越的障碍。我们这种欠妥的回复充满了对该领域的历史和系统原理的亵渎，这不禁让人紧皱眉头，引起惊讶、质疑和反对。

但是你怎样才能撰写一个能针对一切事物并能应用到任何地方的理论呢？很显然，抽象化是一个好的方法，对于工程师来说，具有一定精度的抽象化是一条通往数学的道路。

这个任务看上去很难。其实我们可以很容易地理解为什么在使大众广泛接受控制理论与控制工程方面我们做得这么少。事实上，理由非常容易找到。

- 有一些更合格、更有资格的人应该或者将要去做这件事。
- 我们的同行不会赞成我们草率的做法，或者其他人可能发现了现在的形势仍然很严峻。这是一个值得称赞的追求，但是失败的可能性大于成功。
- 我们可能不能做这样的判定，因为这个领域包罗万象，发展得太快而且还不成熟，应该晚一点再提出完整的想法。
- 做研究更重要，还有很多事应该做并且能做，至少做研究可以拓宽知识面。

在一些朋友的鼓励下，特别是 Petar Kokotovic 和我们家人诚挚的支持，我们终于冲破了以上的托辞，充分地挑战自己，开始撰写任何人都能看得懂的控制。并不是因为我们相信一定会把它做好，而是我们没有把成败当回事。控制理论和控制工程都是工程世界的一种手段，反馈是自然世界的基础，也是工程世界的基础。反馈与控制值得被广泛关注。

本书撰写的方式与地点：

我们的写作过程历经了整整五年，整个过程就好像走两步退一步，再走两步再退一步。在与我们的朋友 Karl J. Åström 讨论如何让青少年和儿童了解这些复杂的问题时，我们发现了一本具有挑战性的书籍，叫《生命工作的方式》（Hoagland 和 Dodson 1995），这本书指出将关键的概念用简单的语言表达出来是可能的。在这本书中，作者运用了大量的实例说明，虽然我们不会像他这样做，但是我们会参考他的做法并且开始了相关的工作。

我们日常生活之外的思维集中时段（研究、教学、管理、日常事务，都在一个熟悉的环境）是将这本书应用到生活中的关键。我们经常会拿出一周的时间，与朋友、家人和同事隔绝，在陌生的学术场景中，从网络和移动电话中解放出来，专心撰写、修改这本书，还有更重要的就是以批判性的眼光审视我们的工作："这里数学公式太多了""不，这太欠缺了""你可能看不懂我们想在这里阐释的微妙想法""到底有没有人能够明白我们想说的是什么""显然这个太难了""抱歉，这样太浅显了""这里没有讲到任何实质性的内容"。

所以，直接回到我们所熟悉的领域是很简单的事，但我们面临的挑战是让每个人都能看懂这本书。从这个意义上说，我们非常感激大批高中生和我们学校的二年级学生自愿去阅读本书并提供极富价值的"反馈"意见。事实上，在这些年轻的"合作者"阅读之后，我们还增加了另外的事例和进一步的解释。非常感谢 Miguel、Sergio、Carmen、Tamara、Pablo、Miguel Angel、Felix、Saul、Ismael、Pura、Alvaro、Mercedes 等人。

我们去了墨尔本、瓦伦西亚、布拉格、塞维利亚、新加坡、圣地亚哥和雅典，最后又回到墨尔本，在这些地方完成了本书的撰写。对那些曾经热情招待我们的朋友表示深深的感谢！

期待什么：

如果你期待从这本书中找到优美的数学公式，想对"控制是什么，它的最大贡献是什么"这类问题寻求精确的表达，请不要继续了，你现在就可以把书放下了。我们已经放弃了尝试任何精确的、一般性的或完整的表达。简洁的表述往往无法做到精确性和一般性，我们有限的知识导致无法做到完美的表达。尽管简洁的表述胜于精确的表达，但由于精确表述的重要性和细节信息的缺失，所以在这些问题上，我们不想误导大众。我们的主要目的是提供一种直观性和激励性，传达一些主要思想的魅力以及工程成就的影响。如果我们能够激发一些人继续研究下去，去阅读或者学习技术文献的热情，那对我们来说是莫大的鼓励。

如果你期望这本书中没有一点公式，抱歉，又一次让你失望了。虽然我们删减了大量的数学公式，但是，显然控制和系统理论是数学领域的问题。它需要抽象的数学去支撑，如果将其全部去掉，那将会扭曲它的本质。数学公式的使用非常有限，大部分的文本都没有依赖数学公式。但一些地方偶尔会出现方程和数学表达，但是在首次阅读时可以跳过大部分的数学公式，而且这些公式都有文字注解。对于那些和我们一样充满兴趣，愿意学习信号和系统背后的思想，或是推动其发展的人来说，高级数学知识和计算机专业知识将会是生活的一部分。这个历程不无艰辛，但是收获一定会不少。

我们的目标是，通过对微积分的基本理解，就能理解本书中的大部分内容。我们也希望这本书能够给予那些希望略过数学表述也能理解书中内容的读者足够的空间。由你们来评判我们的工作。

除了一些思想之外，我们还想通过实例对工程技术进行一些说明，包括它能做什么，被应用到哪里，在哪里有发展。毕竟技术创新是工程师要做的事。

怎样阅读本书：

从本质上说，我们通过直觉和简单的例子来阐述什么是重要的，什么是无关紧要的。

你可以随机地阅读不同的章节，不需要太多背景作为依托，你就可以在每个章节找到我们想表达的思想。这些思想的发展有特定的顺序，因此读者不难理解书中的内容。第 1 章是对本书的一个总结和统领，其内容在后面的章节中都有体现。有一些"审稿人"建议我们最好先定义概念，然后通过具体事例及应用对其进行阐述。从这本书开始，我们决定不这么做，确切地说，是在第 3 章，列举了很多不同的例子，在这些例子中，反馈和控制的存在具有不可辩驳的重要性。

第 1 章绪论部分，介绍了该领域的一般性，并给出了一些通用的词汇。大部分的思想和概念都会在后面被反复大量的描述。余下的章节对这里用到的例子从不同的角度进行了分析和重现。和其他章节的结尾一样，本章的结尾会揭示主要的观点，并为后面的阅读和学习提供线索。

第 2 章介绍了类比法在信号和系统中的应用，我们将类比视为抽象概念的核心，并将它广泛应用在信号和系统中。主要目的就是使人们相信只要限制条件清晰，对任何事情建立一个有意义的理论并付之应用是可能的。类比并不是只应用在系统理论研究领域。事实上，类比在心理学和社会科学应用更为广泛。它作为一种方法论，能够有效地从简单的环境到更加类似且复杂的情形下进行理论扩展。

在第 3 章，描述了一些以反馈和控制作为基础的过程。此外，我们还挑选了一些生产过程中的工程实例，比如瓷砖生产、洗车、大型灌溉的分布系统和无线电天文天线。我们主要关注什么被测量了，这些测量信息怎样决定下一步工作，以及决定是怎样执行的，进而控制未来的过程行为。如果感知、推理、计算和决断都能自动进行，说明我们正在处理的是一个自动控制系统。如果控制响应于测量，说明反馈起了作用。许多人造的控制系统都来源于自然，在这些自然控制过程中，反馈无处不在。在人体内部，内稳态亦是基于反馈的。不仅如此，大多数心理学和社会学过程均直接或间接地得益于反馈。

我们需要理解的两个关于反馈的基本概念是信号和系统；一方面在反馈执行之前，必须测量信号；另一方面系统的行为受到反馈的影响。此外，无论何时，当谈到能产生和修正信号的系统，信号和系统总是交错在一起。信号会在第4章里展开介绍。什么是信号？它有什么性质？我们怎样来描述它？我们怎样来处理它？像以往一样，我们会用启发性的例子来传达这些信息，每个人都能在他周围的环境中识别很多信号：声音（音乐、噪声、鸟鸣）、感觉（温度、湿度、亮度、嗅觉）以及很多其他物理或心理上的数值量（力、速度、位移、重量、幽默、疲劳、注意力）。因为定量推理是反馈的核心，所以这里的主题从工程学的角度展开，而信号的数学表达形式占极其重要的部分，因此某些特定的数学方法将被用到。但是，讲述的方式和推理过程并不是数学形式的。

模型是系统理论和反馈的核心。第5章介绍了在处理系统和模型时用到的一些基本概念和工具。对真实过程，模型是一种便捷的描述，而便捷通常意味着"估算"。我们主要阐述一些简单的例子来展现模型的效力，并简要地讨论怎样完成建模以及关注它结构上的特性。

某些系统特性在反馈中至关重要，比如稳定性、敏感度和鲁棒性等，这些将在第6章作简要介绍。当然，这些概念也是非常严谨的。事实上，在研究系统里，理论上没有终点。毕竟它是一种关于所有事物的理论，所以仍需投入大量的人力。尤其是在处理大规模复杂的系统时，该理论还处于初级阶段。

第7章介绍了本书的核心问题，即反馈。关于反馈的概念在前面的章节中已介绍了大部分概念，本章重点讨论反馈的优点与缺点。优点是反馈在很大程度上改善了系统的行为，虽然它也在可行域上增加了限制。

这里需要重点强调的是，控制或反馈的某些形式在表现良好的系统中是很有效的。控制子系统和控制交互过程中可能存在的结构是第8章的主题。在本章中，读者可以了解到很多控制与过程交互的方式，以及如何改变控制效用和控制能力的方式。结论是，如果在设计之初，综合考虑过程和控制，系统可以获得最好的性能。

科技是反馈发展的重要动力，反过来，反馈又是科技的主要驱动力。构成控制子系统、传感器、通信、滤波器、执行机构、计算机和软件的不同元素将在第9章进行介绍。本章介绍了一些现存的、可以实施控制的硬件和软件。

接下来介绍设想、设计和测试。许多计算工具支持的设计以及实用方法都可用来进行控制设计，其中一些方法将在第10章作简要描述。参与控制设计的模型、目标、约束和信号的多样性使列举出的所有方法无法实现。因此，在这个领域仍有很多需要做的工作。控制设计需要源源不断的创新和创造力，以及很多成功的方法。此外，尽管我们已经表明正确的控制方法是在设计之初就把它视为总设计的一部分，但据我们所知，在工程设计上沿用这个控制方法并未获得实质性的进展。

很明显，我们相信反馈和控制至关重要，而且它给社会带来很多益处，在第11章将重点介绍这部分内容。我们希望读者还能发现其他益处。事实上，本书的目的就是让读者了解合理地利用反馈和控制带来了多少益处、实现了多少益处，从而使这项隐藏的技术清晰地展现在众人面前。客观起见，我们也指出了反馈所带来的风险，能意识到这些弊端的读者，表明已经对这个问题了解得很清晰了。

在第12章，将会对控制进行总结，并对不可预测的未来作出展望。一些未来的发展趋势已经很明了。一些即将发生的技术革新也很容易发现，但我们将作出一些更大胆的预测。未来是开放的，我们期待看到我们的读者在"反馈"的路上能取得更大的进步。

阅读顺序：

读者可以依照正常的阅读顺序，或者也可以按一个更简单的顺序来阅读，例如，从第1~3章，然后跳到最后两章，然后从第8~10章，这里只用了一些很简单的数学，最后读第4~7章，这4章涉及一些数学公式，以便更好地理解其中介绍的概念。

此外，每个章节将用一张插图来重点阐明该章节提到的概念要素。我们要感谢Arturo细致的工作使得书中的工程术语可以有正确、简单的表达。

作　者

目　　录

第 1 章　绪　论

> 打开窗户，看看大自然。
> 也许你看不见，但其实控制无处不在。

控制和反馈现象在我们周围无处不在，并影响着我们每一个人。它们无论在自然界还是工程界中都发挥着重要的作用。事实上，离开了反馈，无论自然界还是工程界都无法运作。然而，尽管十分重要，我们却常常没有意识到它的存在。人们常说，控制是一项隐蔽的技术，这对于技术来讲并非坏事，然而却十分打击控制工程师们的自尊。

直观地讲，反馈通常被理解为我们执行一个动作时所接收的意见或建议。在本书中，反馈是从系统⊖获取的信息，用于改变系统的行为。反馈是以下一些装置的核心：

- 温度调节器——使用中央制冷/制热单元调解或控制室内温度的装置。温度调节器也经常应用于汽车、烤箱、冷冻冷藏箱以及热水机组中。
- 抽水马桶——确保马桶冲洗干净，并且水箱的水位升至设定高度的控制机构。类似的机构也用于灌溉渠和一些需要调节液位高度的系统。
- 定速器——即便在崎岖坡路上也可以使汽车保持设定速度的装置。同一原理下的高级应用包含飞行器依靠自动驾驶仪实现点对点飞行，轮船依靠自动尾舵控制航行方向。更普遍的情况，现代汽车和喷气飞机包括安全性在内的诸多功能，均极度依赖控制。
- 哥本哈根地铁——一张轻轨网络，其中列车运行都是自动和集中控制，不需要另行安排司机。

接下来的一件轶事也许可以说明控制技术是如何的隐蔽。20 世纪 80 年代早期，大家经常为飞机平稳着陆掌声感谢飞行员。直到有一次飞往巴黎的早班飞机顺利着陆后，大家照常为飞行员报以热烈的掌声。然而这一次，飞行员迅速通过广播告知广大乘客是自动驾驶仪，而非自己保证了飞机的平稳着陆。当然，这次喝彩是当之无愧的。

在自然界中，反馈是以下的核心：

⊖ 这一术语变得清晰，但目前一个系统只是一个集合术语，用来表示一个过程、一个物理机器或者一个工具的实例，任何可以用某种形式处理信息的东西。

- 生物内平衡$^{\ominus}$ – 这个术语用来表述如何将生物体内至关重要地变量（如体温和血糖）保持在可接受范围内。
- 地球水循环 – 表述水的蒸发、成云、在地表周围移动、沉淀到地面再流入海中的全过程。
- 食物链 – 指捕食物种以猎物为食，从而依赖于猎物的生存而生存的现象。

大多数生态圈依靠反馈来维持物种的生态平衡。

正如我们所知，自然界和工程世界一样，控制和反馈对维持生命必不可少（Hoagland 和 Dodson 1995）。从单细胞到我们整个地球的复杂生态系统，从老式落地钟到现代喷气式客机，反馈在维护各项功能上起到至关重要的作用。

本章将介绍一些本书所涉及的主要概念。最为关键的是反馈的概念，这也正是本书的出发点。所有概念力求以一种直观的方式提出，即尽量给出通俗而非精确的解释，利用这些概念形成学习控制的通用语言。每个提出的概念都会在后续章节中详细解释，同时为了满足广大读者深入理解的需求，我们也为本书未涉及的内容提供了详细的参考文献。

1.1 反馈

也许我们看到反馈这个词首先想到的是给予或接受反馈信息。父母为了达到预期行为的结果会给孩子们反馈。作为消费者，我们不断被要求提供我们对服务水平的意见或是我们对产品的满意程度。医师给病人提供反馈，来辅助自然治愈过程。在大学中，要求学生提供给教授有关他们所受到教导质量的反馈。也许这种反馈会帮助老师提高教学质量，使学生获得更好的学习效果和对下一课程的满意度。

在这里，十分重要的是信息的流动。为了提供教学反馈，学生们需要首先观察或体会老师。这种体验随之被交流并反馈给老师。然后，老师消化这个信息并用于调整课程内容和对于下届学生的讲述风格。这里定向信息回路的存在是确定反馈系统的主要特征，没有闭合的信息回路就没有反馈。

当然，信息流的方向是与因果关系有关的。先有学生对教学的体验，然后这种体验被交流给教师，进而老师对此做出分析并反映在课程的改进。简言之，反馈是一个"接收 – 反应"的过程，因此总是会有时差。在反馈做出反应之前，事实上事件、错误或行为已经发生了。尽管如此，反馈的功能还是十分强大的，在理解包含反馈的系统行为时，反馈是最重要的概念。

$\ominus$ 来自希腊语，保持不变的状态。

1.2　框图、系统、输入、输出

我们会发现带有反馈的可视化的信息流框图是十分有用的。我们将会在整本书中大量使用方框图。

我们可以用如图 1-1 所示的框图来表示我们刚刚讨论过的"学生 – 老师"的例子。老师和学生分别由两个独立的方框来代表。对于框图中每个框所具有的显著特征是他们可以产生行动（如老师提供课程，成绩和评估任务）。同样，当我们观察一个方框或测量来自它的某个量时，我们可以获得它可能的行为信息（如我们可以观察老师在授课时如何控制他/她的声音）。行为和观察都由箭头来指示。

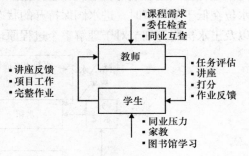

图 1-1　反馈回路：师生信息交互

从一个方框发出的箭头指示从方框中提取的信息。我们将它们称为输出。进一步，一个方框可以接收信息或者说是输入，这种情况用一个流入方框的箭头来表示。特别指出的是，一个模块可以响应输入信号产生一个行为，但不是所有的输出都是由输入所引起的。例如老师可以对收到的学生作业进行打分，但是大部分的授课材料并不是根据学生建议准备的，当然有些内容是。一个方框的输出可以作为另一个方框的输入，如图 1-1 所示。

当我们找到框图中的一个闭环，我们知道这里面存在反馈。

框图中的方框通常表示系统或者子系统，整个框图可以被理解为一个希望研究的系统。框图是一种直观的分析系统的方法，其中包含我们关心的信息，感兴趣的信号。任何一个系统都可以用与之相联系的不同形式的框图表示，这取决于我们对哪些信息感兴趣，或者我们希望包含哪些信号。框图告诉读者系统内各部分之间的，以及系统中什么是最重要的。

师生互动行为也会受到环境因素影响。老师需要根据教学要求备课，并达到评审委员会的期望标准。同样的，同学之间的压力和自学时间在学生的成绩中也起着重要的作用。这些其他信息也在图 1-1 的框图中用没有源头的箭头标出了。这些外部信号来自其他未识别系统，或者笼统的称为环境。有时，这些信号对于提取环境信息是很有用的。特别像那种离开方框指向空白处的箭头。故不难理解图 1-1 所示框图是一个包含更多的信息、更多层闭环的、更大的系统的一部分。

考虑如图 1-2 所示的另一个例子，它图示了一般厕所冲水系统所包含的反馈。

这里我们有4个方框或者说子系统：进水阀、水箱、排水阀和水漂。更全面的，我们同样可以考虑进水系统，水池和抽水系统。排水开关的工作在图中没有表示，那可以是手动的也可以靠传感器。我们只在图中画出了感兴趣的变量。在图1-2中，我们关心的是水箱中水的液位，水的流入、流出量和由浮标位置引起的输入量。输入流量由入水阀阀位和当前水压决定，但是我们可以忽略这个过程，简单地将输入流看成可调水阀的整体输入。反馈由水漂形成，由于水漂的结构使得水位在低于某一值时，进水阀保持开的状态。至于进水阀的运行机制，水漂的受力以及出水机制等细节对于理解整个过程原理不是重点，这里就不赘述了。

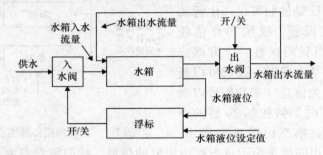

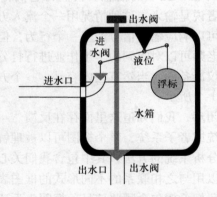

图 1-2　反馈回路：简易马桶的冲水机构

在水箱的运行过程中，还有两个反馈回路：水箱输出流反馈。实际上，输出流也决定着水箱的液位，这个反馈环进一步表明了框图中的箭头是信息流而不是物质流。如果箭头只代表物质流，那么将只有从水箱指向输出阀的箭头来表示水流出了水箱。然而，水的输出流量同输入量和水箱形态共同决定水箱中水的液位高度。有关输出流量的信息决定水位，因此有从输出阀指向水箱的箭头。

系统的外部输入有供水量充值（假定充足），输出阀位和参考液位（一般隐藏在输入阀机制中）。外部输入是框图中重要的部分。而框图中内部子模块的精确原理对于整个系统工作运行的理解来说是次要的。

图1-3中表示水循环的基本结构，除了水，还有很多的物质循环都隐含着这

样的反馈结构。在画这个框图时，我们首先要了解 3 个主要的水库：大气、海洋和土壤以及在它们之间的水流。

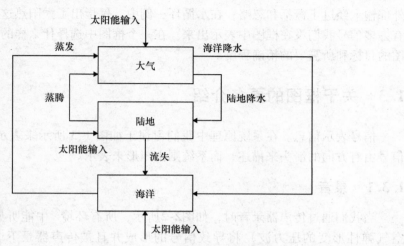

图 1-3　反馈回路：地球水循环

　　这个框图表示我们关心的是水的储存和水的运输。各方框表示的是水的储存形式，它们的输入代表流入量，输出代表水的流出量。当然，这里很显然忽略了很多因素（比如没有信息表示人们存放在水库中多少水等）。图中表示驱动这一水循环的主要能源是太阳。若进一步细化，则可以把陆地水分为地表水和地下水。

　　输入与输出均被称为"信号"。信号是时变量，是时间的函数。因此，模块的最主要思想是表示输入输出信号的关系（但输出不只是这一个途径产生）。在数学上，该函数由一个符号表示。一个更为简单的表示方式可写为

$$y = P(u)$$ 或更简单地写成 $y = Pu$

　　上式需理解（读）如下：信号 y 是系统 P 对于输入 u 的响应。我们规定小写字母表示信号，大写字母表示执行机构。比如，我们知道大气中水向陆地和海洋的降水（分别由 p_1，p_o 表示）是大气系统 A 对于海水蒸发量 e 和由太阳热 s 引起的陆地蒸腾量 x 的响应。同样地，陆地蒸发量与陆地散失量 r 是陆地 L 对于海水向陆地降水量的响应。海水蒸发量则是海洋对于大气向海水降水量及陆地向海水流失量的响应。包含太阳热这个影响量，我们共有 6 个信号 e、p_o、r、x 和 s；3 个系统 A、L 和 O⊖。这里所有的信号都是时间的函数，如降水量是每时每秒都在变化的。为了强调时变性，我们常将这种量写成 $y(t)$。我们要确切地了解各个信号的定义并解释这些符号的关系。

⊖　利用该定律，图 1-3 的方框图可以表示如下：$(p_1, p_o) = A(e, x, s)$，$(r, x) = L(p_1, s)$，和 $e = O(p_o, r, s)$。

我们需要注意以下特殊情况。当一个系统不需要输入就产生输出时，通常在同一输入不同内部初始条件下，这种系统会产生不同的输出。在马桶的例子中，外部输入经过了概括和忽略；在水循环一例中，仅指出了太阳热这一个输入。还有许多信号我们没在框图中表示出来。在一个框图中选择什么样的信号取决于框图的目标和所需要的精确程度。

1.3　关于框图的更多介绍

信号表示信息。在系统原理中我们习惯于如图 1-3 所示来表示信号和系统。信号由有方向的箭头来描述，而系统则由矩形来表示。

1.3.1　录音

当我们通过传声器录音时，如图2-2所示，所有环境⊖中能听见的声音（使空气弹性形变的压力波）将导致信号的形成并且被传声器录下。这样必然在原始信号和经过传声器的录制信号间存在差异。为捕捉这些有差异的不同信号，我们引入一系列词语。被录制的歌曲称为原始信号，其他信号或由传声器产生的人为引入的信号称为干扰或噪声。一个简单的对于测量信号的数学表达或模型是可将其看作是原始音乐信号和噪声的叠加，如图 1-4 所示。

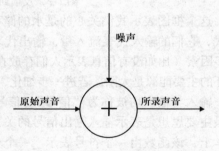

图 1-4　含干扰噪声的音乐

信号由有向箭头来代表。系统或模型传递信号，用矩形框表示。当这个传递形式是个简单的求和或乘积的形式，则可用一个圆圈中标"＋"、"×"来表示。如图 1-4 所示中箭头方向表明信息的流向，这样就使输入输出更加直观，输入通过系统后产生输出。在以上信息流明确的条件下，原始音乐与噪声是输入，被记录下的声音是输出。

另外，为了更加全面的考虑，可以将录制的过程看成一个以原音乐和噪声为输入以录制音为输出的系统。

在图 1-5 中，经过播放器，信号由离散数字信号（D）转化为模拟信号（A）。称为 D－A 转换。标记为录音的模块做了播放器的逆过程，将传声器输出的模拟电信号转化成被录制在磁盘上的数字信号，完成 A－D 转换。

⊖　此处，传声器不会记录所有的声音，因为需要的最低能量是为了登记声音。

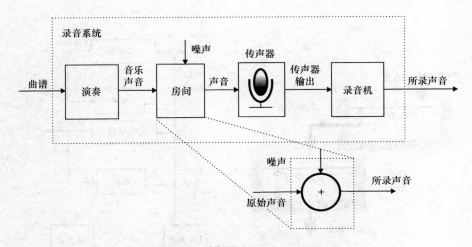

图 1-5 由传声器录制含有噪声的音乐

输入是自由变化的。对于一个歌单，环境噪声可以变化。录音系统不会去限制歌曲或者噪声作为它的输入。输出信号是由输入信号和系统本身决定的。一旦音乐和噪声给定，传声器会输出一个特定的输出信号。

当然，一个模块的输入可能是另一个模块的输出。所以，当我们提及输入的自由可变性时，必须明确这种自由是在特定系统条件下的。

例如在图 1-5 中，子系统均不限制噪声或音乐信号。但是音乐信号是由模-数模块的输出决定的。类似的，传声器输出的电信号是 A–D 转换模块的输入。A–D 转换是不限制任何传声器输出信号的。

在如图 1-5 所示方框图中显示了系统阶层的概念。如果我们不关心噪声或者是传声器的输出电信号，可以创建表明歌单和环境噪声关系的系统。在框图中含有系统的阶层表示，可以放大或缩小，这是框图的一个特点，方便人们思考和交流。当然，这个框图还可以继续放大，如展开传声器的结构等。

1.3.2 串级水箱

考虑结构如图 1-6a) 所示的两个水箱，1 号水箱的流入量（1 号水箱输入流量 f_i 和输出流量 f_0 的差）决定 1 号水箱的水位 h，这个高度决定了这个水箱的出口流量，液位越高，流量越大。

类似的，2 号水箱的液位由 2 号水箱的输入流量（1 号水箱向 2 号水箱的输出流量）与 2 号水箱输出的差值决定。同时水位 h_2 决定了 2 号水箱的输出流量。

在如图 1-6b) 所示的框图中明确表述出了上述关系。注意图中的各个反馈环节。

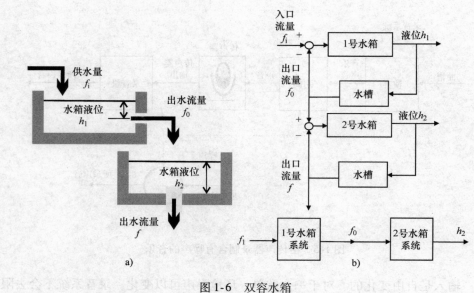

图1-6   双容水箱

a) 物理模型   b) 框图模型

很明显2号水箱不影响1号水箱，但是它受1号水箱的影响。这个例子就是串联系统的结构：系统中存在连续的两个子系统（1号和2号水箱）第一个系统的输出决定第二个系统的输入。

1.3.3   框图总结

一般框图包括：

• （含标记字的）模块表示（子）系统，能够接收（输入）信号，从而产生（输出）信号；

• 有向的线，表示信息流向；上面标有信号名称。

在画框图时，有一些特殊的、频繁出现的、表示简单关系的模块一般不用矩形块表示。例如：

• 加和模块，用一个中间含有加号的圆圈来表示。加和模块的输出信号是它的输入信号的总和。加和模块的输入箭头一般常标有 + ， − 标号。如果标有 +（或者没有任何标号），则是简单地将输入作加法运算，如果标有 − ，则将其信号取负后加入，形成输出信号。

• 乘法模块，也称乘法器，一般由一个中间含有乘号的圆圈表示。乘法器模块的输出是其输入信号相乘的结果。乘法器的输入箭头常标有 + 或 − 来表示输入信号在引入乘法运算时的正负。

• 模块或放大器，一般用一个三角表示。增益模块是将其输入信号乘上一个系数作为输出,形成所谓的放大器。当含有一个或多个输出,一个或多个输入时,该模块用矩形来代表。当一个输出 y 由两个输入 u_1,u_2 通过模块 G 产生时,则可写为 $y = G(u_1, u_2)$

我们会统一以下典型信号:

• 外部输入信号,一个指向框图的箭头,且它不产生于考虑范围内的任何模块。

• 外部输出信号,一个由框图指出的箭头,且不终止于任何考虑范围内的模块。

• 内部信号,两端均被框图中子系统所连接的箭头。

终端信号是其一端有连接框图外环境的信号。内部信号是框图内部信号的因果连接。

信号是可以连接多个模块的。这时有向线会有分叉。

一个信号可能既是内部信号,也是外部输出信号。

在如图 1-7 所示中给出更多框图的例子。如图 1-7a 所示中由左到右有串联的 2 个模块。K 模块连有外部输入 u,且输出给加法器与外部输入 d 加和后,输出给 G 模块,并终端输出 y。输出 y 是含分支的,有两个路径,均是作为终端输出到外部。用方程的形式可表示为 $y = G(d + Ku)$;用语言表示则为输出 y 是模块 G 对于输入 $Ku + d$ 的响应。

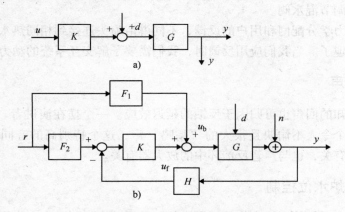

图 1-7 框图举例:开环与闭环
a) 开环 b) 闭环

在如图 1-7b 所示中有 3 个终端输入信号 r、d 和 n;8 个子系统,其中 5 个分别标有 F_1、F_2、K、G 和 H,3 个加法模块。信号 r 和 y 是分支的。信号 y 既是内部信号也是外部信号。用方程来表示这个框图时,由左到右有:$u_f = K(F_2 r - Hy)$,$y = G(u_f + u_b, d)$ 且 $u_b = F_1 r$。y 是外部信号 n 与作用在联合信号 $(u_f + u_b, d)$ 上的模块 G 的输出的和。

1.4 反馈和动力学

反馈和因果关系有着固有的连续。因此，时间是反馈是否作用的主要因素。前面的一些例子给出了反馈是简单且有明显效果的，但是事实并不都是这样。

1.4.1 淋浴中的反馈

在沐浴的例子中我们努力用一个人工混水龙头调到一个适当的水温。最好的策略是在下次调节水龙头前选择一个混合位置直到水温达到一个相对稳定的状态。过于迅速地调整（反馈）将一直导致水温振荡和冲水的不舒适。

问题是什么？主要是由于传输延时。我们依据当前体验的水温来决定我们修正混水龙头的位置。落到我们皮肤上水的温度无论怎样也与混水龙头出来的水温有差异，因为水由龙头到皮肤需要一段时间。事实上在典型水流条件下，这个时间要远长于我们对一个不舒适水温的反应时间。当我们快速地打开热水龙头来对付过冷的水温时，我们要经过较短的一个时滞才能感受到。作为反应，我们很快就把热水水龙头关上，只有过一会儿，水才凉下来。快速的反馈产生了不舒适的水温振荡。所以要减慢或递增地来调节混水阀。

顺便提一下，一个自动调温控制混水龙头不会遇到这个问题，因为它实时地测量水温并调节混水阀。

由于动力学分配网和用户的反馈，不同淋浴喷头连接到相同热水源时这个问题便得更有趣了。当我们应用反馈时，我们需要了解交互系统的动力学过程。

1.4.2 回声

众所周知的回声也可归因于反馈的延迟效应。一个摆在演讲者[⊖]面前的传声器会产生一个令人不愉快且很大的"嗡鸣"声，这个特别高的音同传声器与演讲者的距离有关，也与声音反馈环中的放大器有关。

1.4.3 锅炉水位控制

我们要自动保持锅炉水位的问题类似于马桶冲水机制。由于膨胀的原因，在锅炉中的水位会上升，但是更重要的，它还取决于在水中的水蒸汽气泡。想像一下我们将一罐牛奶放到火炉上的情景。当它开始沸腾时，液体液位将迅速上升，尽管牛奶的总量没变。在火炉上，当水蒸发时，水的总量将会减少。当看见的水位过低时，反馈机制将加入新的冷水。这些冷水降低了锅中水的温度，减少水蒸

⊖ 距离决定延迟，即距离除以声音的速度，以及扬声器和传声器之间的声音功率的损失。

汽,从而减少了水的体积。若是这样做,我们会惊讶地发现看上去水变得更少了,尽管加入了水。这正是给我们期望的目标施加了反作用。一个简单以水位为基础的反馈无法提供正确的水位反应,如图 1-8 所示。这样我们需要找一个更复杂的反馈解决方法。

在很多情况下,反馈需要一个很深入的方法。排除反馈量明显不是答案。总之,反馈需要系统的设计,从而保证一个成功的输出。

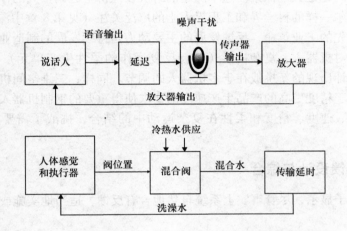

图 1-8 一个有问题的反馈环:传输延时产生了未知噪声

1.4.4 出生与死亡的过程

假设一组有足够食物供给且无天敌的兔子。在这种理想条件下,出生率将会远大于死亡率。这样兔子的总数会持续上升。

这种情况例证了一个正反馈环导致无限的增长(一个不好的前景)。

现在假设食物供给定量,而出生率与人均食物供给成正比。随着兔子数量的增长,每只兔子的平均食物供给就会减少,出生率也会减少。在某个瞬间出生率将等于死亡率。在那时,则达到平衡,兔子总数保持一定。

这里,有负反馈起作用:兔子数量的增长导致食物的减少,这样就减少了出生率。同时类似相反的,兔子总量的减少将导致出生率的增加。这样平衡就稳定了。若数量在平衡处稍有偏差也是可以调节回平衡位置的。

一般而言,负反馈有助于稳定平衡,正反馈导致不稳定,这是相对简单的一个看法。

1.4.5 制造业和机器人

蒸汽机的发明推动了工业革命和相关手工业产品的发展。蒸汽机的安全运行是由于一个简单的反馈设备来控制速度。不幸的是调节器不总是好用。在有些情况下，会发生快速振荡，这会对蒸汽机驱动的下游过程产生危害。这取决于蒸汽机与生产线的连接方式。由于不能简单地解决，在 19 世纪这个问题引发了第一次对于反馈问题是数学探索。这个问题的解决在经济上起到很大的作用并且吸引了像麦斯威尔一样的科学界和工程界人士的广泛关注（见第 8 章中深入讨论）。

由于早先的工业革命，反馈发展的主要动力是持续发展的制造业机械化。今天，制造业对机器人、复杂机器（执行反复运作的柔性生产单元）有了广泛应用。反馈设计出现的新挑战在于多机器人的调节。同样，三维空间机器人运动的复杂性和对于精度更高的产品生产速度的要求使得重要的钢制机器人出现振动柔性结构。力、速度、精度和柔性在复杂运动中的结合，挑战了需要反馈设计的均衡。

1.4.6 反馈设计与综合

这个例子显示，尽管事实上系统自然地含有反馈，适当地实施或工程反馈也是很有必要。

事实上，反馈必须是有计划性的，也必须是为特定的目的或目标服务的，为了反馈而反馈是没有意义的。建立反馈的信息（对目标起作用的反馈是不满足的）都必须是可用的。这通常要求提供特殊传感器，测量反馈是否已经达到目标。来自传感器的信息必须能够解释清楚，并且必须清楚它是如何影响系统的反馈以征求一个响应来满足期望的目标。这需要一个转译反馈信息的机制，往往通过设备或称为执行机构的子系统实现。这些方面都需要设计：

- 反馈的目的是什么？要实现什么目标？它是适当吗？例如，驾驶一辆卡车不能像驾驶一级方程式的赛车一样，也不能被用来运送几吨的货物。目标必须是与可用的资源相匹配。

- 目标是否可以被验证？这应该使用哪种传感器？没有人能客观地衡量或验证的目标是没有意义的。

- 怎样可以把传感器信息转化为行动？即使信息是可用的，它必须能够决定下一步行动，例如跟一个学生说一篇文章有多糟糕是完全没有意义的（这对下一步行动缺乏指导意义）。

- 应该如何处理系统？哪个运行机构有必要？是否有足够的能力（功率，能量，力量，…）充分反应？知道怎么做是好的，但可以做到吗？我们将会在之后的讨论中处理所有这些问题，并做更多深入的探讨。

1.5 系统、因果关系、平稳性和线性

在尝试综合反馈循环以前，需要理解系统的行为，或者做一些动态反馈循环系统和特定反馈环的分析。

系统分析是通过相关感兴趣的系统信号执行的。信号与系统总是齐头并进；信号是来源于观测，通过使用（测量）的系统且系统通过他们生产的信号进行了分析如图 1-9 所示。

图 1-9　信号和系统

如果我们对信号本身，更甚地，对信号承载的内容很感兴趣，但我们不注重分析这些信号是如何产生的（见图 1-9a）。例如，如果我们感兴趣的潮汐，也有很多人可以不去问是什么系统产生的潮夕。然而，人们可以简单地研究随时间的推移，理解最大/最小值、频率、高度、潮汐发电等。人们甚至可以利用潮汐能和设计电源转换器，而却不知道地球相对于月球和太阳的位置。

如果我们主要对产生信号的系统感兴趣，我们需要看看系统的结构以及它们是如何交互的如图 1-9b 所示。例如要建立一个灌溉系统，那么最重要的就是基础设施、组件，它们的连接，它们的尺寸，他们必须承受的最大力量，而不必精确知道渠中水的动力学行为。一般来说，信号与系统方面要放在一起考虑。

（1）行为

我们用"行为"⊖这个术语为收集所有可能观察到的或相关系统的信号。并不是所有的信号必须可测，即使输入（系统行动信号）和输出（观测信号）并不总是可测的。

并不是所有的过程信号都是用一个框图或系统来描述的。例如，我们总能找到一个机制描述潮汐，可利用水流和水位，包括引力的影响来描述，但我们可以忽略盐度、pH 值、温度和水的颜色。我们来确定框图的边界，输入和输出（因此被看作是环境的部分）。

⊖　这个词由 Jan C. Willems 引入，他是个使人发人深省、鼓舞人心的老师。

在我们讨论的淋浴反馈例子中，淋浴时的水温显然是系统的输出。它很容易测量或观察到的，且它显然取决于热水和冷水的供应温度以及混合的阀位。热水供应是一个输入，显然供水温度不受淋浴系统的影响。从混合阀中流出水的温度是一个输出，但是我们不能测量这个温度。类似地，热水和冷水的供应水温是信号，但他们并不容易测量。我们能够对淋浴系统做的是收集所有龙头阀位同淋浴水温的历史数据。

到目前为止，在本示例中，我们只关注淋浴水温。一个更完整的描述必须把水流考虑在内。为了做到这一点，我们还必须考虑水的压力。例如，我们假设有一个热水供应和冷水供应的水压，和混合室的水压。这些信号也可以在讨论淋浴时的行为时考虑，或者我们可以称这些是强加的环境。

我们可以试着通过其行为来描述一个系统。这一般是不可能的，因为行为通常包含了许多信号且需要一段长时间⊖的观察。想象一下要去测量与淋浴相关的信号（记住这些是为时间函数）谈何容易，更别说试图收集生态系统的行为。虽然我们不能观察到行为的总和，不过观察部分的行为是我们想要从系统中得到的。因此，我们将很乐意基于我们的局部观察提出假设和描述，毕竟这是科学的方法。

尽管并非通用，但行为是理解系统属性，如因果关系、平稳性和线性的重要工具。他们为我们提供了公理化基础系统理论的最好的机会。

（2）因果关系

一个系统是有因果的，即：当对于行为中的任何信号，未来信号对过去信号没有影响。因为我们所讨论的信号是时间的函数，所以因果关系是自然属性。现在的淋浴温度会取决于未来喷头的位置确实不可能。事实上，我们的浴室是一个因果系统。

（3）稳定性

如果任何一对属于其行为的输入/输出信号，这些信号的时间转移也属于这个系统的行为则被称为是稳定的。对于我们的淋浴系统来说洗澡的经验并不依赖于一周中的哪一天淋浴（我们针对的是混水龙头阀位和水温而言的）。

（4）线性

一个系统或行为是线性的，需满足行为中信号的线性组合仍然在该行为中。进一步，两个输入信号的线性组合与一个输出信号有关。这个输出信号由与特定输入所对应输出的相同线性组合获得信号的线性组合存在于扩展（如乘上一个常数）和增加信号的操作中。

很明显淋浴系统不是线性的。事实上我们没法完成信号的线性组合，因为龙

⊖ 有一个明显的例外，就是所谓的自动机描述的系统，他们的核心数字计算机是自动机，其中只有有限的多种可能性，所以其行为是有限的。

头阀位在全闭与全开下是受限制的。所以任意缩放龙头阀位是不可能的。而且对于大部分龙头，阀门的特点是非线性的，水龙头的开启效果很大程度上取决于已经流过入口的流量。不过，对于任意给定的阀位，还有相应的淋浴温度，水龙头阀位的小范围变化将导致淋浴温度的小范围变化。这些小的变化通常会遵循一定的线性关系。

这些观察结果相当普遍。大多数系统实际上不是线性的，但是在一些特定的小范围差异信号的行为是线性的。

尽管事实上大多数系统是非线性的，但是大部分的系统、反馈和控制理论仍然是与线性系统相关的。事实上，大多数设计和整合都采用线性系统。线性度可以有效地计算出，甚至一些非线性系统通常也是从计算的角度来近似成线性系统的。线性化可以将问题简化。它使分析和（反馈）合成容易得多。因此，它总是我们率性考虑的情况。此外，为更清楚地分析，经常由反馈提供一种确保线性的、更好近似的方法。

（5）系统状态

一类非常特殊的信号，就是所谓的系统状态。状态是信号的集合，现在的状态值连同现在和将来提供给我们的信息可以推出下面要发生什么。换句话说，状态总结了过去。

例如在马桶冲水的例子里，水箱中的水位就是状态信号。事实上，由这个信息和未来阀位置，我们可以预测未来的水位。

状态量一般无法得到，或直接测量。但是一个最方便的方法就是系统建模和分析。事实上，任何系统的行为仿真和计算都需要建立状态，因为它就相当于用于启动仿真足够的信息。

对系统状态量的充分认识是相当罕见的，因为它包含了所有我们需要知道的信息系统（无需输入信号的现在和未来）预测未来使它为我们提供控制和反馈的依据。

在物理界描述的系统下，状态的概念可以最容易联系到能源和材料的储存。理论上说，即使我们没有物理上对于能量的概念，一个系统的响应也可以作为一个状态。

这些概念将在第 5 章给出。

1.6 模型

一般来说，通过收集所有与系统相关的可能的输入/输出对信号获得系统行为是一项不可能的任务。我们必须找到一种更紧凑的方式，一种可以更轻松地通信方式。现在我们通常试图通过计算机程序的方法描述整个系统行为。原则上，该算法能表达一个规则，来决定一个特定信号是否属于行为。即使这很困难，而模型通常只提供一个规则来描述一个行为，只关心我们感兴趣的行为。获得这样一个规则的任务或算法称作建模。

当讨论如何为一个系统列方程或建模时，要注重从数据到模型的过程。它反映了科学过程：数据是我们采集的，而模型只不过是一个符合这些数据的假设。无法采集的所有可能的数据，可以认为是源于系统的行为。我们的观察都必须是一个采集下的行为。在这个相当简单，而且非常通用设置的理论框架下、基本思路和层次结构模型的建模是相当明显的。我们不会深入探索这个，但它有助于集中大量概念。

这个规则一般被称为模型。一个模型更强大地为大量的输入/输出信号提供了更好的行为的描述。我们经常不得不满足于近似模型，包括无论是捕获所有可能信号，不排除所有那些应该被排除在外的信号模型，还是他们只能在一些比如测量误差下的近似描述的模型。

模型不需要被视作计算机程序。程序只是为呈现清晰方便的技术沟通。例如著名的开普勒⊖模型 – 行星在太阳系中三大定律⊖：

1）行星的轨道是椭圆轨道，太阳在这个椭圆的焦点。

2）在相等时间内，太阳和运动中的某个行星的连线所扫过的面积都是相等的。

3）行星与太阳之间的引力与半径的平方成反比。

这个强大的模型，无论正确与否，都使牛顿之后制定万有引力定律成为可能。从控制的角度来看，这是一个相当无用的模型，因为它完全没有任何我们能做的东西：它没有输入。当然，如果你想要向太阳系发射物体，或想了解潮汐，那么它体现了重要的知识。

另一个有关模型的例子是，牛顿⊜运动定律阐明刚体三定律。从牛顿的运动定律我们可以获得开普勒的模型，因此牛顿定律形成了一个更加强大的行星运动模型。甚至从控制的角度来看，牛顿运动定律也绝不是那么乏味的。

1. 6. 1 建模

最常见的方式来处理信号与系统是运用他们的模型，而我们的模型总是带有我们自身的倾向性，或我们已经为模型设定好的实际目的。后者总是开始设计的思

⊖ 开普勒，1571~1630 年。德国数学家和天文学家，曾在 Tübingen 大学学习，并在 Linz 大学做演讲。

⊜ 这个例子改编自 J. C. Willems 的成果（1997 年）。

⊜ 牛顿，1643~1727 年，英国物理学家和数学家，被誉为有史以来最伟大的头脑。

路，而没有明确的任何目标建模都注定要失败（因为你不能分辨你是否能成功）。

建模需要考虑以下方面，如：

- 什么是建模的目的？哪些问题需要答案？
- 物理原则和定律是什么？
- 是否已经有一个计算机算法必须去核实？有哪些可以提出挑战？有一个初步的模型，需要提炼吗？有一个非常复杂的模型，需要简化？
- 有一个概念框图吗？需要什么变量？能否区分变量的重要性？可以挑战原框图吗？
- 有什么需要识别丢失的信息实验？有什么实验是可行的？
- 需要什么样的信号？我们能期待什么（范围、重复性、平稳性，随机性）？

一旦感兴趣的信号被认定，对它们的测量过程需要注意，其目的将与最终目的获取模型相联系。特别是以下问题应考虑：

- 应该测量什么？是直接测量可行的，还是测量感兴趣的信号？这种推理的可靠性如何？
- 应该如何衡量各种信号？
- 需要什么传感器？确定范围，准确性和的响应速度传感器。冗余是必需的吗？
- 如何测量可再生量？所有有关方面都被捕获吗？
- 是依赖测量吗？有冗余吗？校验测量过程独立于建模的任务吗？

尽管事实上建模同我们渴望了解和统治这个世界一样历史悠久，建模更像是一门艺术而非科学，而经验在其中扮演着重要的角色。

也许令人惊讶，也许不是，许多信号（即使来自完全不同的物理领域）和行为都来自于许多相同或者类似的（计算机）模型。当然，这个物理现实、变量、参数、单位和尺度可能都是不同的，但主要的行为是相同的。事实上这些不同系统之间的类比，提供了一个很好的抽象机会，并且允许我们将建立一个统一的分析与综合系统的框架。

1.6.2 系统连接

系统通常包括彼此互连的子系统（考虑块图！）。建立一个新的系统，我们可能互连子系统，使得一个子系统的输出成为另一个子系统的输入；更一般的是互联系统仅仅意味着共享信号。一个非常简单的互联是一个系统的输出是另一个系统的输入，这被称为串联或系列连接。更有趣的是创建（反馈）循环。在反馈连接时，来自一个子系统的一些输出将影响（通过反馈回路）它的一些输入，从而间接影响输出。

很明显子系统互连导致一个新的行为约束，子系统行为的集合。这种连接必然强加限制一些之前没有被限制的信号。输入是自由的信号，从系统的角度来看，他们的输入由于互连，要从另一个系统的一部分输出或共享，因而不再自由地互连于系统。所以我们说，集合所支持的信号反馈回路并不比没有反馈的系统丰富。事实上一个成功的反馈环应该消除无用的信号，并强调优先行为。在对比中简单来看，从分析的角度来看，反馈通常使事情更为复杂，但是没有理由不使用它。没有反馈，更多的信号是自由的，因此更容易理解。当然，反馈也会导致更有趣的行为和某些意想不到的行为，这就是反馈的优势。

1.7 基本的控制回路

基本控制回路由传感器来测量和解释数据，并产生一个动作，然后通过一些执行器完成执行。它很像模仿人类或动物控制任务，计划完成：理解、解释、行为。请思考一会儿，以你们正在处理的相对简单的系统为例，也就是阅读本文的这个系统。

- 这个活动的开始，是产生意愿，拿出时间并决定继续阅读下文；
- 认知过程让你阅读文本，看到单词，并将它们结合上下文；
- 激活记忆以记住一些信息，但更重要的是回忆其他从你的经验所引发的资讯，获取新信息；
- 丰富多彩的情感、智力允许你基于你先前的知识诠释阅读，组织新信息，并将其存储为进一步使用；
- 积极性敦促你继续读下去，并集中精力（阻塞其他感官输入）和坚持（我们希望如此），坚持最重要。
- 你的眼睛、手指和姿势等协调，使以期望的速度阅读。

毫不奇怪，工程控制系统至少从概念上模仿许多这样的结构和组织。事实上，对于工程控制的一部分研究是出于纯粹的好奇心去更好地理解人类控制和通信的奇迹。在 19 世纪 50 年代，诺伯特·维纳⊖提议了一个现在已不再流行的词——控制论⊜。创建完全自主的机器仍然是一个梦想。然而，在一些地区，控制一直是提供自主性任务执行的工具，有难以置信的准确性、可靠性和可重复性。

基本（子）控制系统的组成是由以下组成（见图 1-10）：

⊖ Norbert Wiener, 1894~1964 年，美国数学家和工程师，他 14 岁大学毕业获得数学学位，18 岁在哈佛大学获得博士学位。他是麻省理工学院的教授，为现代信号处理和控制理论奠定了基础，他是控制论之父。

⊜ Cybernetics 是希腊单词"英国"，意思是"掌舵"：通信和控制理论方面尤其是自动控制系统的比较研究的科学（如神经系统和大脑以及机械电气通信系统）。

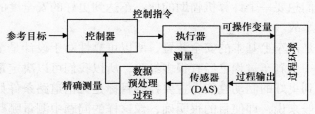

图 1-10 一个基本控制回路的组成

• 传感器和数据采集系统（DAS）。传感器响应物理刺激（热、光、声音、压力、磁、运动等等）并记录或传输响应。他们通常包括传感器，可以将信号转换到另一个信号的感知域，现如今多是数字信号。

• 数字信号处理器（DSP）执行缩放、平滑滤波或任何其他预处理函数。他们可以是一个单独的数据采集系统和控制计算机之间的组件通信链，或被整合为后者的一部分，或者作为前者的一部分。

• 控制器，一个专用的微处理器或通用电脑，通过内存来存储程序、算法以及数据，配备有通信链路进行监督，和/或（重新）编程用于信息接收和发送信息的 DAS 和执行器。控制用计算机计算并监督控制行为。这个算法可以直接使用或者是基于过程模型的先验知识下的对象控制、信号、控制的目的。

• 执行机构，从控制计算机接收命令并将其转换，通常使用额外的电力能源，输入到驱动过程。

控制子系统的核心控制子系统是计算机，但是需要与传感器和执行器协调，根据一个全面的了解，过程控制是控制系统执行的基础。

控制系统复杂性差异巨大。在原始的控制系统控制中电脑只是一个连接传感器和执行器的装置，就像漂浮在马桶冲水机制一样，在其他环境下，像控制世界经济的系统中，是由人参与的控制来决定下一步做什么。

现在普遍的是传感器、执行器和控制计算机并不是协同合作的，而是通过通信网络通信系统或通信（子）系统相连，就像在人类的控制回路中，感知器、肌肉和大脑通过神经相连。

在某些情况下，控制可以基于知识的过程和所需的目标执行，而不使用实际的信息推进。在这种情况下，控制是开环的，因此没有反馈。

1.8 控制设计

一个控制任务总是开始于控制目标的设计。自动化是所期望的、有益的、必要的吗？必须达到什么目的？还有什么选择？

例如，我们想要一个计算机辅助的使汽车达到更好的安全度的制动装置，以减少道路上的事故。

刹车当然是汽车上基本的安全装置，所以可靠性对于设计是至关重要的。对于感知和驱使一个刹车过程已经有很多经验，所以我们可以决定重用这些组件并专注于如何达到更好的制动性能，主要控制目标是无论道路条件如何都要产生最大的减速。一般来说，即使目的很明确，像这样的问题中测量哪些物理量，如何测量，以及如何具体执行都需要解决。具有对自动化领域中传感及驱动执行技术的新发展，和在自动化驱动开发感应和执行技术领域的更高期望的积极反馈。

现代控制设计通常是基于过程模型的控制，这样我们可以测试和评估系统的性能，而无需依靠经验设定每个考虑范围内的选项。建模与控制之间有一个不平凡的交互。模型建立的越好，我们就可以尝试更多的控制。控制效果越好，那么我们需要了解模型控制之外的行为就可以越少。模型的某些方面与控制无关，而其他的则是关键。在控制应用程序中，过度建模是十分普遍的，这是由于倾向于模型的一切事情，不只是为了控制决策。

很特别的是制动是一个困难的过程，橡胶轮胎如何与另一个的表面摩擦（若不只是一个具体的表面，还可能有一层薄薄的冰、有水的表面，泥浆的小道，砾石）？我们是否应该感觉到道路的类型，或者我们可以从受力特点的车轮得到足够的信息吗？知道轮胎内部的压力有多重要？制动器如何与不同的车轮协调？车的重量分布将会影响到每个轮子的制动能力。建模是普通的，但是在这种情况下是相当必要的，通过反复尝试可以实现。

给定一个可接受的包括了模型传感器、执行器和通信渠道的建模过程，并配备了一个明确的目标，控制算法的设计便可以开始了。使用的工具从基于经验启发式的到混合最优化技术。控制理论的发展是如此快速，对于什么是可以实现，什么是无法实现的做出了很大贡献。例如，系统交互的基本极限已经很完善。通常设计过程将迭代。提出解决办法，对设计模型测试，然后应用于更复杂的模型，同时对目标提炼过程进行迭代，直至达到一个令人满意的设计。

一旦一个控制过程确定下来了，它能够被评估并应用在物理世界中。技术原型被构建和测试（远远超出了正常的工作条件下），应用与故障模式识别。在这些结果的基础上，设计被精制传递到生产中并被最终的实现。

1.9 结束语

系统理论研究的是信号、系统和他们的模型：如何描述、分析以及分类。控制的核心力量是通过新的行为构建新系统。系统如何相互依赖，它们如何相互作用？从工程学的角度来看，最重要的是如何综合或设计新的信号与系统的理想特性，如何像砖头和水泥那样使用系统和信号。

大部分的研究是利用数学、计算进行一个高水平上的抽象描述。目标是用来研究内在特性的信号、系统或模型，而不是他们的特定的物理实现。

系统理论的大量研究工作致力于从观察一个模型到提取这些观测的过程，即所谓的数据到模型的转换，或建模。在系统理论，我们不去真正关心从数据到模型的细节过程的实现；例如，数据被如何收集或存储，是存储在大脑中，还是在计算机或在笔和纸中。而我们感兴趣的是内在的，也就是说独立的表现力，相关数据，来自系统的和他们支持的模型。目标是必须去研究如数据间的关系，或存在于数据集间的关系、模型的关系、数据属性和模型属性之间的关系，模型目标和所需数据的关系。

信号、系统和模型的研究并不是新问题。自有文明开始，我们感兴趣的便是解释我们所观察的事物，这是识别有用观察之间的关系，它只不过是建设（不同的）（在我们看来）观察到的世界模型。这是正在进行的最基本的科学过程。这不仅来解释权力赋予我们的权威和奇怪的由于我们创造了我们周围的世界所产生的成就感，但更重要的是解释了我们如何改变我们相互作用，即改变我们的物理环境。更近的是特定的系统理论，是我们在一个更抽象的方式下研究信号与系统，不是指他们的物理实现，而是通过他们的基本性质和通过数理分析显示的结构。

显著的成就是由速度控制引擎、电信、无人驾驶、月亮和火星任务，复杂的大型化学过程和大型公用事业网络。最近的理论和实践在互联网的潜力和无线网络应用于家庭自动化、人体网络和智能交通或智能基础设施系统等方面。

整本书，从很多不同的角度，将计量经济学、统计学、心理学或工程学融入主题。毕竟信号是观察的基础。此外建模是人类与生俱来的[⊖]：它是科学进程的主要支柱，是所有科学和工程的基本。

1.10 注释与拓展阅读

系统和控制理论是一个相对年轻的学科，它发端于控制论，后者是由诺伯特·维纳（1948，1961）在二战后提出的一个术语。在系统理论方面与一些常见的动力系统理论相似，它是数学的一个分支，在某种意义上是一个热力学的抽象概念。系统理论和动态系统理论之间的区别是在系统理论中我们总是处理输入和输出或所谓的开放系统，而在动态系统理论中输入并不扮演重要的角色。当系统作为模块来构建更大的系统通过互联时，输入和输出都是至关重要的。

⊖ 我思考，所以我存在，René Descartes 的名言，他是法国哲学家和数学家，1596～1650 年。

系统的概念可能是在热力学方面的文章中首创的。但这绝对是一个被过度使用的术语，因为它被用在大多数科学中。从控制理论意义出发，电力网络或电气系统的研究通常被认为起源于系统研究。正是在电力系统、电力或远程通信应用中，工程系统中第一次达到一定程度的复杂性，这就要求一个更抽象的、系统的综合处理方法。（见例 Anderson 和 Vongpanitlerd2006；Belevitch 1968。）

控制工程永远是被科技驱动的。初期的工业革命中，政府对瓦特蒸汽引擎的行为分析促进了第一次系统分析。19 世纪末 20 世纪初电力和通信系统的出现为此提供了足够的动力。在 20 世纪，航空电子设备和太空竞赛极大地刺激了控制工程的发展。今天无线传感器/执行器网络技术，以及潜在的新的生物工程工业革命均刺激了该领域的发展。该领域的历史至少可以追溯到 1955 年的班纳特（1979，1993）。

信号与系统的课程如今是电气工程的必修课程，也是其他一些类似学科的专业必修课，如航空、机械、化学或通信。支持和相关开放课程可以在互联网找到。相关教学书籍有很多，Haykin and Van Veen（2002）和 Oppenheim（1982）等。最需要的知识基础是线性代数和微积分。更多现代的方法可在 Lee and Varaiya（2003）中找到。

在 von Bertalanffy（1980）中提出并概括了系统理论的思想，这样它可以无缝处理生物学、物理学、热力学和等领域中的问题。

源于系统行为的系统理论的发展是近期发展起来的，代表人物是 Jan C. Willems、Polderman 和 Willems（1998）。所谓的行为方式具有可实现性和现代公理性可证性，为系统研究打下了基础。

系统和控制领域有相当活跃的研究组织。美国电气和电子工程师协会（IEEE），控制系统协会（CSS），自 1954 年以来提供了控制系统领域的研究。国际自动控制联合会（IFAC）是一个国际组织（见www. ifaccontrol. org），自 1957 年以来致力于系统理论的研究及其应用，具有更广泛的意义。IFCA 会举办许多座谈会，每三年举行一次国际会议，后者则吸引超过 2000 多名学者。数学理论网络和系统（MTNS）是两年一次的会议，致力于将数学方面的系统理论和互联网络中心搬上舞台。

有许多大型跨国公司的主要业务和服务都与控制和自动化有关。像 IBM、霍尼韦尔、罗克韦尔自动化、欧姆龙和西门子等公司都是主要的参与者。商业软件如 Matlab⊖ 和 LabView⊖ 以及开源软件 SciLab⊖ 等软件平台支持了教学、研究和工程的开发，它们在控制、自动化和更广泛的系统工程中都有应用。

⊖ Math Works 公司的软件，http：//www. mathworks. com/.

⊖ 可从美国国家仪器获得的软件，http：//www. ni. com/labview/.

⊖ http：//www. scilab. org/.

第 2 章 类 比 方 法

公路遍布着穿梭的汽车。
奔腾的河流中夹杂着昆虫、鱼儿和落叶。
虽然你看不到，但信息正沿着电话线传播。
是静脉中流淌的血液让你此刻可以在这里品阅。

2.1 方法介绍和研究意义

我们常自发地去比较新事物和我们之前所观察到的、所熟悉的事物。这是一种天然的抽象。通过相似类比的方法去识别不同现象时，我们对周围世界的结构有了进一步的认识。

在这一章中，我们描述了一些自然界中简单的、但不同的过程。至少他们会处理不同物理结构的事情；烤箱的变暖，向一个漏水的水箱中注水，电容的充电和一个特定的计算机算法。然而，当我们观察他们如何在一段时间内变化，当我们测量烤箱的温度，水箱的水位，电容器的电荷量和计算机算法产生数字时，我们会发现至少在观察的水平上，他们将会出现非常相似的行为。类比方法不仅仅是简单的测量，而是用我们熟知的系统去代替一个物理系统。我们称为一个系统构建了另一个系统。因为计算机算法是目前为止最简单的并且以如下方式实现的系统，我们可以通过实验和结果的方式验证其可靠性，所以我们愿意将它选作其他物理系统的模型，无论是烤箱、水箱或电容器。

模型本身的形式并不太重要。重要的是这个模型提供了一种精确且简洁的方式来描述部分物理系统行为的方法（并更简洁地观察自己）。

模型对于系统工程师，如同计划对于建筑师一样。一个计划会根据既定的标准描述建筑、桥梁和机场的画面。计划是一个简洁而精确的沟通方式，它传递了哪些需求被构建。类似的现代模型描述精确并确定随时间变化的物理系统行为的方式。架构师还可以用纸或塑料或三维电脑图形按比例创建模型。类似的，系统工程师可以用机械和/或电气模拟，模拟实际生产过程行为。然而，如今运行在数字计算机上的模型执行计算机算法中的数学模型，我们称之为计算机模型。

观察既是定性又是定量的自然性质。例如，对于环境温度可以定性地说它是冷、暖或热，或者更准确地说它是 21.5°C。我们更感兴趣的是定量信息，我们会经常依靠定性属性的定量描述（因为我们依据的是电脑中的模型）。在科学和工程方面，定量信息和计算机模型发挥越来越重要的角色，因为计算机可以让我们计算快速（可靠），或许最重要的是计算机模型就可以轻松通信。

为了能够比较测量，我们将首先讨论一些代表他们图的惯例，因为这更比序列数字和计算机程序容易沟通。

本章其余部分内容如下。首先，我们将约定一些惯例，以确保我们了解信号和他们的图形表示形式，我们将充分在这本书中利用这样的图片。然后，我们将描述这些例子，如烤箱、水箱、电容器、充电器和计算机算法。我们将做以比较，并解决它们所能互相建模的程度。最终我们将讨论如何将这些简单的系统画成框图来构建更复杂的系统并且对其建模。在将来的阅读以及讨论中我们将提供大量文献，这些文献涉及关于理解类比的本质，以及抓住或者开发这些类比的形式体系以便对这些物理系统进行计算机建模。

2.2 信号及其图形表示

信号是一个时间段内特定变量的记录。一个房间的温度，一条河的水平高度，一个电容器不同时间的电荷量，这些都是信号。在一个时间段内总有一个我们所感兴趣的变量，每一次观察或者某一个数据点都有一个唯一标识，通过这个唯一标识，可以在以后的阶段（时间段）中重新获取这个变量。根据我们观察数据的方式，通常有许多方式来索引一组特定的数据。有些时候索引是自动产生的，在数学语言中信号被称为函数，在函数里包括两者，一个是一组索引集里的每个索引值，另一个是所有可能的函数值中的某个特定的值。如果这个索引是或者包含时间$^{\ominus}$，那么就称之为信号。如果这个索引集包含的是分散的时间值，也就是离散的时间值，那么这个信号就称作（时间）序列。

拿一个水银温度计为例，如图 2-1a 所示。水银面随着时间的变化，如图 2-1b 所示。横坐标表示时间，纵坐标表示测量温度，这个值可以被记录在一条磁带中。如图 2-1c 所示这个是一个模拟连续时间信号：时间和函数值都是连续的。

假设我们现在只考虑随着时间变化的温度。每次我们观测温度计，都可以读出一个温度值。这组数据如图 2-1e 所示，我们可以将读取温度的时间放在第一列，将对应时间读取的温度值放在第二列。虽然表格能清楚地表示所记录温度的有限精度，我们使用有限的位数来表示它，比如 37.2°C。但这样列出的表格看上去很不直观，并且不能传递"变化"这一信息。

$\ominus$ 这里的参数维度不止有时间，比如房间的温度取决于时间和空间，我们将空间上的温度集合看作是信号的值。

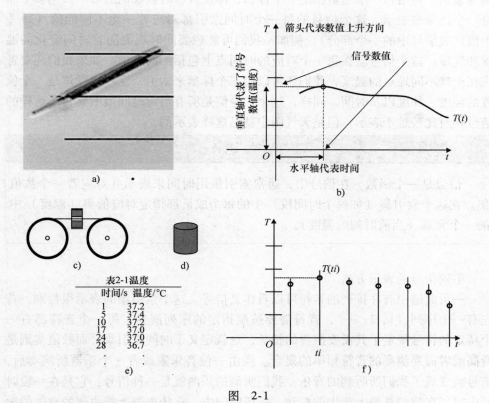

图 2-1

a) 温度由一个温度计所观测 b)、c) 并记录为模拟的 d)、e) 离散的信号 f) 曲线图

表格就像一块数字手表，表示时间的数字并不会像钟表指针的走动那样准确地传达时间流逝的过程。在本书中这些表格都是以图的形式表示，表格中第一列的是时间，表示为一定尺度下的横坐标，而第二列是测量值，表示为纵坐标，线的长度表示大小。因此表中每一行分别表示图中的每一个点。在图 2-1f 中用曲线图表示。本书中的所有信号其实都只是一些表格或者一些点的集合。然而，一些分散的点集并不能直观地传递我们所感兴趣的、连续变化的变量信息[○]。这些点通常用一条线所连接，这些图称作曲线图。曲线图可以很好地表示变量的变化。

表中的信号表示为离散时间信号。如果它们的值也是离散的，那么它们也被称作数字信号。这些数据可以以字符串的形式被记录在数字记录器中，如图2-1d所示。有时我们需要同时测量不止一个变量，此时我们可以把这些测量值以时

⊖ 这种直觉可能是不正确的，我们用离散量子来描述时间、空间等物理世界，这正是量子物理学的目标。

间为索引，再给每一个变量指定一个标识，即便有些时候我们通常不采用多个而是一个信号来表示。这个信号的每一个时间索引都对应着一组不同的值（每一个值代表信号中的一个部分）。例如，我们可能想要同时观测随着时间变化的温度和气压。这个信号就在每一个对应的时间点上包括了两个值。如果我们还要考虑在全球不同地点的温度，我们还可以用三个标量来索引，这三个标量是一个位置的经度、纬度以及时间。同样，这个信号值是所有给定时间值的集合。这样的信号相对比较难于表示，但是天气图中就是这样表示的。

信　　号
信号是一个函数。在信号中，通常索引集用时间来表示并对应着一个数值集。在这个索引集（如每个时间段）中的每个成员都指定对应值集（温度）中的一个元素（当前时刻的温度）。

不同信号的表示方法

一页曲谱中有序排列的音符可以看作是信号。这个索引集的表示很特别。首先有一个序列 $\{1, 2, \cdots\}$，音符需要按照指定的序列演奏，每一个音符都有一个特定的符号规定了其需要演奏的拍长，这就定义了时间索引集，而数值集则是音高或者需要演奏的音符频率的集合。经由一位音乐家或者一个乐器所演奏后，信号就变成了我们所听到的音乐。我们听到的乐曲就是一种信号：它是在一段时间内空气在我们耳膜上产生的振动。一段时间内，在传声器上接收到的空气的振动（音乐）以数字格式表示并记录在一张光盘上，这段时间称为采样时间，在这段时间内，信号被测量或者进行了采样。

至此我们提出了三种完全不同的方式来表示同一列我们所感兴趣的音乐：一页乐谱、空气在耳膜上的振动，以及光盘上的一串由 0 和 1 组成的数列。

乐谱和记录在光盘上的数列是经采样的数据信号，索引集是一组离散的时间值。不仅索引值是离散的，信号值也被限定在一组离散的值的范围内。由于作曲家采用了一种通用的准则，因此在乐谱中只表示了可能的几种音符。类似地，在光盘中也有一定数量所规定的数值来表示空气的振动，通常是 0 到 4095 之间的整数。这样自然会有一些近似的情况，因为空气的振动不可能只有4096（ $=2^{12}$ ）个不同的值。

如果采用更加古老的方式，空气的振动也可以被记录在磁带上，这样信号将被使用以另一种方式表示。从磁带的一端开始所经过的距离（也就是磁带以一定速度播放了一段时间所经过的距离）就是索引值集，而磁带例子的纵轴高度是数值集。这时，信号就有了一个连续的索引集，如果这个索引集表示时间，那么这就是一个连续时间信号。既然纵轴高度是一个角度，那么数值集也是连续的。此时我们称这种信号为模拟信号（如图2-2所示）。

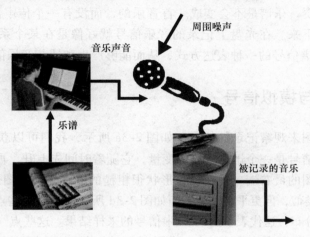

音乐声音

周围噪声

乐谱

被记录的音乐

图2-2　录音

到目前为止，我们讨论了以下几种信号：

● 如果数值集是离散的，那么信号就称为离散信号；如果数值集是连续的，那么信号就称为模拟信号。

● 如果索引集表示的时间是连续的，那么信号就称为连续时间信号。如果索引集表示的时间是离散的，那么信号就称为时间序列，或者离散时间信号。

● 如果信号是由从一个连续时间信号中提取的某些特定时间（定期或者不定期）组成的，那么信号就称为采样信号。此时，索引集是离散的。当信号的数值集和索引集都是离散的时候，我们就称之为数字信号。

无论是磁带还是光盘，我们所记录的信号都不完全与我们所听到的音乐一样。尽管磁带的记录方式以连续信号保留了音乐的形式，但是由于索引值和数值集都是离散的，乐谱或者光盘记录的信息或多或少地都会量化。它们是真实音乐的采样结果。将不同的乐器、空气的振动以及接收装置（人耳或者传声器）联系起来组成一个系统，就可以组成一个信号用来观察音乐。

为什么这些信号是合适的音乐表示方法以及如何将其这样表示就是信号处理所要研究的内容。

注意，乐谱上和光盘上的信号本质是非常不同的。乐谱首先表示了音符的顺序，其次表示了这些音符（音调或者频率）的持续时间，还有对应的能量（留出了大量的艺术解释空间）。乐器所演奏相应的气压空气振动被记录在光盘上，导致频率之间的联系看上去像是消失了。信号处理则可以通过记录的信号联系再现出来，从而表现出音符并不仅仅是一些特定的频率，还包含了音色等信息结构。

这个例子向我们展示了信号与系统是如何紧密联系的，不可分离的。如果不经由乐器的演奏，乐谱是不会变成一首音乐的，而没有一个传声器来测量的话，也不会被记录下来。在光盘上记录的音乐信号就好像是在某个系统（乐器以及传声器）中乐谱信号的一种表达方式，从而能够产生和捕获音乐信息。

2.3 信号与模拟信号

通过曲线图来观察记录的信号，如图 2-3a 所示，我们可以获得它的一个直观表示。这个信号是一个迅速变化的变量，它随着时间先上升，再下降，最后再次上升，直到图的最右端。这是一个形状很粗糙的曲线。在如图 2-3b 所示中的这个信号与之类似，但更平滑一些。而如图 2-3d 所示的则是一些点集，这些点在时间轴上均匀分布，这代表了图 2-3c 中信号的采样结果。这些点（图中的这些圆圈）在时间轴上被平滑地连接起来。在图 2-3c 中，相同振幅下的振动看上去同样平滑，但是在同样的时间段内的振动次数则是图 2-3b 中的 2 倍。

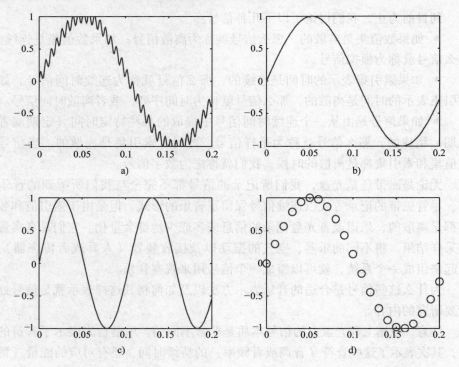

图 2-3 无标记的信号曲线图

如图 2-3 所示中所示的不同曲线传达了相同的信息。事实上，在一个信号中哪些才是我们所感兴趣的信息，在很大程度上取决于信号的观察者以及观察者的期望。可能实际上图 2-3a）中不光滑的信号是其本来面目，而图 2-3b 中的信号是实际测量的结果。但是对于另一个观察者，两幅图片所传达的信息可能完全不同，因为这个观察者也许并不在意两幅图片是否存在任何关联。

一个可能的解释，即我们听着一个音叉所发出的无变化的音高，它产生了一个类似图 2-3b 的信号。但是当我们用一个传声器来接收信号，很有可能会同时接收到环境中的一个尖锐噪声，二者结合而产生了如图 2-3a 中的信号。图 2-3c 中的信号可能是同一个信号，只不过是经由快放了二倍的录音带所放出的。图 2-3d 中则是在离散的时间上或者在一个时间段上的 20 个等距的离散采样点上所采样的信号。

图 2-4　一位年轻的妇女？
或者年事已高的老妪？

这种使用有预期的解释图或信号的方法其实支持了类比或者相似性的观点。通常我们在图中或者信号中所观察到的并不是事物的真实情况，因为我们的大脑对数据的处理有意地使之与我们所观测到的数据产生对应。下面我们来看图 2-4 中的例子⊖。基于你脑海中的印象，这幅图既可以被看作是一个少妇，也可以看成是一位老妪。所传达的信息相同，但是脑处理的过程却大相径庭。

相似性的本质上是通过观察到的事物并将其与我们的经历所匹配而产生的。组织我们所获得的全局信息，去除不必要的细节，并结合我们已知的信息进行重组。这自然是很好的，但是也有不利的方面，因为真实的信息可能会被误读甚至忽视了重要信息。类比在信号的学习和系统的实现中有着重要的作用。

信号的类似性
如果两个信号经过对单元（时间和/或值单元）的尺度变换后完全相同，那么这两个信号是类似的。 　　如果两个信号表达了相似的特征，如尺寸、持续时间、升降趋势、包络和均值……，那么他们就体现了一定程度的类似性。

⊖　这是一幅古典暧昧的图画，有很长的历史，Boring（1930）的作品中曾对它进行讨论，也与　　W. E. Hill 的插画"我的妻子和我的婆婆"有关。

2.4 系统举例

下面我们举几个具体的动态系统（信号随着时间而变化）例子，包括烤箱中的热量，注满一只漏水的贮水池，对电容器充电，最后是计算机算法。在每个例子中，我们只关注整个系统中的一个部分，关注其中的一个易于测量的变量，分别是烤箱中的温度，水池的液位以及电容器的电压。在计算机算法中我们会重复一些简单的代数过程，而信号则是由其重复这个代数运算的次数所索引的数值。

2.4.1 加热烤箱

烤箱（如厨房中常用的烤箱，（见图 2-5a）是一个良好的隔热腔，热量⊖不会轻易地从内部流失，从而热量可以由一些能量源所供应。

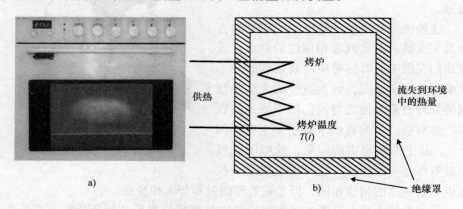

图 2-5 烤箱的示意图

为了更好地理解这一过程，我们考虑如图 2-5b）所示中的物理示意图或者模型。

随着加热，烤箱内的温度将会升高。假设现在烤箱内只有空气，空气的温度就暗示着烤箱内所产生的热量利用的数值。即便烤箱是隔热的，一些热量还是会以一定方式从内部流失出去⊖。内部空气温度越高，热炉内的热量就会向冷环境中泄漏得越多，最终烤箱内的温度将会达到一个值，此时烤箱内产生的热量等于

⊖ 这里用热量作为热能的术语，严格地说，在热力学中，热是一个用来表示不同物体间传递热能的术语。

⊖ 另一种观察温度的方法是将它看作是空气分子动能的一种量度，这就是空气中热量的存储方式。空气越热，分子运动的速度以及相互撞击和撞击壁面的速度就越快。

从中流失出去的热量。在这一个时间点上,烤箱内的温度就达到了稳定的状态。热力学第一定律表明,能量不会减少,而只会由一种形式转化为另一种形式。在这里,产生的热量等于(在箱内空气中)储存的热量加上从箱内流失出去的热量。(流失的这些热量被存储在外围环境中)。

如果现在我们停止对烤箱内部施加热量,那么箱内的温度将会随着热量的流失慢慢降低,最终将会等于外部环境的温度。这是热力学平衡定律(吉夫托普洛斯和贝瑞塔,1991)的一种表现,说明了热接触的物体最终会达到同等的温度。

当测量在这个热循环过程中箱内温度的时,我们可以记录到如图 2-6 所示的信号。

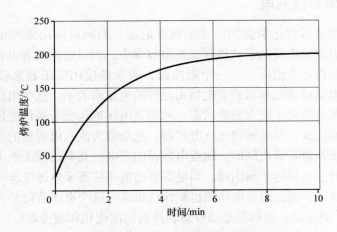

图 2-6　加热一个烤箱时随时间变化的烤箱温度

2.4.2　向厨房水池中注水

下面我们来讨论向水池或者浴缸中注水的问题,此时水龙头是开着的,而下水道也没有完全封闭,以确保有出水流量,这个过程如图 2-7 中所示。

只要排水的速度比注水速度要慢,水平面就会渐渐上升。排水量一部分由下水道的几何形状

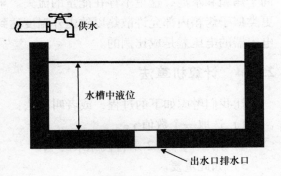

图 2-7　拔下水闩时向水池中注水

所决定,但现在我们假设这个速率是恒定的,那么排水量就只由水池内的水压所决定。假设水池足够深,以至于注水量可以等于排水量因而水不会溢出水池边

缘。此时，水平面会保持恒定不变成为一个常数，水池内贮存的水量也就是恒定的。

这一试验很类似于上面提到的烤箱试验，只不过一个是恒定的水平面，一个是恒定的温度。温度代表了烤箱内所存储的热量以及烤箱内向外部环境流失的热量。并且，通过实际测量，如图2-6所示，一段时间内的烤箱内温度可以看作是水池内水平面的高度的一定尺度变化。也就是说，当图2-6中的横纵坐标经过合适的尺度变化，这个信号既可以表示水深也可以表示温度。事实上，这种尺度变化也是必需的，因为我们测量水深用的尺度是米，而测量温度时使用的是开氏温度或摄氏度。

2.4.3 对电容器充电

可充电蓄电池以化学能的形式来储存电能，因而可以用来产生电流。类似地，电也可以以纯电能的形式被存储在电容器中。当对电池或者电容器进行充电时，充电器会以一个恒压源（一个电能源，通常是使用变压器来获得）对电容装置充电。电池或者电容器的充电值由经过的电压来表示，这个电压值很容易测量的。首先电容器处于完全放电状态，从而其电压值远低于提供电压值，这时充电过程很容易完成，电荷迅速流入电容器。这是因为流入电容器的电荷与电源与电容器的电压差值是成比例的。随着电容器的充电，其电压值不断上升，结果电源要流入电荷会变得越来越困难。当电容器的电压值等于电源电压时，充电过程就不会再继续了，而这两个电压值也就保持恒定。这个电压值信号同样可以用图2-6来表示，同样地，坐标值也需要重新进行尺度变化和改变单位，仅此而已。

这个例子中的信号——电压——也是电容器中储存能量的一种度量方式。不同于烤箱和水池，这里不存在能量的流失。事实上，这个例子中达到平衡的本质更类似于烤箱内部允许散热以致内外温度达到平衡。这里电荷的供电量与电源盒电容器的电压差是成比例的。

2.4.4 计算机算法

让我们考虑如下的过程，或者叫算法：

1）选取一个数值 y；

2）用 $0.8y + 0.2$ 来替代原来的 y；

3）如此重复。

选取初值 $y = 0.2$ 以及 $y = 3$，最初的几次迭代结果如图2-8所示。

这里的时间就是算法进行的次数。每次迭代产生的 y 值看作是一个信号。如果不考虑这个信号是离散的，那么它的图形与如图2-6所示是很相像的。这个算法最终将达到一种平衡，或者说是稳定的状态。事实上，如果我们重复这个算

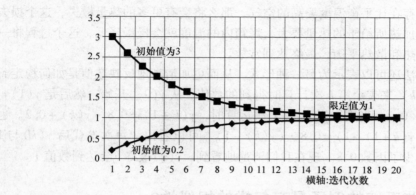

图 2-8 重复一个简单算法的结果

法，那么每一次迭代都会使数值更接近 1，相邻两次迭代的差值单调递减。并且不难发现，如果我们最初选取 $y = 1$，那么信号将一直持续为常数 1，因为 $0.8 + 0.2 = 1$。这两个性质表现了我们所说的（常值）稳定状态或者平衡状态。

这个结果明显与烤箱和水池类似。每一次这个流程的视线，结果数值都会成比例地减少，乘以因数 0.8（类似于流失出去），而后又被常数 +0.2 添加回去（类似于施加的能量或者注入的水量）。最终，当减少值被添加值所抵消，该算法达到了一个平衡状态。明显，当达到平衡时，数值 1 流失成为 0.8，而后又被添加了 0.2，最后重新变为 1。

这里也有一个明显的区别，烤箱内的温度或者水平面都是连续变化的，而该算法产生的数值则是离散的。不过我们目前可以将两者看作是类似的。

同样是这个算法，还可以用如下等价的方式来表述：

1）选取一个数值 y；

2）用 $y + 0.2 \cdot (1 - y)$ 来替代原来的 y（这个式子等于 $0.8y + 0.2$，因此算法本质上并没有改变）；

3）如此重复。

通过这种表述方式，这个流程就更为接近电容器一例中所阐述的事情。每一次执行该算法，y 都会增加 $0.2 \cdot (1 - y)$，而电容器中的电量也是按照电源供电电压与电容器现有电压的差值增加一定比例。当 y 等于电源供电电压值等于 1 的时候，增长过程就停止了。

我们注意到，对于任意比 1 大的初始值，$0.2 \cdot (1 - y)$ 就是一个负数，因而数值会减少到 1。尽管这并不是我们在物理过程中所描述的，我们仍然可以发现这一过程是可以应用到这些例子上的。如果一开始水平面比平衡值要高（比如我们事先在下水道上塞上了塞子），那么排水量就会比注水量要大，因此水会排出水池以使得注水量和排水量再次保持一直从而达到稳定。类似地，如果烤箱内一开始就存在比平衡温度要高的空气，那么将会有更多的热量散失，这个损失的热量要比加热所给予的热量要大，烤箱内的温度就会慢慢降低，这个过程将一直持续到加热和散热平衡，最终达到常数。

这一算法还可以表示为另一种形式，从而更加清晰地反映数值是如何稳定到 1 的。用 $y(k)$ 来表示第 k 次计算时得到的数值。从 $y(0)$ 开始，然后是 $y(1) = 0.8 \cdot y(0) + 0.2$，当进行到第 $k+1$ 次运算时，$y(k+1) = 0.8 \cdot y(k) + 0.2$。也可以写作 $(y(k+1) - 1) = 0.8 \cdot (y(k) - 1)$。可以看出，每次迭代后 $y(k)$ 与 1 的差值都减少了因数 0.8。现在我们清楚地看到，$y(k)$ 最终⊖会达到数值 1。

2.5　这些系统的例子具有怎样的相似性？

从以上来看，一些完全不同的系统却定性地，甚至是定量地表现了一定的相似性。事实上还有更多可能的事例，比如列车在铁轨上达到某一速度，或者一台电风扇所能达到的速度，抑或是一架直升飞机能够达到的高度等等。

定性地看，上述的三个物理试验表述了一些不同的保存形式。在烤箱的试验中保存的是热能，在水池的试验中保存的是水，在电容器的试验中保存的是电能。这些就是关键，在所有的物理模型中，都有单一的存储装置（烤箱、水池、电容器）和特定的补偿形式（热量的流失、排水以及与电压差成比例的充电量）。在计算机算法中，我们用的是一个数字（计算机中的一个存储空间）。

这些相似性超越了定性解释。事实上，只要愿意，我们就可以构建一个从某一特定的信号角度观察使用完全相同的方法来表示这些烤箱、水池、电池或者算法。意思是，我们可以使用特定的时间量度，以及一定尺度的箱内温度（或者是电容器两端的电压、算法中的数字）来表述这些模型，最终我们会发现从图表中的信号我们根本无法分辨其表示的究竟是水池的水平面、烤箱内的温度、电压值，还是数字。因此，从信号的角度来看，烤箱其实就是其他系统的另一种表述形式或者实现，反之亦然。

2.6　离散时间还是连续时间？

毫无疑问，烤箱内的温度是一个连续变量，它在每一个时间点都有定义。电

⊖　严格地说，如果不以 $y(0) = 1$ 开始，那么它将需要无限的时间来达到 1，但是由于计算机不能把数字表示到无限的精确度，迭代的次数总是有限的，或者说永远不可能达到 1，序列总是在 1 的周围徘徊。

容器两端的电压以及水池内的水平面也是同样。但是计算机算法产生的数字却是一个个不同数字组成的序列，它不是连续的，也就是我们所说的离散时间信号。而前几个是连续时间信号。

烤箱温度或水槽里的水可以在任何时间测量。虽然在任何测量中，我们的测量时间（和信号值）总处于有一个有限的分辨率左右，因此在任何实验中，我们将收集有限多的不同的测量值的过程称为采样。同时，我们想要解决的时间快慢将取决于烤箱温度或电容电压或水位的改变快慢。变化越快，我们的时间分辨越好，可以获得一个好的变化信号⊖。所以从一个数据集的角度来看，与如图2-6所示的连续曲线相比，我们的计算机数据更像烤箱温度、水位、电容电压。事实上，在任何实验中，测量水位或烤箱温度，看起来像一组数据与时间的关系。如图 2-6 所示代表一个含有插值观察点的连续曲线。任何形式的插值都是某种程度上的（智能）工作。

当建立一个烤箱或水槽水行为的数学描述时，我们会使用热力学（热能的理论）或流体动力学（水的力学理论）的方程，这些方程被称为微分方程。在这些方程中时间是连续而不是离散的值。此外，它假定了信号函数的导数有定义，即他们的变化是平滑的。然而，有一种简单的方式等价转换这些方程为有限差分方程，此时时间由增加的整数序列表示。在差分方程表示中，信号被看作是典型的等距数据。这些差分方程正像前面介绍的计算机算法。在许多时候，我们是否使用离散或连续的时间取决于计算便利而非准确度，我们将同时使用两种表达，专注于哪一个取决于哪一个是更自然的或最容易使用的。

2.7　类比系统

我们成功地认识到这些简单的设备，看似具有完全不同的物理现象，却表现得类似，称他们为类似的系统。

相似系统
两个系统是相似的，如果来自这些系统的信号集合可以通过缩放变得一致

在信号表示中，我们当然对如何衡量时间和信号值有所选择。这个选择只能执行一次，例如对于每个系统信号，我们都会选择一个合适的测量设备测量信号和时间值。考虑信号的表示形式，我们开始比较来自不同系统的信号。如果我们不能分辨它们，我们就接受此系统是相似的。

⊖ 有一个关于如何快速取样以捕捉时间变化的定理就是奈奎斯特－香农采样定理，后面会详细讨论该问题。

类似系统的概念（见图2-9）。

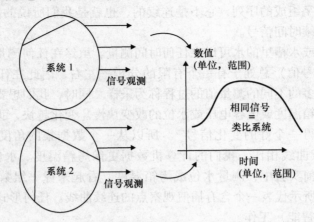

图2-9 当他们的信号一致时，系统是相似的

人们会不赞成这样的事实，即相似系统是一个相对于观察者的概念而不是一个固有的系统属性。这是一个公平的观点，然而我们喜欢这样做，因为它捕获了我们如何影响周围环境的本质。

而且对于大多数复杂性系统，不可能彻底评估所有可能的信号，这需要系统可以产生所有可能，如果我们想要一个绝对严格的概念，这将是一个严格的要求，是一个系统属性。在实践中，我们总是不得不接受较少的信息；这个结论在试验的基础上我们已经得到了。通常类比只会对于我们的（集体）的经验有效，但这就是我们在科学和工程所掌握的。

意识到信号不一定揭示系统的本质也许是令人不安的。在我们的示例中，无论它是一个水槽，或烤箱，甚至计算机算法都不能由信号来分辨，因为都传达着同样的信息。

这个思想到目前为止很好地应用于能被框图表示的任何系统中。实质上有一个存储设备（水槽，烤箱，电容器等等），我们用一个积分框图来表示。积分器的是一个表示存储水平的信号。存储是持续补给的，且它的一些存储有泄漏。相应的框图表示如图2-10所示。

积分器代表保存，或者所存储的为供应的积分。在程序框图供应输入到积分器，存储量是其输出。如果供给是正的，存储量增加，如果是负数，数据量减少；如果供给是零存储保持不变。在例子中供应总量由外部正供给和由于渗漏产生的负供应组成。后者是由循环框图反馈和积分器输入的和来表示的。这个和表示积分器的外部输入和泄漏部分（负号在加法器的交叉口）。

循环在图中被称为反馈。在这种情况下，反馈是负反馈。

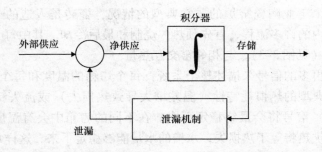

图 2-10 示意表示有泄漏的积分器
（适用于任何的电容器、水池、微波炉或计算机算法的例子）负反馈

我们将在第 5 章分析，为了处理一个系统，表示、分析、理解和（或）解释其行为、甚至修改它，类比的概念都是非常有用的。类比将被自由使用来开发系统的模型，并基于这些模型，类比本身就会变得更清晰。

2.8 综合式系统和分布式系统

从定性和定量的角度看，烤箱、水槽或电容器的行为很简单。信号首先总是单调的，要么增加，要么减少，取决于该信号从一开始是高于还是低于其平衡状态。温度或水槽水位的振荡不会被观察到。

当我们开始综合合并成为新的系统时，更加复杂的行为便成为可能。

例如我们可能组合了一些水槽，如图 2-11 所示那样输入输出串联，像河流或灌溉系统。或者可以结合一些烤箱在一起，这样，热接触和热量可以互相流动。

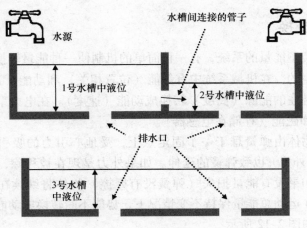

图 2-11 水槽系统

这是在一个工业陶瓷窑炉的非常典型的情况，瓷砖是人造的（见图 3-2）。瓷砖会通过窑内的许多流程，首先预热，烧制和最后冷却。其中每个流程可以建模为一个烤箱（见图 3-3），与相邻窑交互热量。

现在需要更多的信号来描述整个系统：每个烤箱的温度和每个水池的水位。但对于大多数典型的热损耗特性（温差增大导致热损失）或流失特征（水位差导致流出增加）信号将会最终稳定下来。在不同的烤箱中会有温度的分布，但对于每个烤箱供热将等于热损失，水槽的水量能够稳定下来，这样每个单独的水槽流出流入量将是相等的。这种系统的复杂性与变量的数目有关，我们需要测量。根据上述测量类比，原则上可以构造一个互连的烤箱，和一个水槽网络，他们将会具有同样的行为。但是相反更方便和更灵活的是使用计算机算法。

如果我们的设备互连范围扩展（工程系统包括"漏"槽或烤箱），那么更有趣的行为是可能的。如果我们扩展冷热装置，调节大众运输、管道、搅拌机、储存容器和热交换器的阀门，我们得到一个更丰富的行为。这样一个系统可以通过使用电子设备（电感、电容、电阻、二极管、电压和电流源）或机械设备（弹簧、惯性、阻尼器，力生成器）类似地实现。可能性是无限的。如果我们还包括化学、核能和生物过程，混合会变得更加丰富。

2.9 振幅

明确区别系统的属性是稳定性（如电容器充电平衡）。在第 6 章我们将会讲述这个概念。另一个重要特性是系统行为存在的振荡。

为了说明这种有趣的现象，我们将从本质上介绍什么是振动信号，或周期信号，以及振动系统。

2.9.1 能量交换

如果有多类型能量的系统，有一种简单的机制使一种能量转换为另一种，振荡便是可能产生的。在机械系统中有势能（位置相关）和动能（速度相关）。下落的物体将其潜在的能源（高度）转换成动能（速度）。在电力系统有电能（存储在电容器）和磁能（存储在电感器）。

考虑一个物体由弹簧悬于一个固定点上，受地心引力的吸引。让它被推倒（通过应用一个外力）以致弹簧的延伸。如果外力是现在被移除，我们观察到物体开始振荡。如果没有能量损失（弹簧没有摩擦）物体将继续在悬挂点相等距离之间摆动。在运动总能量保持不变情况下，势能不断转换成动能。运动本身称为简谐运动，如图 2-12 所示。

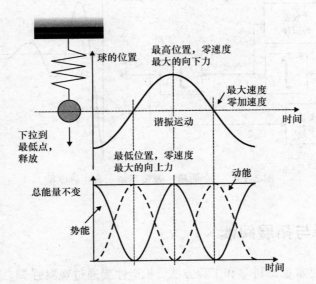

图 2-12　考虑摩擦的质量－弹簧系统。总能量保持不变，但动能和势能不断交换

2.9.2　系统观点

从系统的角度看，代表质点－弹簧的描述如图 2-12 所示：

- 合力为零。因此，加速度、摩擦力和弹簧弹力之和均是零。
- 加速度综合地决定速度（牛顿定律：力量是与加速度成正比的、速度是加速度的积分）。
- 摩擦力影响可以被认为是一个速度的函数。
- 位置是速度的积分。
- 弹力与位移成正比（弹簧行为，胡克定律），与弹簧拉伸方向相反。

有趣的是，框图揭示了积分器串联的负反馈。位置信号（见图 2-12），它是振荡的，假设没有摩擦的情况。速度信号和力信号也振动。这两个积分器与质点－弹簧系统中两种形式的能源密切相关；动能（伴随速度）和势能（关联位置）。

一个更为现实的模型质量－弹簧系统可能包括一些摩擦，例如牛顿摩擦，这是一种运动，阻力与速度成反比。在框图中表示为积分器负反馈。若有摩擦，振荡将最终消失。一个典型的框图如图 2-13 所示。

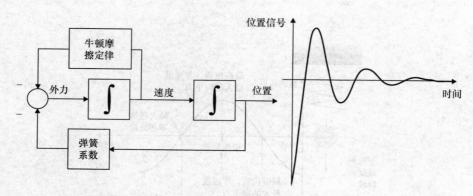

图 2-13　一个质量 – 弹簧系统，含牛顿摩擦

2.10　注释与拓展阅读

　　使用类比是常见的科学和工程方法，相似性要通过观察强调。我们一直强调比较正式的类比，在这里指（系统类似是指外部测试信号类似或扩展的索引和设定值有区别）真正系统理论的精髓和系统理论应用如此广泛的原因。

　　此外，通常没有必要知道一个系统内部具体是什么，我们只需要了解互连的关系以及外部信号即可，这些信号有效的解释系统行为。

　　基于信号的类比方法是受行为理论的启发的（Polderman and Willems 1998）。文章把主要精力放在信号上，信号处理是巨大的。这里仅举几个以信号为主的文字，例如：Mallat（2001 年）麦克莱伦等（2003），一个是介绍性的文本，另一个是更现代的基于小波的信号分析方法：杰维斯（2002）致力于数字或采样数据信号。将在第 4 章更详细地讨论信号。

　　类比也是键合图理论的基础（见例子http：// www. bondgraph. info/），它提供了在特定的物理工程系统中的共同的语言模型（Breedveld 和 Dauphin – Tanguy 1992；Gawthrop 和 Smith 1996）。

　　模拟软件包提供方便的接口以快速模拟工程系统。也有基于键合图工具箱的建模符号处理软件包。

　　许多古典文献对动力学和工程系统建模去类比电气、机械、热过程（Cannon 2003）。这些经典的主要方法不是等价观测信号（正如我们在这里做的），而是测量由数学方程来描述的电子，机械或热系统，相同类型的组成是守恒定律和本构方程，它是用一个领域的特定变量替换另一个相同的再现方程。当然，这些方程式中所谓体现的物理定律都是由现在的观察和测量替换过去值的过程。

　　让我们强调一个忠告，从 Cannon 的文中引用：类比是有害的，因为他们诱使我们停止思考我们的新物理现象…（Cannon 2003）。换句话说，当我们的模型或类比不匹配数据时，我们必须调整我们先入为主的想法，不能抓住谎言不放（所有模型在某种程度上都是谎言）。关于这个模型我们将在第 5 章更多地讨论。

第3章 反馈与控制

天下没有免费的午餐

米尔顿 弗莱德曼[一]

3.1 引言和研究目的

当天气寒冷时，我们会感到不舒适并添加衣服，身体也会不由自主地打寒颤，以增加体内热量；如果环境太热，我们则会出汗来挥发体内的热量，这就是反馈。

通常，有用的系统很复杂，且会驱使他们包含全部不同子过程的功能，它们通过一系列以不寻常的方式相互作用的子过程获得它们的全部功能。在这种情况下，一般是整个系统为一个目标服务。即使当整个系统服务于一个特殊目的时也是这样。在自然界，这是最常见的事实，这就是惯例，且越来越多的设计工程系统展现出了相似的结构和复杂度。任何系统的分析和设计都既需要理解各部件的行为并达到系统全部目标的控制原则对所有组件工作方式的有形理解，也需要对控制原理的掌握，以获得所需系统的全部用途。在实际设计中，约束限制条件至关重要。巩固用来支撑系统和与系统设计相关的控制工程方法的基本思想将在下面的章节中给出。在这里，引入了一些例子将注意力集中到反馈设计的本质。

一个系统需要在各种层面去设计，从它最小的子系统到整合了所有子系统的全局系统。对应于控制层来说，从局部子系统控制到监控策略，都需要设计成能够以无缝的方式协同工作，以达到系统目标并维持一段时间（更多细节见第 10 章）。控制不能是马后炮，它必须是系统设计的一个整体部分。其基本限制和系统中明显的物理制约一样重要。同样的，没有注意物理约束的控制设计是没有意义的。

在这一章中，我们将阐述反馈和控制在实现目标行为中的作用。我们的例子既来自于工程，也来自于自然世界。

我们以描述一家生产瓷砖的工厂开始。它可以看做一个典型的制造过程，那

⊖ 米尔顿 弗莱德曼，美国人，诺贝尔经济学奖得主，1912～2006，因其对消费分析、货币历史与理论和稳定政策的贡献而闻名。

里所有目标的实现均通过一系列离散子过程的执行。这种思想被推广到许多生产制造过程，至少被推广到全球工厂的结构中，即将整个生产过程分成彼此相互联系、相互依赖的子过程。

大多数自然系统和人为系统在时间和空间上都是分布式的，因此需要局部测量和局部作用，以及调整全局输出的层次结构。大型灌溉系统的控制为这类系统提供了一个很好的例子。

控制在实现高精度和良好可重复性方面的好处，通过射电系统的天线控制被加以说明。快而精是大型制造企业长期追求的目标，最被汽车产业认可。

并不是所有的控制系统都是如此复杂。在日常生活中，我们看到了一个洗车厂是怎样运作的（希望和我说的一样），按顺序给车子洗涤、上蜡、冲刷并烘干。可以在我们身边找到许多像这样简单的系统。

在我们身体中也有许多控制过程：如体温的动态平衡，细胞、血液和组织器官内的化学平衡等。通常，我们不注意这些过程，直到身体出了问题。

最后，反馈和控制也在社会系统中起到非常重要的作用。

3.2　制造瓷砖

过程和制造系统易于分成执行不同逻辑顺序操作的子系统。一般目标是以最经济可行的方式制造一个带有预期特性（或品质）的特定产品。这个目标转化为必须在过程的每个阶段得到满足的具体指标。在这种瓷砖制造环境中产生的想法，通常被应用于制造业和化学过程系统。

在一个瓷砖工厂，其目标是生产瓷砖，满足市场在质量、成本、耐用性和用途的期望。当然，生产必须经济可行，生产过程必须满足所有的法律制约。

从广义上讲，该流程布局设计如图 3-1 所示。

下面的子过程被认为：

① 预处理原材料。不同的天然矿物质（黏土、石灰、沙子…）的存储，预淹没和打湿。

② 研磨。原材料经研磨、均质化、以适当的比例混合，并存储在一个滑槽里。

③ 喷雾干燥和存储。将研磨和混合后的材料喷雾干燥和存储。这在生产过程中提供了一个缓冲。

④ 冲压。材料从滑槽中被送到冲压机，在这里形成"砖坯"，瓷砖被塑形。

⑤ 干燥。通常冲压之后紧跟着就是干燥，以减少水分含量。干燥过的瓷砖可以在继续加工前被存储起来。

⑥ 上釉。瓷砖表面需要接受适当的处理。上了釉的砖坯可以被存储起来

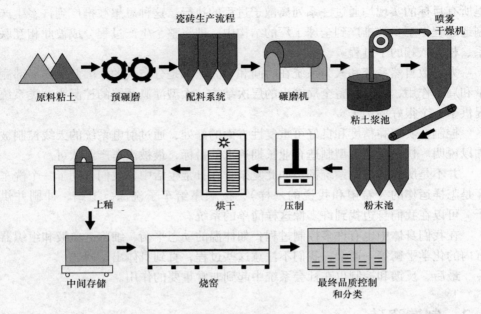

图 3-1 瓷砖生产厂布局

（另一个内部缓冲过程）或运到烧窑中。

⑦ 入窑烧制。在烧窑中，上了釉的砖坯被烧制。瓷砖获得了它们所需的机械和审美属性。

⑧ 整理和存储。待发运的最终产品被存储起来。在这之前通常会经历检验环节，以便根据质量和一致性将瓷砖分组，有缺陷的瓦片被剔除。

生产工程师维护和调整生产流程，以获得高产量与一贯的品质。瓷砖的质量取决于它们的尺寸精度和通用机械特性，如硬度和易破碎性以及他们的美学外表。工程师们调整整体流程以降低成本，同时提高生产的灵活性。降低成本不仅集中在节约能源，对节省原材料和提高产品一致性也起着极为重要的作用。过程调整的其他方面集中在将环境影响降到最小，减少化学和噪声的污染。

直接测量许多重要变量是很困难的，如瓷砖的机械性能。因此控制目标将基于那些更容易获得的过程变量，这些过程变量反过来将影响机械性能。人们试图利用统计质量控制措施来使产品差异最小。

大多数瓷砖的最终特性取决于烧制过程。因此，烧窑是整个工厂生产的核心。控制的主要目标就是获得一个预定义的温度分布。原则上，每个瓷砖应该经历相同的温度分布。这意味着控制窑的温度是至关重要的。另外，决定瓷砖在每个炉窑中驻留时间的输送带速度必须严格控制。其他需要保持在指定范围内的变量是空气流量和空气成分。保证瓷砖表面的光洁度，通风是至关重要的因素。

1. 陶瓷烧窑

陶瓷烧窑是一条很长的隧道（可能为 100m 或更长），可用矩形横截面为 2m×0.5m。烧制是一个分布式的过程。控制变量是空气温度和空气隧道中的压力。温度和压力都必须满足一个特定分布以确保瓷砖的质量。为了简化建模过程，同时仍然符合有限的控制自由度，将陶瓷窑分为特定的几个部门。在烧窑的一些部门中，燃烧单元为空气和瓷砖加热。在其他部门中，外部空气会被用来冷却瓷砖。瓷砖经由连续输送带运输，且与空气流向相反。同样重要的是要区分炉窑横截面的上部或下部，高于或低于瓷砖。

陶瓷烧窑按功能分为以下几个区：预窑区、预加热区、烧制区、强制快速冷却区，正常缓慢冷却区和最终冷却区。结构如图 3-2 所示。

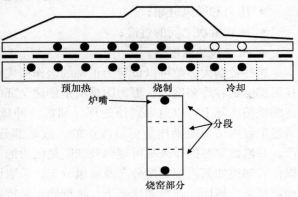

窑的结构、部门的数量、烧嘴和分风扇的分布，炉墙的折射材料以及力学性能（辊轴，驱动速度）均制约了生产可能性和最终产品的质量。在每个区域的控制目标都是维持

图 3-2　用于烘焙瓷砖的连续式炉窑原理图

一个温度分布。温度分布是穿过烧窑的材料的函数，如图 3-2 所示。控制算法：

- 烧嘴，火焰温度是通过燃料和空气流量阀控制；
- 风扇，调整该区域的空气流量，并决定了该区域的压力和温度；
- 轧辊速度，控制砖坯的运动。

控制目标是在工厂的工艺流程的制约下，以最低的成本得到尽可能最佳的瓷砖。传感器[⊖]跟踪产量、空气温度、燃料流量和气流。炉窑的物理结构使控制成为可能，为了使控制真正有效，炉窑的结构和控制系统设计要协调一致。

为了优化炉窑输出瓷砖的质量，常使用两种控制。用一个基于在窑壁上的温度传感器的局部控制回路来保持窑内的温度分布。同时，用另一个基于规则的监督控制，修改所需的温度和压力分布，以对抗在炉窑输出端测量到的质量缺陷（Bondía et al. 1997）。

常见的传感设备有温度热电偶、压力传感器和速度传感器。执行机构则是电动机，用来操纵轧辊和风扇转速，以及修改燃料与空气流量的阀门。

⊖ 传感器和数据采集系统见 9.2 节。

当瓷砖出窑时，可以测量如尺寸、形状（平面度）和颜色等属性。仅机械强度是可以离线测量的。这个测量通常涉及一个很长的时间延迟和破坏性试验，因此它不适合生产过程中的在线控制。大量的变量被测量以保障不间断监控的目的。

2. 炉窑控制

炉窑控制的目标是保证瓷砖的质量，加快生产和减小成本（能源、浪费）。为了实现这些（相互矛盾的）目标，需要以下的控制：

- 轧辊速度；
- 温度分布；
- 压力和通风分布；
- 砖坯批次之间的过渡；
- 批量包装密度。

这些控制大多数可以设置为正常的运作模式和局部控制，以确保设置值保持在可接受的容许裕度内。更为困难的是创建全部的适宜操作条件。例如，一些瓷砖的缺陷实际上可以追寻到预处理（研磨，冲压和干燥）阶段，其中一些控制通过炉窑内适当地操作是可以改正的，或是部分改正。为了减少浪费，继续生产，并修改炉窑操作来尽可能弥补缺陷是值得的。当手动操作炉窑时，有经验的操作者知道如何改变温度分布或通风分布，采取恰当的纠正措施使炉窑达到新的稳定状态。然而，在自动模式下，这种修正是特别难以执行的，通常不得不采用基于规则的控制行为，据此有经验的操作员的行为将被模仿。

经常应用的分级控制结构如下：

- 在炉窑的整个生命周期中，控制系统的监视层持续监视主要变量、记录和警报动作，并存储过程数据以便离线分析，进一步改善设备利用状态和人机界面的交互。在市场中，产品的经济分析与设计和生产相关，为生产设备方面的进一步投资提供经济驱动。

- 在生产规划中，批量计划包括决定炉窑的分布，包装密度和炉窑调度以保证不同生产间的最小过渡过程。规划提供了烧嘴的设定值（燃料流量、空气流通），轧辊速度和通风。

- 在一个生产批次过程中，基于炉窑出口处测量的质量控制用于调整温度和通风分布。这些调整决定于启发式算法或查表法。

- 在一个特定的批次过程中，所需的温度分布，通风分布和速度分布通过局部控制来维持，它作用在炉窑的每个单独部分（见图3-3）。控制动作以这样一种方式协调一致，以维持该部分正确的设定值，同时最小化其与相邻部分的相互作用。

- 对于每个执行器，都有一个局部控制器，他们基于传感器输入和参考信号提供所需的命令。参考信号由质量监控算法和协调控制层提供。

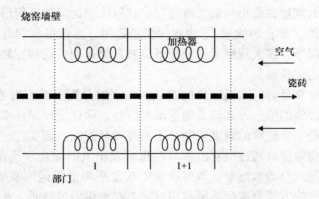

图 3-3 炉窑的示意原理图：瓷砖向右空气向左

生产好的瓷砖
为生产优质瓷砖需要的条件： • 优质的原料； • 优秀的加工单元（磨坊，冲压机，烧窑、…）； • 熟练的操作员； • 精确的控制单元和控制算法； • 质量控制； • 优秀的瓷砖设计； • 综合的工厂信息； • 自动过程管理。

3.3 重力给料的灌溉系统

大多数公用事业公司，像电力生产配送，回收用过的水，大容量输配电和天然气分配是大型工程系统，需要精心控制，以便供给与需求匹配，满足使用的时间和地点。类似的控制问题也存在于运输网络的控制甚至是互联网或更一般的电信网络。这里具有挑战性的问题是地理尺度和时间尺度的变化，这在动态系统中十分重要。在这些应用中，控制系统在空间上总是分布式的，并且分层以处理许多不同的时间范畴。该示例中，我们讨论涉及灌溉网络的控制，那里分布式控制方案是最近才出现的。讨论将强调空间分布式控制特性在最快的时间尺度。监督控制问题负责调度，长期使用和（预防）维护以及报警处理，这些问题同样富有挑战而且十分重要，但不如过程控制应用中那样困难，如像瓷砖工厂。

在澳大利亚灌溉占所有淡水使用量的 70%（联合国教科文组织 2006 年；澳大利亚技术科学与工程学院 2002）。用于灌溉的主要民用基础设施由收获和储存水的水库和分配水的开放运河组成。水的分配是通过调节结构进行控制的，可以限制运河中水的流量在最小与最大流之间，这取决于运河的几何形状（斜度和截面）和可用水源（潜在的能量），由水库供给运河。在这里我们看看，在仅仅由重力驱动的情况下，多大规模水的分配可以被自动控制，这种控制比通常的手动操作具有很大的优越性。

当水的供应充足时，水是廉价的商品，在水的分配中没有有效的经济压力。操作运河基础设施的唯一方式就是确保最大流量，保证用户最佳水的可用性。于是水的分配就是一个纯粹的调度问题，不需要闭环控制。调度，一种监督控制的形式，无法避免地使得通过所有出水口输出到农田上的综合水流量，通常 10 倍于运河系统顶端入口的水流量。调度确保需求量平均低于运河系统的流通能力，这样，水以公平的方式分被配给所有用户。当有水供给过剩时，水只不过会返回到天然河流系统或地下水中，不能再用于灌溉（在同一季节）。虽然现在的手动操作并不运行在这个最大流量原理的基础上，按照这个原理会浪费大量的水，现在运河的利用情况据报道充其量达到 55% 到 70% 用水效率，在全世界有很多地方还不到 50%。另外，在大多数灌溉地区提前四天的订水政策被强制执行，这并不有利于农场的高效灌溉，因为农民们不得不减少不确定灌溉时机带来的不利影响。通过渗漏和蒸发，大约 10% 到 15% 的水都被浪费掉了（当然再多的控制都无法改变这一现象），并且大约有 20% 到 30% 的水是通过排污口或其他未计量的方式被浪费掉（澳大利亚技术科学与工程学院 2002）。

澳大利亚的政策制定者已经认识到，从长期环境和可持续发展的角度重新考虑现有水资源的实际情况是十分重要的。无论是运河利用率还是农场水资源的使用，他们为高效用水提供了明确的经济激励。气候变化、人口和工业增长压力加剧了这一持续性问题。

灌溉效率，同时保持其他水位调节目标（这是农场土地灌溉的潜在能量），理想的闭环控制目标是满足水的需求。满足需求和实现高效用水之间相互冲突的要求是一个有趣的挑战。

为了实现闭环控制，现有的民用基础设施必须升级，通过传感器的信息技术基础设施，和链接有监控和数据采集（SCADA）的通信网络的执行器。高效分配水资源的方法分为三个阶段：建设信息基础设施，提取数据建立控制模型和最终建立闭环回路。这个基础设施可以实现自动化决策来设置调节结构，如输送水，且只有这部分水是农民所需要的。这种项目大约 1998 年就在澳大利亚进行了，凭着运河操作运行在 85% 左右的效率，已取得了令人满意的结果，实现了高水平的按需供水（超过 90% 的供水订单不会改期），并且保持卓越的水位调节。此外，因为这个系统现在反应更积极迅速，农民都采用了更适合农作物需求的灌溉计划，同时获得了额外、显著的用水效率提升和来自农场更好的经济回报。

信息基础设施支撑整个控制方法，且可以支持所有时间尺度（几小时或几年）的决策：

- 在最长的时间尺度上，主要的问题是可持续性：如何最好地使用有限的可再生水资源。这包括开发适当的基础设施、政策和价格机制。
- 在一个年度和季度，水量的分配和农作物种植/处理取决于特定的经济和环保的要求。现有的基础设施应当被维护和升级。
- 每周的灌溉要以满足需求来计划（在这个时间尺度上，当地的天气预报起到了重要的作用），且在这一时间点上安排总体分布。
- 在每天的时间尺度中，水的安排主要针对下游，即运河系统的末端。
- 在每小时的时间尺度中，运河的个别部分直接对控制有响应。
- 在每分钟时间尺度中，调整水位和水流动态，同时监测硬件和感兴趣的变量，用于指导预防性维护，以确保当传感器、执行器，或是无线电网络开发失败时有一个合理的性能下降。

如图 3-4 所示提供了澳大利亚维多利亚的信息基础设施硬件和被取代的主要旧技术的图片。

图 3-4　灌溉用无线电网络执行器/传感器（图 3-4c），取代旧的人工
操作的基础设施（图 3-4a、图 3-4b）

在监管点，水位是测量的，水流是被推断出来的。通过和其他节点在整个网络中的通信，一个实时的水量平衡可以被推断出来的。除了这些主要变量，许多

其他变量也被测量出来，为了维护和其他的操作目的（如电池水平、太阳辐射、传感器校准，等等）。无线网络允许点对点和广播模式，其原理图反映在如图 3-5 所示中。

任何带有与其相应的执行器和传感器的调节器都有一个互联网地址，可以通过无线网络与网络中任何其他调节器通信。大多数通信都是基于一个异常协议，只有当一些感兴趣的时间发生时才会发起通信。同时也执行常规的查询，查询整个（或部分）系统以建立正常检查。广播用于进行设备软件升级，协调和网络资源的综合管理。

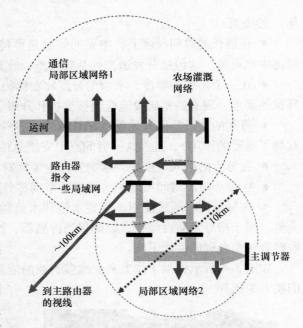

图 3-5 灌溉渠的信息设备和无线电网络图

数据来源于传感器，执行器的使用应当配合以适当的模型参数估计和系统辨识技术（Weyer 2001；Eurén and Weyer 2007）来得到简单的模型将控制动作（上下游调节器）和水位（和水流）联系起来，这以一个独立水池为基础，在两个调节结构间运河的延伸。重点是模型要简单，因为灌溉系统是大型的，因此模型必须能够随系统而增长。为了对规模有所了解，现考虑 Goulburn Murray 水域，包括长于 6000km 的灌溉渠，多于 20000 的客户和分布在沿岸 68000km² 以上的 5000 多个整治建筑物（还有更大的灌溉系统）。

为了聚焦这个思想，我们考虑最小时间尺度和简单的运河，这些运河带有一些连续蓄水池，如图 3-6 所示。非常简单的模型表示如下：

池中水量的变化 = （进水流速 - 出水流速）* 时间间隔

这只是刻画了水的贮存。这样有点太简单了，再看看 Weyer（2001），Eurén 和 Weyer（2007）的例子中更具综合性的模型和讨论。然而，这足够对这个问题有所了解了。运河系统模型是所有水池模型和调节阀模型的集合，这些模型都是由测量得到的，被保存在中心数据库。

控制目标是保证水位控制在期望的水位，同时控制的输入要被限制在物理能力的范围内（开和关之间）。所有这些都不考虑重大干扰，这些干扰包括排水、蒸发和渗流。此外很重要的是无线电通信的需求是有限的，灌溉网络用来处理不

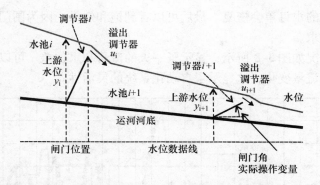

图 3-6　内联运河系统，一系列的调节器和蓄水池（调节器和运河之间的部分）

可避免的通信错误，以及在传感器和/或执行机构的硬件故障。

　　控制目标（无损失，水位调节，需求满足）是通过使用一个两阶段的方法实现的。当一个用水订单产生时（例如，通过互联网），如果这份订单可以在系统内按照要求被传送，中央节点可以验证系统的全局模型。它需要检查价格和水量分配的权利，但这与控制过程无关。这里需求预测的应用，包括天气预报，可以用来更有利地管理灌区。如果水订单可以被交付，则中央节点可以通知该运河的调节器和订单所需的农田上的出水阀门。然后即刻产生水的流量，局部控制器可以维持水位不变，而不管施加的流量变化。

　　在一星期内的某个特定蓄水池的操作下，控制系统的典型响应，如图 3-7 所示。

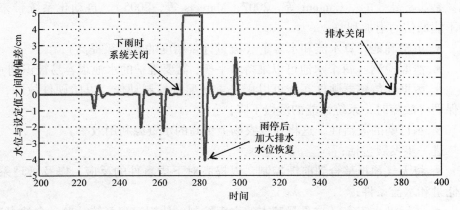

图 3-7　大雨事件的控制反应

　　这个图显示了设置值调节的质量（偏差测量以厘米为单位）。在手动操作下，如果水位在所需的水位上下 25cm 范围内，则认为距理想水位的偏离是足够的。下雨事件是严重的干扰，使系统中所有通道上的灌溉器停止灌溉。在简短的降雨后，主要的水订单会恢复。最后可以看到饱和效果，因为闸门都关闭了，由于下游没有需求。

类似的情况如图 3-8 所示，显示了一天的流量和水位差。可以注意到在一天时间内巨大的流量变化，这显示了自动化系统的灵活性。

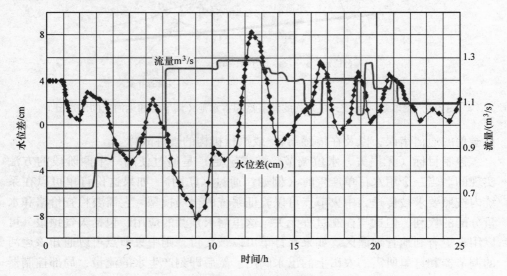

图 3-8　较大流量变化的控制响应

在若干季节的田间试验已经证明，自动控制系统，即所谓的全通道控制系统™是非常高效的（Cantoni 等，2007；Mareels 等，2005）。自动化系统带来一些不能低估的附加利益：

- 更精确地计算水流和水容量（流量计量精度的数量级提高）；
- 泄漏检测（每个水池可以维持水平衡，需要维护的水池很容易被识别）；
- 数据和传感器硬件冗余可以用来重新配置控制动作，以防硬件故障，来确保硬件故障时，系统性能的缓慢下降；
- 水订购的灵活性，这将导致农场上更高的水资源利用效率。

进一步发展包括：

- 将天气预报整合到前馈控制，以提高对下雨事件的反应，以及管理系统大储量和水流条件；
- 减轻洪水灾害（这是最基本的水库控制，使用运河系统分散过多的水）；
- 整合运河控制，优化利用水资源。

最终的目标是对整个集水区域进行实时闭环的水资源管理（Mareels 等，2005）。这似乎完全是可行的，并将对 2003 年联合国教科文组织提出的世界水资源报告中的管理难题大有挑战，这一问题在 2006 年和 2009 年版的报告也被提及

（联合国教科文组织 2006；2009），所有这些都谈论到世界上水资源管理危机。

水的最佳用途
水是一种有限的不可再生资源，为了（更好的）管理，要求： ● 资源可用性的准确信息； ● 清晰的管理政策，适当的优先化； ● 实质性的民用基础设施（水库、运河、管道、阀门）。 同时需要： ● 实时水（水位和水流）测量； ● 需求测量和/或预测，短期天气预报； ● 无线通信网络； ● 过程模型，这些可以通过测量得到； ● 结合政策的控制设计，在物理上约束条件下，优化利用可用资源。

3.4 射电天文学天线的伺服设计

天线无处不在，他们捕捉特定的无线电波，这些无线电波被编码以携带信息。无线电波是带有方向的，天线方向要相对于无线电波，这对于良好的接收和随后的信息提取是至关重要的。

例如用于射电天文学和卫星跟踪应用程序的大型天线，能够实现无线电波和大型天线的对准，通过定位天线表面，在仰角和方位角两方面都是精准的。在现代射电天文学中这些角度必须能够获得，其精度是极高的（误差以反正割测量，其中一度中有 3600 个分度或在一个完整的圆周中有 1296000 个分度；一个反正割是大约 4.85 微弧度）。

对于射电天文学，对于仰角 $\theta^r(t)$ 和方位角 $\phi^r(t)$ 的参考轨迹描述了被跟踪对象的路径（或天空的探索点），它通常是由设备的操作者向控制单元提供，以一个以时间为参考的角度的有序列表的形式，如下表示：

$$(t_k, \theta_k^\Gamma, \phi_k^\Gamma) \quad \text{for} \quad k = 0, 1, 2, \cdots$$

式中，t_k 是指定的时间，θ_k^Γ 和 ϕ_k^Γ 分别是那个时间点上所需的仰角和方位角。这个表是随时间修改的，作为时间的函数，最终要能达到实际的参考角度，（该角必须是时间的一个连续函数）。例如使用线性插值（这个方法简单，这里用于一般说明）和上面的列表，仰角的参考值则变成下面关于时间的分段线性函数，如图 3-9 所示。

伺服控制问题是确保实际指天线向角高精度地跟踪预定的路径，尽管存在像多变的风荷载这样的干扰（埃文斯等，2001）。这是非常具有挑战性的，因为典型的驱动系统以及天线结构具有多个欠阻尼的谐振模式。此外，还有各种的参考轨迹[一]。

如图 3-10 所示显示了澳大利亚望远镜密集阵列（ATCA）中的一些天线；更多信息请访问 http：//wwwnar. atnf. csiro. au/。这组天线被用于一些下面描述的实验结果。他们直径约 22m，重约 60t。

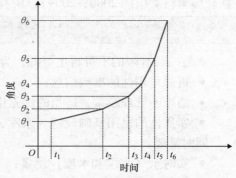

图 3-9　数据点的分段线性插值曲线

图 3-10　在澳大利亚天文台密集阵列中的一些天线 新南威尔士州
（联邦科学与工业组织，CSIRO）

大规模可操纵天线控制问题，成为工程和理论研究对象已 50 多年了。驱动和遥感子系统构成重大挑战，并在很大程度上决定了反馈设计可达到精度的局限性。

关键的机械设计问题与最大化结构共振有关（威尔逊 1969），同时还要试图保持低的成本结构。折中办法是在整体较低的重量下达到一个较高的机械强度，这样天线才能移动更快，更加努力地为射电天文学工作。最低的结构共振频率必须是足够高，以便正常有风的条件不能诱发振动，导致天线不能使用。天线是一个非常大的帆。同时，最低的结构共振频率应该比被精确跟踪的参考轨迹的角速

[一]　系统频率特性和共振详见 5.7.2 节。

度值大，否则参考轨迹将激发共振[-]。

大多数的风能频率低于 0.5Hz，如图 3-11 所示。

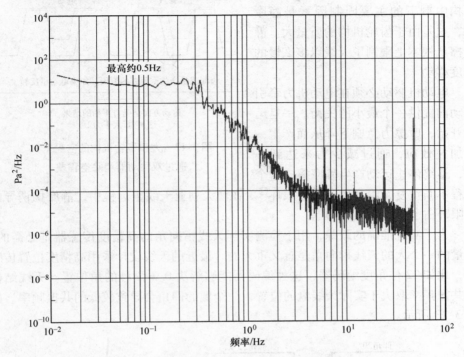

图 3-11 大天线结构上风负载的典型频率谱

总体控制设计是通过使用高齿轮比率完成的（齿轮比率约为 40000∶1，这并不罕见），这样整个惯性是由驱动电动机的转子决定的，而不是风负载。这意味着，假设没有结构共振，驱动电动机转子的精确定位意味着天线盘的精确定位。通过使用反馈控制可以主动抑制驱动器机构共振。

在大齿轮机构的间隙[-]（见图 3-12）是不可避免的。间隙源于从动和驱动齿轮的轮齿间的必要空隙。当电动机反转，在一段时间中，轮齿并不咬合，所以电动机动作但从动齿轮并不移动，直到齿轮再次啮合。然而，齿轮间隙在跟踪精度上产生的不好影响可以通过使用工作在一个偏转矩模式的双驱动机构消除。每一个电动机力的方向是固定的，以便于单马力驱动，而另一个则作为制动机构，如图 3-12 所示。因为机动力从不反向，齿轮齿在所有时间都是啮合的，从而消

○ 电力频谱见 4.3 节。

○ 间隙是一种非线性效应，存在于当机械耦合的组件之间存在的间隙时。

除了空程差⊖。下面用于实验结果的所有的天线都沿用这些思路。在驱动机构中剩下的主要限制因素是静摩擦，这是由于齿轮机构的质量大。静摩擦从根本上限制了天线以多么慢的速度移动。

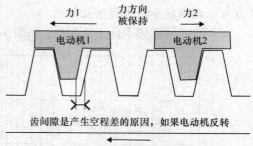

图 3-12 大型齿轮机构的空程差和通过双驱动器消除空程差

电动机驱动必须在电动机力牵引运动前提供一个最小的失衡。一旦运动开始，摩擦力急剧下降从而产生一个加速效应，通过减少力来达到平衡，最终停止运动产生静摩擦，这个过程不断重复，将产生一个极限环⊖。在澳大利亚天线望远镜中，静摩擦诱导的极限环占了 50% 的位置误差。

为了实现准确的跟踪，用于检测实际天线指向角的高精度传感器是必需的。测量的一个大的天线指向角是意义重大的。最近的天线设计采用高精度位置传感器，比如 22 位角度编码器，这种编码器能够解决 0.3 弧秒的角位置。天线结构的共振频率取决于实际天线盘的位置，一个低的仰角会导致较低的共振频率。如图 3-13 所示。

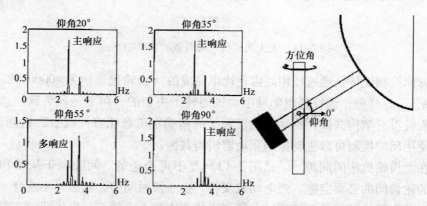

图 3-13 一个低仰角意味着较低的共振频率观察共振的多重性以便了解这些天线结构的复杂性

⊖ 这种安排在大自然中广泛存在，有反作用的两个成分在任何时候都存在，它们的平衡决定了谁占主导位置。

⊖ 极限环意味着维持在平衡点附近的振荡，这是典型的强迫振荡器，只有系统行为是非线性的时候才会出现。

　　它展示了共振频率随在澳大利亚的一个望远镜天线仰角的变化。更一般的，共振频率是一个天线几何形状的函数，每次结构更新或更改都会引起这些共振态的变化。这意味着控制策略必须能够应对这些变化。在一个通用设置中，这意味着在不同的操作模式下不同的流程行为，需要不同的控制行为。

　　在澳大利亚望远镜的经验（埃文斯等，2001）上，几个非传统的伺服系统被设计完成，并在不同的大型天线上完成了测试。

　　假设齿轮系统已经被设计成能够最小化静摩擦，并采用间隙补偿传动方案，则一个性价比高的伺服设计包括四个层级，通过反馈闭环组合在一起（见第 8 章）：

　　1）一个快速、高增益的电流反馈闭环，这样从跟踪的角度来说，电动机拖动系统是一个纯粹的力矩源。这个循环可运行到 100Hz。

　　2）外围再叠加一个中等带Ⓗ宽的速度反馈闭环，降低主要齿轮共振。这个循环在大约 10Hz 下是有效的。

　　3）附上一条低带宽的位置跟踪回路，从而确保设定值调节同时避免共振。这个循环在略低于 2Hz 或略低于最慢的共振频率下是有效的。（只注意设定值调节是不够的，因为参考轨迹不是一成不变的，而是一个时间的函数！）

　　4）最后，最慢的外环可以最小化剩余的跟踪误差。这个循环通过调整参考轨迹的前馈增益有效地弥补了共振模式的变化。此外，它确保任意参考轨迹，而不仅是常数的时候，依然能以可接受的误差进行跟踪。它被称为一种自适应的闭环。这个闭环运行到大约 1Hz，大约是典型风干扰带宽的两倍，远远超过所需参考信号的频率值（恒星都不会在天空中移动那么快！）。

　　这样的控制结构，称为一个级联系统。这个想法（见图 3-14）。上面讨论的重点是无线电天线的局部控制目标。

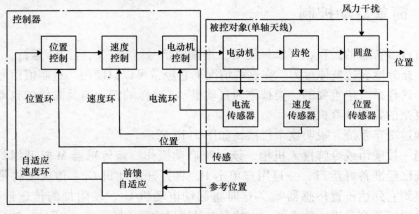

图 3-14　伺服机制的控制结构：4 个级联的循环

Ⓗ　通常，带宽指的是一个信号组成的频率范围，用术语来讲就是带宽越大，信号变化速度就越快，例如，一个扬声器，它的带宽表示它以高保真度再现的声音频率范围。

外部输入信号是风干扰下的参考位置

然而，在这种天线的任何操作控制系统中，也有其他方面要求需要满足：

● 实验调度，提供了所有被跟踪对象的参考轨迹，以及这些的轨迹启动和停止的时间。

● 监督控制，启动和停止天线的操作，以及当风负载在天线极限操作数据之外或在驱动器或传感器单元中检测到故障时中断正常操作并收纳天线。

● 跟踪模式，如前所述，在规定的时间内天线跟踪给定参考轨迹。

观察天空
观察空间需要精确的测量仪器和基础设施： ● 分布在一个大的地理区域的大型天线（射电望远镜）； ● 天线之间精密通信以便使这些天线协调一致； ● 熟练的操作员； ● 适当和精确地调查位置（没有无线电干扰）； ● 优秀的计算设施，并配有天线。 ● 精密力学（传动系）； ● 精密测量仪器，尤其是位置测量； ● 天线行为的动态模型和风力负载条件； ● 在各种各样的风力条件下的控制设计（鲁棒控制），以跟踪一个大范围的信号（恒星）。

3.5　简单自动控制

有许多普通的过程，可以只使用二进制值信号（开/关，停止/运行，打开/关闭）充分地表达整体行为。在这种情况下它经常可以只使用二进制值信号实现控制。这样系统中重要的一类被称为自动机[⊖]。这样的例子遍及简单的自动售货机到复杂的数字计算机。

通过洗车系统，说明这个想法，如图 3-15 所示。

当一枚硬币或令牌投入机槽，该系统启动操作。该传感器 M 打开绿灯 LV。该系统已经准备好运行，一旦用户单击 P，将打开电动机 C_1。传送带将带动汽车，直到它到达位置传感器 S_0。这时将起动电动机 C_2，使附加的传送带移动，并关掉绿灯。汽车进入洗涤区。它的存在是通过检测传感器 S_1 实现的。然后，通

⊖　自动机：自动跟踪预定操作序列的装置或机器。自动机的现代分析可以追溯到约翰·冯·诺依曼和阿兰·图灵。

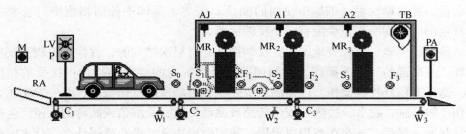

图 3-15　洗车台的自动操作系统

过泵 AJ 使汽车浸入肥皂水。在一个预定义的时间 t_1 后，前清洗辊开始工作（电动机 MR_1）。

S_2 传感器将检测到车的接近并将开始下面的环节，激活传送带 C_3。一旦汽车呈现新的部分，绿灯打开，允许一个新的汽车进入洗车台。传感器 W_i 被放置在出口。

在清洗和干燥部分重复着一个类似的过程。

还有许多附加的二进制信号验证整个操作，以防止事故的发生。特别是有一个紧急停车按钮，如果发生不幸的事情，用户可以激活它。

这个例子与工厂自动化很相似，只不过是更复杂了。家庭自动化，像洗碟机或洗衣机的也是类似的。工厂和过程自动化是常见的。即使是复杂的自动化也通常被限制使用二进制信号进行分析、设计和实现。

过程自动化

工厂和过程自动化是常见的。

即使是复杂的自动化也通常被限制使用二进制信号对系统进行分析、设计和实现。

3.6　体内平衡

体内平衡是一个生物学的术语，指的是维持稳态的理想条件。事实上，生命正如我们所知道的那样，依赖于细胞中一个井然有序的化学和物理环境。这种化学和物理平衡是通过主动的反馈机制维持的。在大多数体内平衡的例子中，我们能辨别出所有的功能，这些功能在工程控制应用中都能找到：如传感、通信、信号处理和操作。体内控制子系统也是我们身体中不可缺少的一部分。在某种程度上，除了生病，我们是感觉不到这个活动的存在。在人体内有一个巨大的各种相互作用的反馈回路。反馈是重要事情的核心，例如身体中的温度，血液中的氧气含量、葡萄糖含量（细胞中使用的能量）等等。身体中任何细胞中的任意一种特定的化学物质都至少配有一个反馈回路。

显而易见地、不惊讶地发现，反馈循环是有层次结构的，就像在工程系统中一样。有局部的、快速操作、控制回路，以将特定的变量维持在可接受的裕度内。这还有监督控制操作，以监测重要症状和启动次级反馈机制，万一发生重大外伤（如出血、脱水、过热）或由传感或驱动失败，及细菌或病毒的入侵产生的异常状况。最后，这存在意识决定层，我们做出决定，像吃或喝什么，什么时候健身，什么时候睡觉，所有的这些都对我们的身体功能有着重大的影响，这都需要全部低级控制回路特定干预，以保证体内环境平衡。

举个例子，我们参考血糖调节失败时，糖尿病的症状。这部分是参考 Santoso，Mareels（2002）和 Santoso（2003）。尿这个词来源于希腊语，表示传递流体，糖是拉丁语，表示极甜的意思。在公元 130 年，糖尿病是由卡帕多西亚的 Aretaios 首次在他关于疾病的书中提出的。多尿和尿糖确实是血液中含糖过多的一个特征，同时说明没有适当的胰岛素机制来控制它，这个机制将触发次级反馈，通过肾脏消除血液中多余的葡萄糖。第一个有关糖尿病参考文献发现于公元前 1550 年的埃及文献。其他早期参考文献发现在中国、日本和印度的著作中。这种疾病没有一个有效的治疗方法，直到 1922 年由 Banting 和 Collip 发明用胰岛素治疗。

葡萄糖是人体内最重要的燃料。我们所有的器官，包括更不用说是我们的大脑，都需要适量的葡萄糖来供应正常的营养。葡萄糖通过血液被运送至细胞。在血液中通过一个错综复杂的反馈，保持适量的葡萄糖含量。太少的葡萄糖⊖（低血糖10）会使我们的身体停止正常运转（例如无意识），过多的葡萄糖（高血糖症）会导致可怕的迟发性并发症糖尿病，并发症这是令人担心的（特别是当我们的细胞长时间暴露其中时）。

葡萄糖供应来源于我们的食物，它在我们的消化系统中再生成葡萄糖 $C_6H_{12}O_6$。释放和存储葡萄糖是通过激素调节的，如图 3-16 所示。

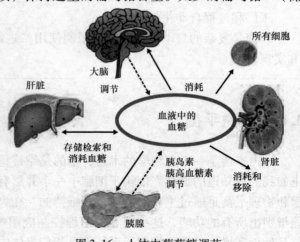

图 3-16 人体中葡萄糖调节

⊖ 这个概念来自于希腊，glykys = 甜，haima = 血液，hypo = 低。

　　大脑充当主控制器，肝脏充当主要葡萄糖存储机构。葡萄糖通过细胞表面进入细胞需要葡萄糖浓度低，当血液中的浓度高于细胞时，胰岛素，胰腺分泌的一种激素，负责从血液中移除葡萄糖。它作用于细胞膜允许葡萄糖流入以及在肝脏以糖原（一种葡萄糖聚合物）的形式存储多余的葡萄糖（一些被储存在我们的肌肉组织中），供以后使用。

　　额外的葡萄糖通过肾脏作用在尿液中排出。

　　胰腺也产生了胰高糖素激素，来调节糖原的数量。如果需要更多的能量，糖原转换回葡萄糖释放到血液中。胰腺维护胰岛素和胰高糖素在血液中的基础水平，而非血糖水平（同天线部分的双驱动器3.4章）。

　　当葡萄糖水平升高超过5mmol/l时，胰腺增加了血液中的胰岛素，同样当血糖水平下降低于4mmol/l时，会增加胰高血糖素水平（见图3-17）。身体或精神

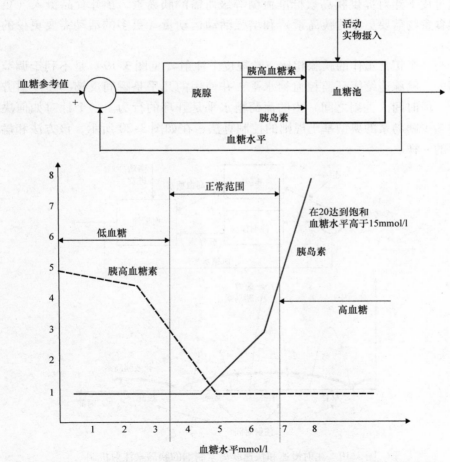

图 3-17　一个健康的人的胰岛素和胰高血糖素的产量与血糖水平的对应曲线

活动也影响葡萄糖水平，但是主要取决于食物的摄入。健康人的血糖通过这种机制被保持3.5 到 7mmol/l 范围之内。小于 3.5mmol/l 被认为是低血糖，高于 10mmol/l 多被认为是高血糖。健康人体内葡萄糖水平随身体活动和食物摄入量而变化。一个典型的 24 小时血糖记录如图 3-18 所示。

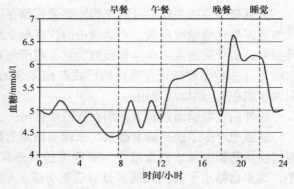

图 3-18 健康人体的血糖信号

当患有 I 型糖尿病，胰腺不能产生足够的胰岛素。目前，盛行的治疗方法包括通过皮下注射提供胰岛素标准血糖等级所需的胰岛素，预计食品摄入（更多的粮食食物需要更多的胰岛素）和增强活动运动量（更多的活动需要更少的胰岛素）。

与一个正常工作的胰腺相比，常规皮下注射（见图 3-19）是不利于调节葡萄糖的。胰腺连续闭环监控血糖水平，并使用的几乎是瞬间反馈。在注射方法下，一段时间（注射之间）内的葡萄糖水平是开环的行为。一个针对如何决定注射多少胰岛素的典型基于规则的控制算法，在如图 3-20 所示，该方法和病人采取的一样。

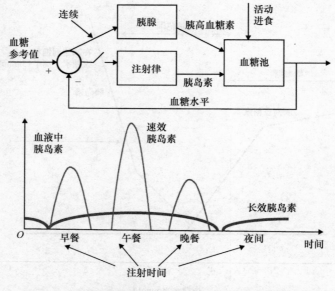

图 3-19 注射慢速和快速胰岛素制剂的胰岛素注射机制

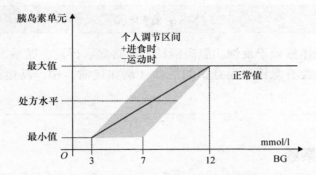

图 3-20 胰岛素注射规则，显示了个体如何变更缓慢和/或快速反应胰岛素的推荐剂量

如图 3-21 所示展示了血糖调节。主要的目标是调节进入细胞内葡萄糖的水平 Gc，这个水平取决于细胞工作量。大脑（和神经系统区充当中央控制器）收到细胞的需求及血液中葡萄糖水平的信息，Gb。这种葡萄糖水平也可作为胰腺确定生产胰岛素或胰高糖素的依据。肾脏也有一个粗略的葡萄糖水平（渗透）传感器以提取多余的葡萄糖。在正常情况下，每当食物被消化后，葡萄糖水平会增加，胰腺产生胰岛素，血糖开始被存储为糖原存于肝脏和肌肉中。糖原将在不进食时间或当需要额外能量时用于生成葡萄糖。

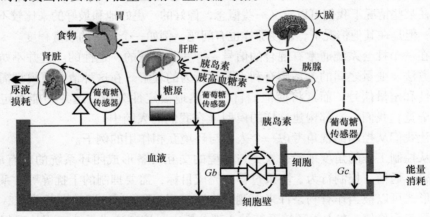

图 3-21 血糖调节

细胞膜可以看作一种单向阀（见第 9 章执行器）。胰岛素作为打开阀的允许信号，使葡萄糖进入细胞。糖尿病是却无法打开单向阀门的。

实际的系统要复杂得多。更仔细地去考虑葡萄糖的调节将揭示出更多不同的有组织层次结构的反馈循环。

我们的身体依赖于反馈。肌肉活动，如站立、行走、抓举、阅读一本书，及任何其他人类有意识和无意识的活动（例如代谢）中，反馈都起到重要的作用。

体内平衡和反馈
我们的身体依赖于反馈。肌肉活动，如站立、行走、抓举、阅读一本书，及任何其他人类有意识和无意识的活动（例如代谢）中，反馈都起到重要的作用

3.7　社会系统

　　反馈在我们的社会中扮演着重要角色，回忆师生的例子（见图 1-1）。反馈不仅在个体中扮演着重要角色，也在群体中至关重要。在一个社会环境反馈及其分析中，总是经历一个严重的问题，什么信息需要测量？我们关心的许多社会变量只是定性表达，经常是纯粹主观的方式（Barbera 和 Albertos 1994）。这使得我们很难去比较和理解社会行为，即使看似相同的信息是可用的，（反馈）行动也可能是完全不同的。一些重要的变量是容易测量，比如年龄、工资、失业率。在那些例子中，测量单位是明确的，获得可靠的数据相对容易。但像什么是赏心悦目、什么是幽默、态度、悲伤或甚至浓度等概念是主观的，只有在定性水平去理解。在某些情况下我们可以定义一些概念，像好的、更好地和最好的来比较不同的事物，但是在其他情况下，即使那样也有问题，例如一个食物的欣赏程度。

　　在一个社会系统通常有混合的信号，一些是定量的、定性的。这并不妨碍建模的方法。变量之间的关系会有利于系统行为的理解。在这种情况下模型需要涉及定性和定量信号，而这将使他们自己自然地被定性分析。这并不能否定其效用。毕竟，我们一直都构建这样的模型（在我们的大脑中）。

　　让我们从控制的视角考虑一个人类与环境互相作用的例子。

　　从控制工程的角度来看，人类与环境的交互具备形成闭环系统的所有成分。有传感、通信、控制行为、决策过程、完成目标，需要抑制的干扰等等。系统工程的形式可以被当作有利条件来探测这个系统吗？Wiener（1961）的观点，我们将接受表面价值，在人类环境系统的心理分析中，控制论或系统工程的确提供了一个可以使用或应该被使用的框架。

　　在人类环境交互系统和工程控制系统之间的行为比较将使得人们：

- 更好地理解认知过程及它们的含义；
- 开发新的理论思想和基于类比制定新的关于心理过程的假设，使得工程系统更容易理解、更简单；
- 将控制策略应用到这个挑战性的领域；
- 突出不同心理方法的异同点。

在人类环境系统中，有目的的人类行为需要制定目标及为实现它们所采取的行动，和目标完成情况的评估能力。很明显，这与控制系统是类似的（Barbera 和 Albertos 1996）。一个控制系统的核心是实现一个控制目标（如调节葡萄糖，产生一个瓷砖，定位一个天线或提供灌溉用水）。必须有传感器，观察是否已实现了控制目标。控制系统的核心是一个控制规则或算法，从观察值计算，是为了实现控制目标执行机构必须采取的操作，这个类比不在意料之外。实际上，我们可能会认为是我们自己的经验描述了工程控制回路的结构。

通常人类行为会有多种目标，这些相互冲突的目标往往在每一个时间点都指导人类的行为。这个目标是动态的，且受环境影响的。通过我们的传感装置，我们的认知过程从我们自己的行为、内部流程和环境提取信息。我们不断形成一些模式，使我们能够决定接下来将要采取的行动。模型适应可用的新信息，我们的意图和行动也随之做出相应调整。这的确是一个复杂的系统。

当然，意图并不总是会导致行为。意图是采取行动的必要而不是充分条件（库尔和贝克曼 1992 年）。这种复杂性和先进性的程度不是经常发生在工程控制系统，或生物体内平衡系统。然而，作为控制系统，复杂性增加了控制系统具有层次结构的可能性。在这种情况下可以想象，一个局部的控制输出，通常会导致执行机构的下一动作，在其还没有实施时，一个更高级别的控制器开关却可能给出不同的命令。这很像目标行动模型，它通常被人类行为所理解。当模型产生意图时，是由以下制定的。

- 对于行动如何导致个人目标完成的主观意识；
- 对于行动如何在环境影响下为群体目标作出贡献的主观意识；
- 主观的价值判断，它允许构建所有意图的偏序和可能的替代操作（Barbera 和 Albertos 1996）。

行动既不是瞬间，也不是由刺激决定。此外，即使在类似的外部条件下，操作将在很多的个体中显示很大的变化性，因为每一个人会将截然不同的世界模型带到目前的观测中。这个世界模型决定于个人过去的全部经验以及他与生俱来的（记忆）性格。

情绪是动机分析的基本理论对此，很多心理学家都有共识（Zajonc 1984）。在我们自己的世界模型中，情绪是不可分割的一部分。它们是（个人）对过去处理的结果，包括所有的外部输入、人的内因、人的所有执行操作等。在这个意义上，人目前的情绪被认为是内部状态的一部分。

心理变量和基本的控制回路中的变量之间的相似性如图 3-22 所示。

这些心理变量是难以量化的。因此，人们做了许多研究和试图将这些变量与神经元水平关联在一起的开发工作，例如使用功能性磁共振成像技术。其他数值模型是基于精心设计的测试。尽管如此，这些变量往往更准确、更容易被语言捕获，或者使用概率论或模糊集理论的想法（作为一个工具，用于表示估计的知识）。这些方法提供了一个合适的方式来捕获主观意愿，通过纯粹的量化过程是很难获得的。

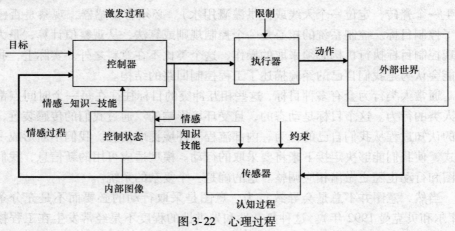

图 3-22   心理过程

3.7.1   简单的控制结构

让我们考虑一些基本的控制结构，看看在激励过程中是如何相关的（Barbera 和 Albertos 1996）。

开环控制。一个没有反馈运算的开环系统，如图 3-23 所示。

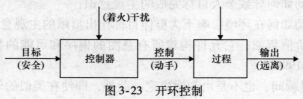

图 3-23   开环控制

一些心理过程称为无意识过程，条件反射属于这一类。有许多例子包括著名的 Pavlov⊖实验，或当手接触到火或极高温时所产生的条件反射（变量如图 3-23 所标注）。在这种情况下，人的行动是不经由意志的，且是高度可重复的。条件反射触发器可能基于反馈，但行动本身是不受进一步反馈干预的，所以反射动作属于开环。

闭环控制。一些过程被认为是本能的，但是这种形式比纯粹的条件反射更为复杂。例如，当一个婴儿饥饿时，会找母亲的乳房来填饱肚子。作为最初目标实现时，奶水开始流动，婴儿的目标指向的行为变为获取足够的奶水。当婴儿不再

⊖   Lvan Pavlov，俄罗斯诺贝尔奖获得者，1849 ~ 1936，以条件反射研究而闻名，他的工作为行为科学做了准备。

饥饿时，允吸的行为将减少。在这个过程中的反馈是很明显的，允吸的强度取决于目标和所得到的结果间的一个比较直接的对比。婴儿一旦满足，食品失去其优先级和立即价值，婴儿的行为会集中在别的事情上，通用结构如图 3-24 所示。

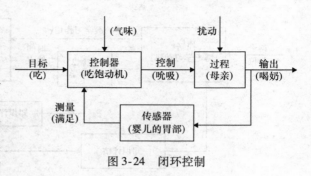

图 3-24　闭环控制

反馈路径上的传感器模块执行一个相对复杂的认知过程，从感官输入（触觉、嗅觉、味觉）和消化系统的响应决定婴儿对进一步喝奶的需要。

大多数动机都有这种闭环结构。尤其是那些涉及意志的。基本特征为行动是由理想目标和现状之间的比较决定的，这是通过人的感官所确定的。

众所周知，在应用心理学中，反馈在成功节食中发挥着重要的作用。仅有减肥的目标或需求很少导致成功的减肥。显然，首先必须有需求，即这个人必须确信有减肥的需要。维护节食的驱动力和它坚持的时间，主要取决于进展的持续反馈。因为每个人的反应不同，反馈必须采取不同的形式。对于一些人，来自同辈的压力和公开称重部分是必不可少的，而其他人只需要定期的自我反馈。

前馈控制。当干扰是可以衡量、预测或有效地估计，控制可以采取先发制人的行动来抵消它们。我们的许多行为是基于我们预测环境的能力。例如，驾驶几乎完全是通过前馈控制，没有必要的反馈操作。

应用心理学对于戒烟或其他瘾疾是有效的疗法，前馈扮演重要的角色。根据行动控制理论（库尔和贝克曼 1992 年），评估未来的干扰并采取行动是很重要的，或是消除这些情况，或提供策略来处理这些。例如，当持续处在吸烟环境时，戒烟会难得多。在这种情况下，必须开发自我监管策略的效用，来达到戒烟的目的。使用药物将瘾疾保持在抑制状态是必要的。反馈也起着重要的作用。当人们成功地处理了一个困难的局面，他们会有成就感并保持他们的注意力，就像和吸烟的密友吃了一顿饭一样。为这样的情形做好准备，在所有可行的方面仔细安排是很重要的。这些都是一些可以被落实到位的前馈策略。

级联控制。另一个典型的控制结构是使用级联控制回路，如天线跟踪的问题，4 级串联回路被用于实现天线伺服行为。一般来说，一个内部控制回路调节一个内部变量，是简化外回路采取的控制行为，以实现实际的控制目标。反馈简化了整体行为，反馈被用在级联结构。这个想法（见图 3-25），实现了建立获得医学学位行为的模型。

最终的目标是成为医生，为了满足这个目标则必须完成通向医学学士的大学

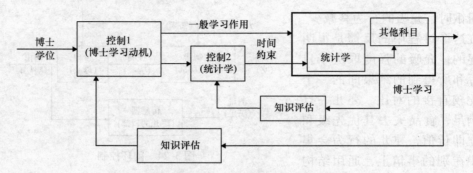

图 3-25　串级控制：获得医学博士（医学博士）学位

课程。课程里规定了一个统计学的科目，导致了一个子行为，其中所需的统计知识是完成医学培训的一部分内容。对许多人来说，完成这个主题的动机是完全脱离主题的，且完全由最终目标驱动。与前面一样，如图 3-25 所示中的控制回路模块指的是认知过程。

　　选择或混合控制。当控制必须追求多个并且或许不一致的目标时，选择或混合控制就十分重要了。混合这个词在这里指的是逻辑或离散值信号（比如是或否，或真和假）和模拟信号的混合。在目标没有冲突时，一个以某种有意义的方式结合了所有目标的单一目标是可以实现的。当目标确实有冲突时，可以做决定来解决这个冲突，或设定目标的优先级。例如，可能希望身材合适，并在健身房运动来达到目的。然而，当身体必须战胜流感时，医生会建议完全休息，这时健身和体育运动变得无关紧要。控制结构涉及一个新的过程，它成为总体控制律的一部分，即选择过程。这个例子如图 3-26 所示。

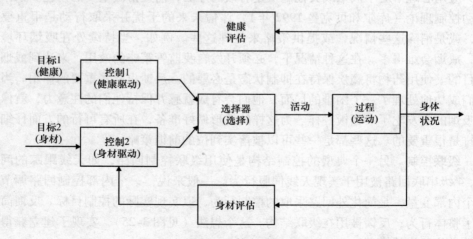

图 3-26　体育锻炼动机

如图 3-26 所示中，除了这个过程外，模块代表认知过程。一般来说，这些目标有一个先验的优先级定义（虽然我们可以进一步想象认知模块根据过去的经验提供优先级的函数）。选择器模块就像一个卫兵，决定必须遵循哪些替代策略。

3.7.2　其他控制方法

在控制系统理论中，许多概念在心理过程中有一个清晰的对应或解释。很明显，在智能控制系统（利用人工智能技术构造的控制系统）的通用伞下的这些控制方法，与人类行为密切相关，因为它们确实是受人的非凡认知能力所启发的。

学习控制。当没有明确定义的目的或目标时，我们必须了解我们的选项并探索环境去建立经验。从经验中，我们可能决定进一步的探索或者推理出一个有效的目标。存在致力于这样的计划的特殊的控制理论，就像为控制而识别（Hjal-marsson 等 1996；Gevers 1997；Lee 等，1993）。

我们学会如何运动为这样的控制策略提供了例子。起初，我们十分踌躇，试图以一些常规的方式提高所需的运动技巧。当我们的运动能力提高后，开始发展对于团队合作和竞争性质游戏的策略。

在心理学中，意图强化的概念是十分重要的。这个想法与控制方案非常相关，例如自适应控制系统（Mareels 和 Polderman 1994；Astrom 和 Wittenmark 1988）。

多准则和分级控制。人类的行为通常是以同时实现广泛的不同的目标为动力。一个特定的行为假设是人们追求无穷多的不同目标（Hyland 1989）。

和前面观察的一样，对于冲突的目标，选择或优先打破了死锁。当有多个复杂的目标时，追求这些常常需要分层次地组织。

在同一水平出现多个目标时，我们试图达成各种目标的平衡，在最优控制中，这种被称为多目标优化。一个经典的例子是基于时间的冲突，如当某人在同一时间段内试图成为一个顶级的专业人员，同时还要维持这好的家庭关系。假设我们不去做一个专业认可和家庭认可之间的非此即彼的选择，我们的认知过程将会为我们提供一个偏向达成任其中一个目标的状态。然后该信息在局部层面被用来进一步提高两者中某一个目标的达成率，但在更高的水平上，通常会决定对哪些资源和在什么时间哪个目标获得优先权。决策过程本身呈现一个分层的方式。分层控制常常带有伪装。古典马斯洛的金字塔（1954）为此提供了很好的概述。

一个特定层次的开发思想认为：

- 级别 1。无监视的条件反射和自动预先编程模式的形成，开环反应。
- 级别 2。反馈控制，用于传感信息被微加工和用于快速任务。这对于我们的运动技能是很典型的。写作、阅读、散步都是很好的例子。

● 级别3 信息处理层，过去的刺激被集成在更复杂的模型表示中，并且更复杂的计划被指定。在这个层面，我们预计未来的行动（前馈）。我们的许多行为的内部模型，包括情感和制定的各种目标都驻留在这个级别。

这是在控制级别的第一和第二层，在实验心理学中开展了许多重要的工作。

在不同的层次中，要确认四种类型的流程：

1）一个认知过程，映射了环境和知识概念；

2）一个情感过程，有效地改变当前的状态和有效的环境映射；

3）一个日常认知学习，建立了一系列情况下的操作规则；

4）一个常规的情感学习，建立了反应和规则的全部技能，这些技能与情绪和心情有关，依靠它们改变着环境并在环境－操作模式情况下产生变化。

在社会系统中的反馈
在某种程度上，在我们的大多数行为中，我们采取行动来接收反馈，我们的主要行动是由反馈开始的。 假若没有反馈，人生将变得相当枯燥和乏味。

3.8 注释与拓展阅读

应当清楚，上面涉及的例子不过是反馈、控制和自动化的冰山一角。示例只是反映了一些个人兴趣和作者的经历。

制造业的过程控制和自动化生产有着许多重要的贡献，其本身是一个非常严肃的研发课题。一个普遍的介绍是在 Shinskey（1996），这个介绍尤其在流体过程领域里用处很大。在制造业自动化工作中，领域内的知识是非常重要的，这反映在文献中。在自动化行业的任何分支均有专业书籍。对自动化行业有重大影响的工业是汽车、航空航天和国防相关行业。钢铁（如 Kawaguchi 和 Ueyama，1989）矿业和石油化工行业同样在公共事业方面有着主要进展，比如电力和远程通信。后者是著名的大规模系统的（Siljak 1991）例子，至少从工程角度来说是这样的。所有的互联网和计算系统是工程系统最好的例子，这些系统的复杂性接近生物系统。将我们工程环境中几乎所有的传感器和执行器相互关联在一起形成一个类似于因特网的通信网络技术变得很普遍，使控制系统的复杂性大幅度增加，因此有能力管理我们的环境。

自适应系统的理论和实践（Astrom 和 Wittenmark 1988；Mareels 和 Polderman 1994；Goodwin 和 Sin 1984；Anderson 等，1986 b）在系统工程中有悠久的历史，

可以追溯到早期的自适应控制，即所谓的 MIT 律（惠特克 1959）。学习控制、迭代控制、极点配置控制等都是这个简单的自优化控制律想法的变体。

自动装置和有限状态机，以及他们在基于事件系统上的扩展，都有一个悠久的历史，并伴随很多重要贡献（Cassandras 和 Lafortune 2008）。这整个行业建立在 Von Neumann 和 Turing 的贡献上，他们用控制论的眼光清楚地看待他们的工作，例如图灵和冯诺依曼。

同样，我们对于体内平衡的讨论不过是表面文章，反馈和系统工程扮演的角色，或者说对理解生物过程十分重要。数学生物学有悠久的历史，系统生物学的发展太过爆发性以至于在这里不能公正地讨论它。在一些早期的工作中，反馈显然占据了控制中心的中心位置，例如 Mees（1991）和 Goldbeter（1997）。

在社会系统和心理学中利用系统工程的思想是早期控制论思想的一个自然扩展。这可能是起源于梅西会议，1946 年－1953 年之间举行（例如，控制论下的美国社会：http：//www. asc－cybernetics. org/）在社会行为层面讨论控制论着实是一种贡献，由诺伯特·维纳自己提出，例如维纳（1954）。

第4章 信号分析

分而治之

4.1 引言和研究目的

通过前面的讨论，我们看到信号提供了系统的信息。一些系统（测量设备）测量信号以及所有系统产生信号。信号与系统本质上是无法分割的。这一章我们着重探讨信号。

所有的信号都是通过传感器或者测量系统，通过观察某个时间段的物理世界获得的。传感器能够拓展我们身体的感知：视觉、听觉、触觉、嗅觉和味觉，我们发现信号可以通过简单系统组成的网络实现一种更有优势的表示方法。

在引出本章的那幅图片中，离散的脚印或者连续的自行车胎痕提供了位置信息。使用 GPS[⊖] 接收器来追踪轨迹，可以将轨迹和一个时间序列的全球范围的绝对位置结合起来。这样，轨迹就变成了一个信号，一个时间的函数。从轨迹中得到的信号差值可以获得我们跟踪轨迹时的速度和朝向。

信号是什么？如何获得一个信号？如何传递信号？一个信号具有怎样的属性？我们如何区分信号？这些问题都属于信号处理领域。在这一章将简要地讨论这些问题。

同一个信号可能会有不止一种数学或者物理的表示方法，但是从不同的表现形式携带相同信息的角度来看，它们是等价的。视情况而定，一种表达方式有可能比另一种更具有指导意义或者更有优势，比如一种表达方式有可能比另一种在计算机上需要更少的存储空间，在实际应用中，经济的表达方式是很重要的。尤其是（简单）系统网络可以用来构造信号。

信号与系统学习的基础是基于分而治之的思想：一个信号是由一些更简单、更易于理解的信号结合而成的，或者是一个（简单）系统网络的输出。

周期性的概念是指一个信号在一个有限的时间后会重复其本身，这就构成了周期信号，这是一个非常简化的概念。周期信号（或近似周期信号）在自然界中很普遍。值得注意的是几乎所有的信号都可以看作是由正弦函数线性叠加所得的，正弦信号是一类表现很典型的周期性信号。谱分析或傅里叶分析的目标就是

⊖ 全球定位系统。

帮助我们理解一个信号是如何被分解成一组正弦函数。尽管频谱分析的基本思想起源于 19 世纪初期，由傅里叶[⊖]在为了理解热和热传递时发展起来的，其主要应用却是最近的事情。事实上，通过使用二进制来简洁地表示信号，频谱分析支持了许多重要成就，如：

• MP3，标准音频文件压缩。由动态图像专家组或 MPEG 开发的，作为 MPEG – 1 标准的一部分，用来将视频和音频信息编码到视频光盘。

• JPEG。联合摄影专家组。一个国际标准组织的附属委员会，主要负责图像信息的压缩和数字存贮标准的开发。

• MPEG。一种图片，视频和音频信息的标准。

此外，频谱分析在不同的应用中也扮演着相当重要的角色，如 RADAR（广播与测距），SONAR（声音导航与测距）和无线电天文学。如果没有频谱分析，就不会有移动电话和无线网络。

本章首先概览了如何表示信号，介绍了如何根据不同的属性来分类信号。最后简要地介绍了信号处理，以及如何从信号中提取信息的主要思想。

4.2 信号与信号分类

正如上述所讨论的，信号是时间的函数。所有时间函数的集合是非常大的，而信号处理的一个主要内容就是给这个难处理的大集合带来一些秩序和结构。

如下提供一些基本信息，以定义和理解一个信号，帮助我们区分不同种类的信号。

• 时间间隔，也就是时域。信号在时域上被定义。时域可以是有限的或者无限的。

• 测量时间的方式。时间点可以在一条线上组成一个离散点的集合，或者是在这条线上形成一个连续的区间。在离散时间的情况下，连续的时间点有规律地被间隔开，与连续时间段的区别是连续时间段的分布是恒定的，也可以是不规则的。后者在用来以高精度测量周期信号的时候具有明显的优势。

• 信号能够容纳的值，也就是信号[⊖]的范围及其单位；它可以是离散或连续的，也可以是有限多或无限多值。

在实际中，我们只能够在一个有限的时间间隔内以有限的精度解决时间问题，

⊖ Fourier, Jean Baptiste joseph, 1768 ~ 1830，法国数学家，因其 1822 年发表的热传递研究而闻名，他是第一个用正弦信号的叠加来近似一个一般信号的人。

⊖ 在实践中，如何测量信号更为重要，用哪一种传感器？传感器是如何补救的？没有这些重要的信息，信号几乎毫无意义。我们默认这些是有用的。

传感器也只能解决有限精度的信号值问题，所有测量的信号都由一个离散时间的有限集所定义，同时也只能携带有限多个值。所有的定义域和值域都是有限离散的集合，即信号的值和它发生的时间范围，如果以数字格式记录下来，那么它们都会由一组有限数位表示。这种记录方式不可避免地带来了误差和信息的退化。然而，将信号看作是定义在一条时间线上的某个时间段的这种抽象方法，在连续时间域上发挥了重要价值，成为强大的分析工具，而这种分析方式对于离散值的信号是无法使用的。这引出了一个问题：我们如何将一个具有连续定义域和值域的信号演化成为一个具有离散定义域和值域的观察信号呢？模型和系统在这个回答问题中扮演了重要的角色。

4.2.1 数学算法定义的信号

具有一个明确数学表示形式，并且在这个表示形式中我们能够可靠地计算信号值，这样的信号我们称之为确定信号。如图 4-1 所示中描绘的一些例子。

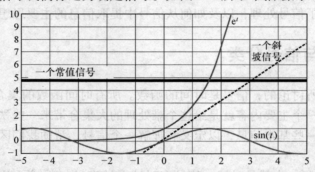

图 4-1 在有限时间区间上表示的连续值域的一些简单信号

1. 常值信号

常值信号被定义为 $s(t) = a$，其中 a 是一个常数，不随自变量 t 的变化而变化。这是一个很单调的信号。比如，光速就是一个常值信号。由于其不随时间而变化，因此它的导数值（对时间的）是 0，可以表示如下：

$$\frac{\mathrm{d}s(t)}{\mathrm{d}t} = \dot{s}(t) = 0 \tag{4-1}$$

或

$$s(t) = s + \int_0^t 0 \mathrm{d}r \tag{4-2}$$

在系统语言中，我们可以将上述等式解释为常量信号是以一个零输入（即一个系统）和一个初值为常数积分的输出来进行建模的。

2. 多项式信号

多项式信号是一个带有时间整数次幂的有限线性组合 t，t^2，t^3，…，包括

$t^0 = 1$。它的形式是 $s(t) = a_0 + a_1 t + \cdots + a^{n-1} t^{n-1} + a_n t^n$，标量 $a_i i = 1, 2, \cdots,$ n。如果 $a_n \neq 0$，这样的多项式是 n 阶多项式，因为 n 是表达式中时间的最高次幂。

例如信号 $s(t) = 1 + t - t^2 + t^3$ 就是一个立方多项式信号，或一个 3 阶多项式。

一个常数信号，$s(t) = a$，a 为标量，不受时间影响，这是多项式信号的一个特例。多项式的重要性可以从式中得知，即任何信号（在一些有限的时间间隔）可以由多项式信号任意近似。这是一个有用的属性，例如，从它的样本中能够插入或推断信号。这个结果是由 Weierstrass⊖证实的。

斜坡信号是一阶多项式信号的形式 $s(t) = at + b$，a、b 是标量。斜坡信号可以代表远程通信网络中的玻璃纤维中的光子位置，或者是常规角速度下的转角位置。斜坡信号的导数是一个常数信号。事实上，如果 $s(t) = at + b$，它的导数是

$$\frac{\mathrm{d}s(t)}{\mathrm{d}t} = \dot{s}(t) = a$$

二次多项式，是形式为 $\dot{s}(t) = at^2 + bt + c$ 的信号（标量 a，b，c）。它可以代表一个高尔夫球的轨迹，或导弹弹道（如箭）的轨迹。而且，它的导数是一个斜坡信号而其二阶导数是一个常量信号

$$\frac{\mathrm{d}s(t)}{\mathrm{d}t} = \dot{s}(t) = 2at + b$$

$$\frac{\mathrm{d}\dfrac{\mathrm{d}s(t)}{\mathrm{d}t}}{\mathrm{d}t} = \frac{\mathrm{d}^2 s(t)}{\mathrm{d}t^2} = \ddot{s}(t) = 2a$$

一个简单的，可表示任意 3 阶或更低阶多项式的网络系统反映在图 4-2 中。

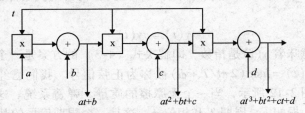

图 4-2　一个可以计算任意不高于 3 阶的多项式信号的系统网络。网络的外部输入是信号 t，常数信号 a，b，c，d 是多项式信号的系数。网络计算了许多不同的从 1 阶到 3 阶的多项式信号。这些信号被确认为网络的输出

网络只包含加法器和乘法器两个不同的系统，以线性方式从左到右安排，加法器后面跟着一个乘法器，如此交替排列。除了左边第一个乘法器外，乘法器

⊖ 这是著名的 Weierstrass 近似结果，Karl Theodor Wilhelm Weierstrass，1815 ~ 1897，是德国数学家，以复变函数理论工作而闻名，他是以姓名命名月球特性的 300 个数学家中的一个：Weierstrass 坑。

接收两个输入，即即时时间（估计这一时刻的多项式信号）和它左边加法器输出。第一个乘法器接收首系数和即时时间作为输入。加法器也收到两个输入：一个被评估的多项式系数和左边乘法器的输出。很容易看到如何构建一个网络来计算所有任意阶多项式，它包含乘法器和加法器的数目和多项式的阶数一样。

另一种获得多项式信号的方法是使用级联，或者带有初值的积分器的串联结构。如图 4-3 所示。前一系统的优点是输入都是常量。

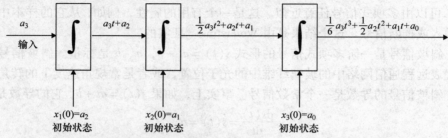

图 4-3　3 个积分器的串联能够计算任意不高于三阶的多项式信号

指数和正弦信号

指数信号的形式 $s(t) = be^{at}$，a，b 是标量，e 是一个正标量$^{\ominus}$，很容易理解，随着时间的推移，如果 $a > 0$，信号值将会增长，如果 $a < 0$，它将减少到零，虽然这需要耗费无穷的时间去衰减。这种变化被称为指数衰减到零。

指数信号可以被定义为那些和它们导数成比例的信号：

$$s(t) = be^{at}，当且仅当 \dot{s}(t) = as(t)$$

这个属性在信号分析中将会非常有用，因为任何时刻我们都会遇到如下形式的方程

$$\dot{y}(t) = ay(t) \tag{4-3}$$

然后，它意味着 $y(t)$ 是指数，即解决式（4-3）的方案是一个指数函数。

信号形如 $s(t) = h\sin(2\pi t/T + \phi)$ 被称为正弦信号。我们已经看到这些种类的振动信号如图 2-12 所示，当一个无摩擦的质量 – 弹簧系统。这个信号的定义中含 3 个参数：振幅 h，周期 T 和相位 ϕ。这是一个周期信号的基本类型。

指数、正弦信号是一个指数信号和一个正弦信号的线性组合的结果，这样的信号在线性系统研究中特别重要。

同时，指数和正弦信号是密切相关的。在 e^{at} 中标量 a 为复数 $a = j\omega$，其中，ω 是实数，j 是 $\sqrt{(-1)}$ 的表示符号，然后信号实际上成为了一个复杂的正弦信号，即 $e^{j\omega t} = \cos(\omega t) + j\sin(\omega t)$（这种关系是欧拉发现的）。其中 $j^2 = -1$

$\ominus$　e 大约为 2.718281828，也被称为欧拉数。Euler，Leonhard，1707 ~ 1783，是德国数学家，在很多领域都有杰出贡献的最著明的数学家之一。

从上面的关系，可以明显推论：

$$e^{j\pi} = -1$$

复数

一个复数是由两部分组成，实部和虚部，通常写成 $z = a + jb$。这里 j 代表虚部的表示单位。

它有 $j^2 = -1$ 的性质。a 称为实部而 b 是复数 z 的虚部。复数可以被看作对应平面上的点。

一个复数可以用其模和相位表示，定义为

$$r = \sqrt{a^2 + b^2} ; \quad \beta = \arctan \frac{b}{a}$$

分别地

$$r = e^{\alpha}, e^{j\beta} = \cos(\beta) + j\sin(\beta)$$

任意复数可以被写成

$$a + jb = e^{\alpha + j\beta} \tag{4-4}$$

两复数相加，其实部与虚部分别相加

$$(a + jb) + (c + jd) = (a + c) + j(b + d)$$

两复数相乘，依下式：

$$(a + jb)(c + jd) = (ac - bd) + j(bc + ad)$$

其中 $j^2 = -1$

从上面的关系，可以明显推论：

$$e^{j\pi} = -1$$

例如放射性衰变的建模要使用指数信号，因为事实上放射性物质含量的变化与可用材料成正比。因此，它可以建模如式（4-3）。

钟摆的摆动臂建模则使用正弦信号。如果没有摩擦，将观察到一个标准的正弦信号。在存在摩擦时，响应将是一个振幅依指数衰减的正弦曲线。这个过程如图 4-4 所示，这与如图 2-13 所示中的质量弹簧系统的阻尼振动相类似。

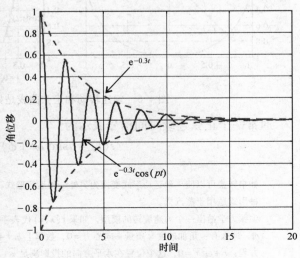

图 4-4 受摩擦的钟摆摆动角度

正弦形式，一类特别的时间函数，特别适合描述周期性的现象。为了说明一个正弦曲线是什么，以及它是如何与线性系统密切相关的，我们精心设计。考虑仅有单个指针的一个时钟，假设指针以恒定的角速度旋转，则指针扫过的角度与流逝时间成正比。指针在圆轨迹上任意特定直径的正交投影长度定义了一个正弦信号。曲柄滑块机构如图 4-5 所示也是一个类似的情况，都是由圆周运动转换成水平轴上的前后运动⊖。很明显线性位移信号

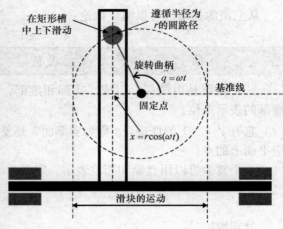

图 4-5　曲柄滑块机构将一个旋转的运动变成一个特定的直线运动

是周期性的，因为指针的位置⊖是一个时间和角位移的周期函数。

一个在常数角速度下的旋转运动导致正弦直线运动如图 4-6 所示。

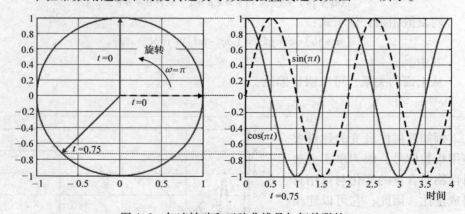

图 4-6　匀速转动和正弦曲线是如何关联的

通常一个正弦连续时间信号表示为

$$s(t) = h\sin(\omega t + \phi) \tag{4-5}$$

⊖ 如果转换可以使一种运动形式变换为另外一种运行形式，那么来回运动可以转换成旋转运动，这种形式适用于蒸汽机。

⊖ 牛顿力学给出一个匀速旋转的模型，如果 $r(x, y)$ 代表手相对于旋转固定点的位置，手的质量是 m，那么有：角加速度×质量＋向心力＝0，数学上 $m\ddot{r} + m\omega^2 \bar{r} = 0$，或者删除质量，有动态运动方程：$\ddot{r} + \omega^2 \bar{r} = 0$，这个位置在水平方向的投影满足 $\ddot{x} + \omega^2 x = 0$。方程的解是正弦函数。

单词"sin"是正弦函数 sine 的首字母缩写。t 代表时间，单位为秒，以弧度表示的相角[⊖]是 ϕ，它被称为初始阶段的信号，且 S_0 是信号的最大值（量级）。相角确定参考时间。ω 是正弦的脉动，被表示为 rad/s（弧度每秒）单位下。h 是振幅。

$T = 2\pi/\omega$ 是周期。频率是单位时间的数量值，$v = 1/T$。频率的单位是赫兹[⊖]，缩写为 $1\text{Hz} = \text{s}^{-1}$。当 $\phi = -\pi/2$ 是余弦函数定义为 $\cos(\omega t) = \sin(\omega t - \pi/2)$。

4.2.2 周期信号

老爷钟摆动臂或节拍器（见图 4-7）是周期性摆动的。如同设计的那样，它可测量摆钟极限位置之间的等时间间隔。作为演示，这个摆的角度以时间为轴绘于如图 4-8 所示。显然有一部分图片是重复的，称角度是一个周期性的信号。

信号 s 被称为周期性，存在时间间隔 T，信号每隔 T 个时间单位变化一次，在任意 t 时刻，$s(t) = s(t + T)$。满足上式属性的最小的时间间隔称为周期。

周期现象是很普遍的，在我们现代社会中，根据周期性现象，我们选择组织我们的生活。我们习惯于年度、季节性和日常模式。在生物学中，心率、呼吸节奏和激素周期都扮演重要的角色。它们并不是真正的周期性而是近似有周期规律（事实上固定周期往往表明错误

图 4-7　节拍器，用来提供一个时间的参考

的事情）。在工程系统中，周期性的运动无处不在，因为它结构简单。一个电动机或发电机的轴，一个气缸在内燃机的位置，一个变速箱的角位置，光盘播放器的阅读位置或录音机都具有周期性信号。同时乐器奏出的音调、交通信号灯和火车时刻表都是周期性信号或可以建模为周期信号。

⊖ 弧度是一个角度测量单位，一圈的弧度是 2π，本质上是用单位半径的圆周上的弧度来测量角度。π 是圆的周长和直径的比值，大约是 $\pi = 3.1415926535$。

⊖ 这个单位是为了纪念海因里希·赫兹而命名的，他 1857 年出生于德国汉堡，于 1894 年在德国波恩去世。主修工程学，是一名工程师，28 岁成为卡尔斯鲁厄大学的物理教授。1885 年，他首次成功地完成了麦斯威尔电磁理论所预言的电磁波的实际演示，为无线通信开辟了道路。

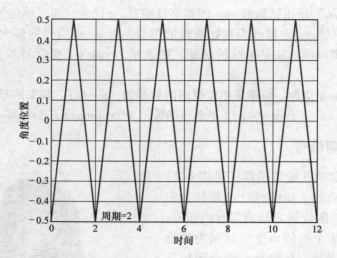

图 4-8　绘制节拍器的角度 – 时间曲线，所谓的（周期性）锯齿波函数

一部分特定的周期函数（见图 4-9），原则上，时间轴必须无限期地延长（包括向前和向后的时间），但我们当然不能在一个图中表示。

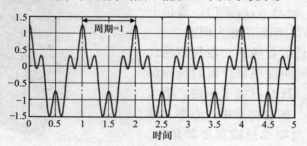

图 4-9　一个周期为 1 的周期信号

一个周期性信号是确定的和可预测的。的确，观察周期信号通过一个时间周期内的信号（这里无所谓观察到哪一个时间周期）足够来预测它在任何未来时刻（在将来）的值或重建它在任意过去时刻的值。所有周期信号都是确定的，但并不是所有的确定性信号都是周期性的。

而且几乎所有周期为 T 的周期信号都可以表示为正弦信号的集合（见式 4-5）：

$$\sum_{k=1}^{k=\infty} h_k \sin\left(\frac{2k\pi}{T}t + \phi_k\right) \tag{4-6}$$

$1/T$ 被称为基本频率，为谐波的倍数。这样的表达式称为傅里叶级数。这个概念如图 4-10 所示。

周期为 2π 的不连续波相继地被其基波和 3 次谐波近似。注意到其近似值是

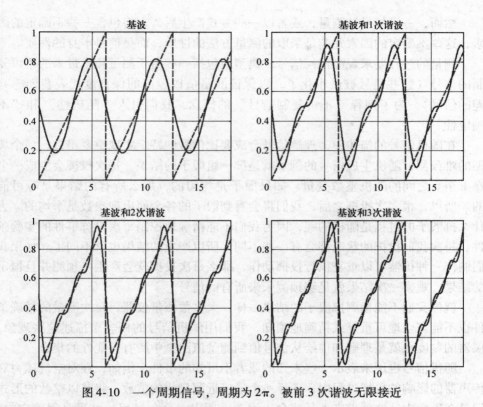

图 4-10　一个周期信号,周期为 2π。被前 3 次谐波无限接近

连续周期函数。因此,我们必须小心解释,这种近似确实接近所关注的函数,且当包含更多谐波函数时更接近[⊖]。

适当的正弦信号的总和可以用来近似任意信号。这类信号有巨大的灵活性。对于几乎任何信号 $s(t)$,有可能找到一个适当的振幅、频率与相位的集合以正弦曲线之和来近似 $s(t)$。观察到尽管在这个集合中的每个部分都是一个周期性信号,但总和未必是周期性的。如果在这个和中有多限的信号,我们认为信号是准周期性的。一般,信号表示为一组具有任意脉动的正弦和,不是周期的,也称为非周期信号。

4.2.3　随机信号

到目前为止,我们讨论的信号都可以通过一组正弦信号的叠加得到,这类信号都是确定的,可以完整地描述。

⊖　对两个周期信号之间近似优良性的测量是为了估计两个信号在一个周期中的总误差或总差值。成本或者误差指数可以用不同的方式表示,一个周期内误差平方的积分是最普遍的方法。在下一章中,将用最小二乘指数来衡量对任意信号的逼近程度。

然而，一旦信号被测量，或者以一些方式产生后，它将包含一些不确定的因素，这些不确定的因素并非是采取的测量方法的性质，而是信号本身的性质。

测量的过程要求观测任何信号，典型地包括一些由于测量技术带来的不可复制的信号（这些信号被最小化了，以保证测量值以较高的保真度代表我们感兴趣的信号）。为了阐释"不可复制信号"的概念，我们引入"随机性"和"不确定性"。

在随机信号的描述中，理解信号合成要比信号的特定实现重要得多，一个典型的难预测、随机生成信号的例子就是掷一组骰子的结果。每次投掷会生成一个在1至6之间的随机整数变量。如果骰子是均匀的，那么所有的结果是等可能的。所以，很多次投掷之后，我们将会看到骰子的各个面出现次数是平均的。为什么掷骰子的过程是随机的呢，因为我们不能精确地控制每次投掷事件的实验条件。每次我们投掷的状况都会有一些不同，所以产生的结果也就不同了。如果我们制作一种机器可以重复执行投掷动作，那么每次投掷就会产生可预测并且恒定的结果，观察一次结果就足够预测未来所有的信号。

就像我们不能预测掷骰子的结果一样，大多数测量仪器，每次测量的精确条件也不能完全地可重复或精确地预知，我们用随机信号的概念来描述这些现象。仪器的刻度也就是理解和描绘从信号值到测量值图谱中所有可能性的集合。

随机信号也用来表示一些未知的或者不可知的事件。例如，在对空气压力对传声器的影响的采样过程中，选择一个最接近测量值的整数，将其以整数的形式记录在磁盘中。这就带来了某些舍入误差。所以，舍入过程的结果是很确定的，传感器给出一个空气压力的读数，就一定会有一个最能代表这个读数的整数。然而，整数的表示形式使得这个空气压力来自何方变得不清楚（很大范围内的空气压力值都可以造成这个整数）。为了弄清楚，我们建立了空气压力模型，在已知的测量值上叠加一个随机数，代表不知道的舍入误差。作为一种表达方式，当比较不同信号的时候，这个方法很有效，例如当我们讨论不同记录技术的保真度时。模拟技术比数字的好吗？这个答案位于这些随机成分中（在两种记录技术中都有随机成分）。

随机性能够帮助我们定义一些不精确的信号。以机械轴的位置为例，内部的摆动会以一种复杂的方式影响轴的位置，对于这种方式，我们不想建立它的模型（或者无法建模）。所以我们把这种扰动看作随机信号。

4.2.4 无序信号

可行计算在定义确定性信号时非常重要的。在现实的计算中，仅仅通过现有的理论去计算信号往往不够有效和实效。

例如，关系式 $s(n+1)=4 \cdot s(n) \cdot (1-s(n))$，$n=1,2,\cdots$ 在 0，1 之间的初

始值 $s(1)$，看起来足够合理。但是，由于关系式的本质和计算机有限的数据处理能力，在实际计算中，这样的关系式不能用来在任意长的时间范围内计算信号。实际上，为了计算 $s(n)$ 使其具有 N 位的精度，这就需要 $s(1)$ 具有 $N+n-1$ 的位长⊖。对于较大的 n，这不是一个切实可行的办法，随着 n 的增大，计算资源也呈线性增长。所计算出的 $s(n)$ 的值也就呈现噪声状态，如图 4-11 所示。

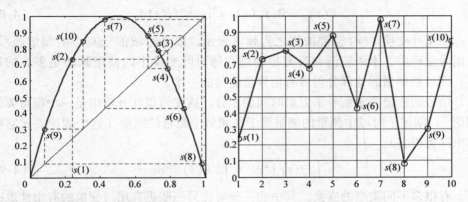

图 4-11　一个短序列的噪声信号 $s(n+1)=4 \cdot s(n) \cdot (1-s(n))$，$n=1,2,\cdots$，其中 $s(1)=0.241$

我们可以利用这种随时间推移产生的误差作为优势（任何事情都有两面性）。事实上，如果我们知道信号 s 遵循该关系式，我们用工具测量一组 $s(1)$ 到 $s(n)$ 的序列，提供给带有 x 位精度的 s 值，这样我们就可以确定带有 $x+n-1$ 位的精确度的 $s(1)$⊖。

一个具有上述机制的计算机并不能真正产生我们上面提到的混沌信号。事实上，计算机只能表示 0，1 之间有限多的不同数，任何产生的序列必须能够进行自身的重复，计算机用这个算法产生信号的时候必然出现周期性的误差，这种现象被称作"噪声坍塌"。

4.3　信号变换

正如提到的正弦信号的集合或许不是表征感兴趣信号的最佳函数集合。不同的信号环境要求相应基本函数的适当组合。将一个时间函数表示为一系列的基本函数的集合的线性组合称之为信号变换。

⊖ 粗略地说，这个表述对于很大的 n 是正确的，对于 $s(1)$ 的选择也是通用的，例如，对于 $s(1)=1$ 或者 $s(1)=0$ 或者 $s(1)=3/4$，这个表述就是不正确的，这是少数的特殊情况。

⊖ 测量 $s(1)$ 和 $s(2)$ 提供了 2x 比特位的信息，但由于我们知道 $s(2)$ 是由 $s(1)$ 生成的，所以我们可以推断出关于 $s(1)$ 的 1 位额外信息。

傅里叶变换，产生傅里叶序列（公式4-6），是其中的一种变换。它使用将正弦曲线类作为基函数的脉动。几乎任意信号 $s(t)$ 可以用正弦函数的线性组合（无限的）唯一的表示出来

$$f(t) = \Im^{-1}\{F\}(t) = \int e^{j2\pi vt} F(v)\,dv \tag{4-7}$$

$$F(v) = \Im\{f\}(v) = \int e^{-j2\pi vt} f(t)\,dt \tag{4-8}$$

傅里叶变换 $F(v)$ 经常被称之为频域表示，或者时域信号 $f(t)$ 的频谱表示。在信号处理中，术语频谱和带宽指的是在傅里叶变换中的特定脉动是多么的重要，而且频率谱的这部分包含有信号总能量的一半。

信号的能量等于信号平方对时间的积分。这在傅里叶分析中是一个很重要的理论[⊖]，阐述了时域中测量的能量等于在频域中测量的能量（这个理论要比它听起来深奥得多）。

$$\int |f(t)|^2\,dt = \int |F(v)|^2\,dv \tag{4-9}$$

有很多不同类型的变换。其中的一些要比另一些更有用。变换的有用性取决于基本函数的属性，以及对信号进行变换以及反变换的难易程度。

其他的在论文中详细阐述的变换方法，并且很好的适用于线性系统研究的是拉普拉斯[⊖]变换和 Z 变换。拉普拉斯变换是对于连续时间信号而言的，使用 e^{at} $\cos(\omega t)$ 和 $e^a t\sin(\omega t)$ 作为基函数类，它们能够方便的由 $e^{(a+j\omega)t}$ 表示出来。这种转变需要一个复杂的变量来指定基函数 $s = a + j\omega$。转换是一个复值函数。存在一个反变换，将复杂的变换函数转换到时域信号。有数学用表总结出典型的函数以及它们的拉氏变换。正式地说，信号 $f(t)$ 的拉氏变换是通过积分计算给出的：

$$F(s) = L\{f(t)\} = \int_0^\infty e^{-st} f(t)\,dt \tag{4-10}$$

其中 s 是复变量。$F(s)$ 表征基函数 e^{st} 在 $f(t)$ 表示中的重要性，再得到 $f(t)$ 就是相应的拉式逆变换，

$$f(t) = L^{-1}\{F\}(t) = \frac{1}{2\pi j}\int e^{st} F(s)\,ds \tag{4-11}$$

例如，下面的拉氏变换通过前面的定义可以很容易地计算出来：

$$L\{K\} = \frac{K}{s};\ L\{e^{at}\} = \frac{1}{s-a}$$

⊖ 这个定理由 Michel Plancherel 提出，瑞士数学家，1885~1967 年。

⊖ 皮尔瑞西蒙－拉普拉斯，1749~1827 年，法国著名数学家，因其对统计学和数学天文学的贡献而闻名。

在这个变换的很多性质之中，我们必须注意其中的两点。第一，线性：一系列信号线性组合的拉式变换是它们拉氏变换的线性组合。第二，一个函数导数的拉氏变换是

$$L\left\{\frac{\mathrm{d}f(t)}{\mathrm{d}t}\right\} = sF(s) - f(0) \qquad (4\text{-}12)$$

这两个性质在表示连续时间线性系统时，十分有用。

用正弦信号和来表征信号
一定时间间隔上的任意信号的测量能够以任意的精度用一系列的正弦函数大约表示出来。要求表征信号的频率集合称之为信号的频谱。信号的带宽是表征整个信号一半能量的频率间隔。

4.4　信号测量

信号是通过使用一些传感器或者测量系统得到的。待测的信号是传感器的输入，然而在测量中或许会有一些扰动，传感器的输出是信号的测量值。测量信号总是不同于我们真正打算测量的物理量，如图 4-12 所示。

图 4-12　测量信号需要测量系统

事实上往往观察的或者测量信号的具体行为会改变我们期望观察的物理量。而且传感器或许会被环境中存在的其他的信号所影响。这些信号我们统一称之为噪声或者干扰。

在信号和测量值之间的其他不同取决于传感器自身的局限。时间分辨率以及信号值都不是任意小的。当然，传感器的动态响应也是受限的。信号不能改变得太快，否则传感器无法追踪。信号也不能太大，否则传感器会饱和甚至崩溃损坏。

4.4.1　信号大小

在描述一个信号以及研究信号影响时，信号的大小很重要。信号的大小可以用很多种方法测量得到。

信号绝对值的最大值是信号大小的一个衡量值，由于其简单被经常使用。同

样的说法也适用于信号频谱成分的最大强度。然而，最大值有着明显的缺陷：最大值或许代表着信号的一个特殊情况；例如一个信号仅在一段非常短的时间内呈现一个很大的值。用能够捕捉信号随时间变化行为的平均值是更恰当的。例如，在一个化工厂，瞬态瞬时组成不是很重要的（只要它是安全的），重要的是平均组分。同样的，当围绕着一个特定值来监测信号时，一个持续很长时间的小偏离经常比短时间的大偏离更重要。

对于信号来说，比如说正弦信号，测量随时间变化的平均值或许是更适当的。为了得到信号大小的正值，我们可以取绝对值，$|s(t)|$，或者取其平方，$s^2(t)$，在一段时间 T 内的平均值为

$$\|S\|_m := \frac{1}{T}\int_0^T |s(t)|\,\mathrm{d}t \tag{4-13}$$

下面的测量公式在动力工程中比较常见：

$$\|f\|_{rms} := \sqrt{\frac{1}{T}\int_0^T f^2(t)\,\mathrm{d}t}$$

记为均方根值，简记为 *rms*。例如，当我们在家使用的电源电压是交流信号，正弦 230V（欧洲），或者 120V（美国）或者 240V（澳大利亚）时，230、120或者240是指当地国家电压的均方根值。它有着实际的物理意义：将交流电压（周期的、正弦的）标定为相同时间内具有同等能量效应的直流电压（恒定电压）。

4.4.2 信号采样

信号采样的基本思想如图4-13所示。

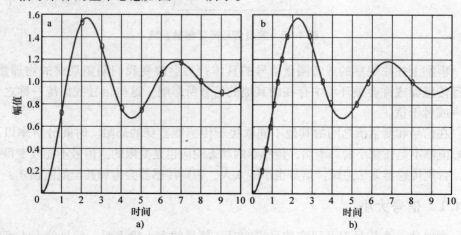

图4-13　连续时间信号的采样（实线）。小圈表示采样值

a）等时间间隔采样　b）信号水平采样或勒贝格抽样

在图 4-13a 中，信号（粗实线）是定时采样。小矩形表示样本。因为在采样瞬间有一个小的抖动，而且采集到的信号带有固定的有限精度，一个样本点只告诉我们实际的信号通过集中在样本点的小矩形某处传递。定时采样是很常见的。几乎应用于所有的视频录音技术。例如，CD 音频通常由每秒 44100 个样本记录（样本之间的间隔是大约 23μs），分辨率是 16 位即 65536 个不同级别的声音强度。取决于录音技术，可以有一个声道，称之为单声道，也可以有两个声道，即立体声，以及更多声道（最多 7 个）的环绕立体声。

如图 4-13b 所示，相关的信号定时在信号值或范围空间中采样。这在监督控制和数据采集系统中是很常见的。举例来说，如果想要在一个水槽中监测液位，知道何时液位到达某一个位置要比知道在给定时间内液位在哪一个位置要有用得多（尤其是当我们想要避免溢出或者不得不保持一个最小液位的时候）。在这种情况下，由于要确定时间，矩形在时间域要比在值域宽。在阈值监测中也存在一个小的误差。通常来说，对于缓慢变化的信号，在值域中进行定时采样而不是在定义域中提供信号良好的重现，这种方法中样本的数量比时间中的常规采样少得多。在定义域采样的优点和缺点是：当信号随着时间变化时，采样率也会变化。定时值域抽样也叫作勒贝格采样⊖或基于事件的采样。

4.4.3　周期信号采样：混淆问题

若考虑对一个周期信号进行采样会发生什么？假设采样过程是理想的，采样没有延迟，无限精度。考虑采集到的是等距样本，样本时刻 $t_k = kT_s$，k 为整数，正数 $T_s > 0$ 为采样间隔。对正弦信号式（4-5）进行采样，$s(t) = h\sin(\omega t + \phi)$，得到测量信号 s_s

$$s_s(k) = s(kT_s) = h\sin(\omega kT_s + \phi) \quad k = 0, 1, \cdots \quad (4\text{-}14)$$

以采样周期 T_s 进行采样，采样周期与信号周期有 s 着理性的关联，于是产生了离散时间周期信号 s_s，而且存在整数 K 使得 $s_s(k) = s(kT_s)$ 对于所有的整数 k 都是成立的，下面就是这种情况，当下式为一个合理的数。

$$\frac{T_s}{T} = \frac{T_s\omega}{2\pi}$$

采样信号时间单位的周期是 KT_s。至少要和信号本身的周期一样大，即 $KT_s \geq T$，例子如图 4-14 所示。

对于 $T_s = T$，我们实际得到的 s_s 是一个常信号！这种现象称之为量化噪声。通过令 $2T_s < T$ 可以消除量化噪声，或者令采样频率 $f_s = 1/T_s$ 至少是我们想要采

⊖ Henri Lebesgue，1875～1941 年，法国数学家，因其积分学和测量理论而闻名，他是姓名被用来命名月球特征的数学家之一。

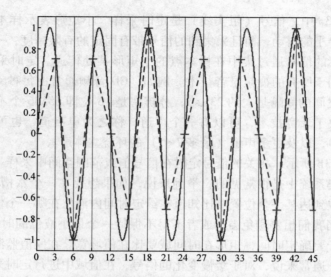

图 4-14 以 3 为采样周期对周期为 8 的正弦连续时间信号采样,
产生一个周期为 24 的周期性离散时间信号

样的信号的频率的两倍。如图 4-14 所示中的采样满足了这种标准。这个基本的观察源于奈奎斯特和香农。当以常采样频率对特定信号(不必是周期信号)进行采样时,这具有很强的普遍性,同时采样频率必须至少是信号频谱中最大频率的两倍,以消除量化噪声。由于量化噪声造成的显著的信息丢失的本质(见图 4-15)说明。

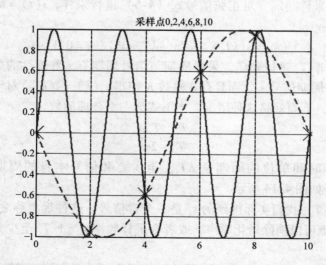

图 4-15 频率为 $f_1 = 0.4\,\mathrm{Hz}$ 的正弦函数 $\sin(2\pi f_1 t)$ 和频率为 $f_2 = 0.1\,\mathrm{Hz}$ 的正弦函数
$-\sin(2\pi f_2 t)$ 当采样频率为 0.5 Hz 产生相同的抽样数据序列

量化噪声可以通过两种方法来避免。一种是确保将要测量的信号是足够缓慢的，另一种是对将要采样的信号进行预处理，消除能够引起量化噪声的快信号变化。这需要所谓的抗混叠滤波器。

信号的周期采样：奈奎斯特－香农定理
无信息损失的对信号进行周期采样要求采样频率等于信号谱内容中最大频率的二倍。实际中抗混叠滤波器加强了这一条件。滤波器确保了频率为 f_s 的采样信号的谱内容低于 $0.5f_s$。

4.5　信号处理

重新看图 4-12，可以表示为 $y = M(u, d)$，在测量系统输出值 y 和感兴趣的值，即测量系统输入信号 u 之间总是存在误差。信号处理与信号理解有关，特别与信号恢复有关，即那些需要测量的信号。换句话说，信号处理感兴趣的是，我们是否能找到另一个系统 SP，作用于信号 y 并恢复信号 u，例如，信号 $SP(y) - u$ 或者等效的 $SP(M(u, d)) - u$ 在适当的方式下很小。

测量过程通过 M 的信息决定 u，或者是干扰 d 的一些信息，当然给定测量量 y 通常是很难的，甚至是一个病态的问题。

把问题变得更易于处理的一个方法是在输入端口添加结构。例如，假设 u 是二值数，假设在任意时刻 $u(t) = 1$ 或 -1，这使问题在很大程度上得到了简化，允许我们抵制噪声和不好的测量结果。这可以成功地做到，并可以很好地解释为什么我们生活在一个信息以数字格式进行存储和交换的世界里。在自然世界中也是这样的，事实上，生命程序用 DNA 进行编码，使用了 4 个字符的字母表。尽管存在很多生物学过程的随机性，以 DNA 编码的生命程序的复制、遗传和执行，拥有很高的精度，从今天生命依然存在的事实来看，这是显而易见的。

编码和压缩：

通过琐碎的插图，假设 $u(t) \in \{-1, 1\}$ 是二值的。让测量过程仅仅加上噪声 n。因此 $y = u + n$。只要噪声是有界的，例如 $|n(t)| < 1$，只要选择输出 y 的符号就能恢复信号 u；$u = sign(y) = sign(u + n)$，如图 4-16 所示。

在图 4-16 中，测量误差被限制在 0.95。十字代表原始信号，圆圈代表恢复信号，点代表测量信号。

在工程中，处理二值信号是数字信号处理的主题。当处理关于复杂二值信号的问题时，我们利用 Claude Shannon 在他 1948 年发表的著名论文中的信息理论。复杂的理论处理这样的问题：这里有多少个不同的信号。问题的前提条件是信号只能通过有限精度容量的测量过程得到。在这种情况下，自然会对两个特定的问题感兴趣：

1）怎样保护一个数字信号不受其他信号的干扰。

2）怎样使信号信息的丢失变得最小，在必须要减少信号表示的时候，例如当没有足够的空间去存储和转换信号时。

第一个问题可以通过编码的方法处理。编码是构建

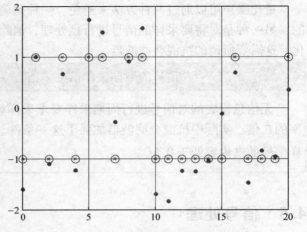

图 4-16 从噪声中恢复的二进制信号

冗余的信号进行存储、检索和交换。冗余量，通过一种标准的方法获得，有助于对抗噪声。许多可能发生在检测或传输过程中的错误可以利用已知的冗余信号进行消除。

第二个问题属于压缩方法的范畴。通过有意减少表示一个信号的比特数，基本信息可以尽可能的保留。通常利用信号中的自然冗余可以减小信号的长度，这种方法称为无损压缩。无损压缩通常不能实现位长的大幅度压缩，不过这个问题可以解决。另一方面有损压缩方法可以显著的减小信号的长度，但是不能这么操作：信息会丢失。

4.6 记录和重放

很显然，实际的世界并不是数字的，有很多的信号本身是非数字的，就像音乐一样。我们为了可以用数字化的方法存储音乐，就需要建立从模拟世界到数字世界和从数字世界到模拟世界的连接系统。

其主要思想是我们需要使用一系列基本函数，比如与频率协调相关的正弦曲线来表示一个可测的信号。这种表示方法的经济性和处理测量误差的能力，解释了它的效用，就如同上面例子中解释的那样。在不同的信号环境中，需要选择不同的基本函数集合，但是其基本思想却是一致的。这里有一种有趣的折中办法。通过丰富基本函数集合，我们显然可以建立更多的模型，但是同时检测错误也会随之增加，因此我们更倾向于灵敏度而不是误差率。使用的函数越少，就越不易建模，但同时错误会减少。从科学的观点来看，我们倾向于后一种方法。

举个例子，当信号为脉冲信号时（大多时间为 0，在极端的时间内产生峰

值），正弦函数族不宜作为建模的函数类。如图 4-17 所示。

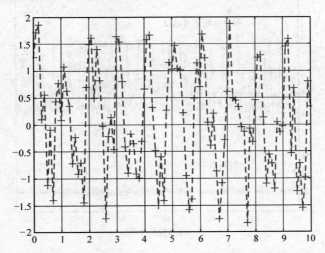

图 4-17　正弦函数 $\sin(2\pi t)$ 在区间为（−1，1），$T_s = 0.1$ 的抽样周期内收到随机噪声影响的图像

　　（这类信号常用来建立大脑神经活动的模型）这类信号频谱很广，并且从结果可以看出时域信号的表示方法比频域信号更紧凑。这种现象是与傅里叶变换（见图 4-18）相关的不确定性原则的表现：当信号能量位于时域内一个较小子集时，它的频谱将占有频域中的较大子集（或者信号能量在时域内分布较大但在频域内占有率较小的情况），这种情况如图 4-19 所示。

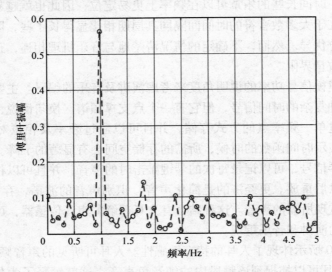

图 4-18　此为图 4-17 信号的在周期确定时的傅里叶变换族

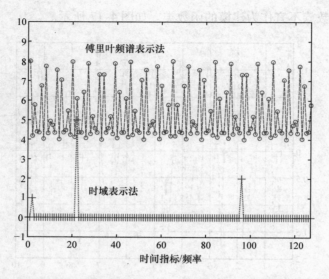

图 4-19 尖峰信号的宽频波谱（128 个取样点，128 次傅里叶变换）

4.6.1 语音记录及重现

这类想法正如第 1 章所提到的那样，清晰地处理播放及录制的音乐或者是人的讲话。在第 1 章音乐中，作曲家需要确定时间间隔（节拍）和频率（乐章）以便创作出音乐信号。乐章的时间越短，频谱就越不易准确表示，乐章被指定的精确性越少。时间长些的乐章可以在频率上更易定位，因此也就越易达到期望的效果。问题在于大多数音符的时间间隔同其周期相比显得长了些，因此其频率特征表现得十分优异。然而，不确定的情况清楚地与音乐机理相连，正如其决定了音符判定的数量界限。

从正弦建模信号功率的说明角度来考虑演讲及音乐的编码。主要观点就是正弦信号是一种复杂的时间信号，但它有一个点支撑频谱。换句话说，复杂的时间函数可以通过单一频率点的方式存储，并且可以通过频率及相位对函数进行还原。这里在表示时间函数的时候，所需的存储空间会有显著的下降。例如：建立一个电子钢琴信号，可以记录每次的琴键敲击时的声音，并且可以将它们储存起来，以便在以后重放。更经济的是简化声音，识别声音的波谱，存储频谱信息，这可以用来重现所需的声音。这种结合有人耳理解的声音传感器，可帮助我们创建非常经济的演讲和音乐重现。

如图 4-20 所示体现了人耳的特有敏感性。人耳可听见的声音频谱从 50Hz ~ 20kHz，即人耳可以捕捉到该频段内的纯音色声音。这就解释了为什么 CD 高保真音效应从 44.1Hz 取样，且带有 16 位的分辨率（2^{15} = 32768 不同等级的声音）

通过双音频通道。这个乃奎斯特取样标准表明，如果想分辨及回放 20kHz 的正弦波，取样的频率至少应为 40Hz。这是理论的界限，这个值可以合理地近似。实际的 CD 编码仅比绝对界限高 10%，这也告诉我们 CD 中使用的编码技术非常给力。

大多数演讲的频率被限制在 400Hz ~ 8kHz 之间，如图 4-20 所示。因此，电话为了满足使用目标，将采样频率定在了 16kHz。

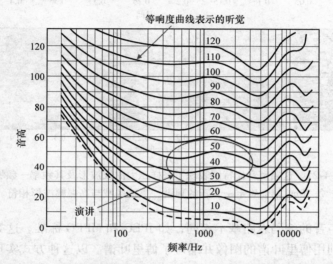

图 4-20　人耳是一个精巧的声音传感器，能感受到大频率范围和音调范围的声音
（声音幅值可用 20log |P/Po| 表示，Po 表征声音震荡压力）

当然，人的讲话并不能认为是周期信号，然而用傅里叶变换处理此类信号支持了大多音频处理方法。例如在语音处理中，人的话语以非常高的频率进行第一遍采样，据说是 25.6kHz。每帧声音信号持续 20ms，每帧信号认为是有一定持续时间的周期信号（512 个采样点），然后被等价表示，运用离散傅里叶变换分析其频谱。这种方式获得的频谱在分辨和之后合成原讲话内容中不同声音时很有用。如图 4-21 所示可以看出，时域中的信号在频域中被分为间隔为 20ms 的信号。此类变换也被称作时域—频域表示。此方法的有效性起源于此种事实：频谱的存储空间远远小于时域抽样信号存储空间。信号能量在时域中发散，在频域中更易收敛。这种处理方法可用于反向合成男声或女声说出任意输入的信号。与之相似的处理方法也可用于制造电子钢琴。

演讲信号的频率表达提供的经济型可以与人耳灵敏度知识更好地结合。有些频率需要高的声调人耳才能听到，如图 4-20 所示，利用少量的人耳不敏感的该频率的比特信息，MP3 编码技术可以非常经济地存储声音信息而不需要牺牲保真性。（这种方法比普通的 CD 编码技术在同等编码频率下效率高 12 倍）。

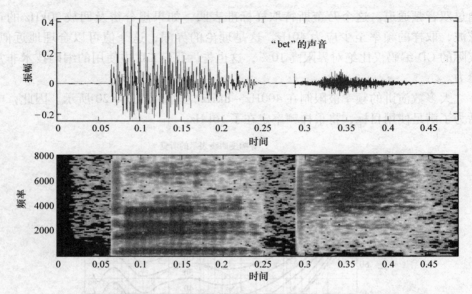

图 4-21　这幅声音比特图表现了采样压力曲线波形及其频率—频域，
每 20ms 都会确定一个新的频谱。黑暗区域与高振幅波形相符

图像和声音的编码思路基本相同，如 JPEG 和 MPEG 标准。这类标准本质上代表了一个利用傅里叶谱的图像并缩短了傅里叶谱。以这种方式实现的压缩方法非常引人注目。

4.7　注释与拓展阅读

信号处理就其自身而言是一个重要的研究领域。在此我们没有全面地阐述，而只是想展示频域的一些潜在特性。用来理解频域的基本函数是正弦函数，他们的线性组合或许能够用来表示任意精度的任意信号。这在处理复杂信号时很关键，充分了解一些信号是必要的，分而治之。

有些书整本都在介绍傅里叶分析，其理论已经远远超出了简单的信号处理领域。对于那些勇于进取的人来说，Körner 的傅里叶分析处理方法是这一主题的综合运用，相对现代处理方法。在信号处理和信号与系统，如 Lee and Varaiya（2003）等相关文献中，傅里叶表示法经常出现。

关于数字信号处理方法的相关文章有很多（Ifeachor and Jervis 2002；Mitra 2005）。Mallat 给出了一篇没有采用傅里叶方法的较好文章（2001），其中小波变换是信号处理的核心。小波变换仍然采用一系列基本函数的组合来表示一个信号的思想，然而需要认真地选取基本函数以减小表示的复杂度。小波变换在 Daubechies（1992）中被提出。基于小波的信号处理文章有一个完整的体系。

因为信号在测量时总是不精密，不确定，带有随机性，因此统计学扮演着重要的角色。统计信号处理也有很多文献来阐述其主要思想，例如 Kay（1993，1998），Poor（1994）and Stark and Woods（2002）。

将信号处理视为一个反问题是非常罕见的，这是一个在未来需要得到关注的方面。

信号的信息理论包括编码，在信号的通信、存储和变换这些应用中至关重要。其中重要的论文仍然是 Shannon（1949）。一篇非常有可读性的文章可以在 Ash（1965）中找到。有关动物和人类世界中信号编码的有趣讨论可以在 Hailman（2008）这篇论文中找到。更富数学性的处理是 Roth（2006）这篇论文。

由国际标准化组织确立的音频、图像和视频的数字编码标准是商业产品，可以通过他们的网站购买。关于 MPEG 的大量信息可以在 http：//www.chiariglione.org/mpeg/找到。MP3 在 www.mp3 - tech.org 和 www.mpeg.org 中得到讨论。这些技术大都使用小波技术，这些小波技术已经被专门调整，为手持应用。

在语言和声音编码中的思想，以及他们在人耳中的实现，在信号处理中扮演着至关重要的角色，而信号处理是仿生学耳朵的核心（参见www.bionicear.org）。工程系统中实施的信号处理和神经生物学实现的信号处理之间的异同点，是仿生研究中一条富有成效的道路（Bar - Cohen 2006）。事实上，MP3 编码技术是当今世界上最成功的仿生技术之一。

第 5 章 系统和模型

> 就数学规律的现实性而言，是不确定的，
> 而就他们的确定性来说，就不能涉及现实。
> 阿尔伯特·爱因斯坦⊖

5.1 引言与目的

在之前的章节，我们重点介绍了信号的产生、分析、分类、储存、传输和修改的方式。在本章节，我们将更加仔细地讨论系统如何影响信号和产生信号的方式。到目前为止，我们已经遇到了许多不同的系统。

- 信号发生器是用于制造具体信号元件的系统。例如：一串积分器可以生成多项式的信号；神经网络能够基于网络配置产生大量的信号；磁控管会产生一组固定频率和能量的微波信号，这些能量可以加热食物或作为雷达的信号；我们的移动手机可以利用信号发生器实现声音的无线传输。

- 信号处理器是修改输入信号特性的系统。输出信号由输入信号和处理器的参数决定。例如：滤波器或音响设备的均衡器调整信号是通过改变自身的频谱成分，按要求减少或增加固有频带。

- 传感器是检测具体信号并以其他物理形式输出的系统。他们的主要任务是把从不同系统中测量的信号转换成一种所需形式的信号。所以他们可被用作进一步的处理和保存。第三章的雷达望远镜是传感器系统，就像我们的皮肤一样。

- 接收器和发送器是形成通信系统的一部分。发送器将信号转换成一种适合传输的模拟信号，接收器接收模拟信号，然后恢复原信号。我们的发声（发送器）和耳朵（接收器）就组成了我们通信系统的一部分，这个过程中我们的大脑则作为信号的处理器。

在以上的例子中，系统都为信号服务。但是总体来说，系统不是只为信号服务，例如它们的主要任务是传递物质和能量。

当处理信号时，可以认为信号是由一组更基本的信号组成。在考虑系统的时候，也是如此。

⊖ 阿尔伯特·爱因斯坦（1879～1955）出生于德国的理论物理学家，是世界上最伟大的科学家之一。他以相对论著称，因其对光电效应的发现而获得了1921年诺贝尔物理学奖。

首先在第 2 章，我们已经知道我们能够借鉴不同物理领域的知识以提炼出系统的模型。事实上，任何系统建模都会用到许多基本组块。理解这些基本系统会带给我们诸多益处。然后我们需要学习如何建立更大的系统，这可以通过基本组块的串联、并联或反馈来实现，连接系统使我们能够建立更大、更复杂的系统。但是，只运用我们了解的基础知识搭建知识表征系统的特性是非常棘手的。如何发展新的工具，能够让我们更好地探索各种大系统以及理解它们的特性，是系统工程界关注的主题。更有趣的是，通常详细地学习子系统内部的知识并不是掌握大型系统全部特性时必须要做的。反馈在系统简化中起到重要作用。

本章结构如下：首先我们回顾模型的知识，然后特别介绍一些专门的数学知识，这将为处理复杂系统提供一个系统化的思路，之后是系统连接，再之后介绍一些特殊的模型，在最后一节会介绍关于建模的一些想法。

5.2　系统和模型

从抽象的观点看，模型是表述系统体系的一种便捷的方式。建筑师用一栋新房子的缩放模型不仅让他们的客户领略了房子的设计，同时也诠释出房子的美感、功能，这能更好地理解房子是如何工作的。模型也可以是计算机描写图。当遇到信号随时间动态变化的系统时，最方便的模型就是能反映系统行为的计算机算法。

实际上[⊖]，获取模型主要有两种方式：通过观察系统的输出信号；或将系统分割为一系列连接的子系统，并且子系统模型都已知。也可以两种方法结合得到系统的模型。

5.2.1　通过信号获取模型

通过观察信号可以获取系统的本质，如图 5-1a 所示，在这个抽象层次上，模型与它的行为或者所有采集的信号相等，在研究中这些信号和系统是相容的。

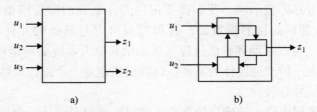

图 5-1　一个系统：a）观测系统的输入输出　b）系统的结构

⊖　在哲学上，只有一种获取模型的方法，即是通过信号的观察。如果认为一个系统已经有模型，那我们只是依靠了别人的观察。

一些简单系统（比如自动装置）的特性是容易获得与描述的。例如：一个房间，里面只有一个电灯，电灯只被一个开关控制。一共有两种可能的输入值（开关的位置）：开关断开与闭合。输出是我们对灯的观察，也是开与关。即使在这样一个简单的例子里，我们也必须假设存在可支持灯泡发光的电能，并且灯泡和/或开关无损坏。那么系统的行为就是由输入与输出对等的序列构成。如果一个观测报告称"开关闭合，灯不亮"，就能断定要么是存在错误，要么是观测器坏了。

一般情况下，观察所有采集的信号是不可能的，但是我们可以根据以往的经验推测出系统所有可能的行为。请注意我们允许系统有其他输入信号，不仅仅是我们能观测的信号。它们可以当作系统内部作用的一部分。当然等我们想要解释事情的原因时，那些不可测的信号将会成为麻烦。想象一下，在上个例子中不只有房间里的开关，还有能量的供应。

在论述通过信号获取系统模型的方法时，我们采用自顶向下的方法探索系统。我们首先讨论全局系统，然后通过从信号观测到的信息继续探索系统的内部有什么。这些信号实际上揭示了系统的什么内容？我们是否能够掌握其内部的部分构架？我们能否检测反馈回路？我们如何去运用已知的输入探查系统内部的工作机制？例如：我们可以利用输入支配那些不能控制和不能观测的信号吗？这些问题将是"系统辨识"章节的核心，在该章节中我们将学习怎样将信号转向描述系统的数学公式。

为了能够获得可用的数学描述，我们需要从信号起步，再到方程，这被称为数据建模。尽管后者可能有一点用词不当，因为数据采集本身就是我们拥有的系统的最好模型。它可能不是一个直观的模型，但是它确实是一个模型。当然建模的主要目的就是获得一种更紧密的表达方式，最好是一系列的方程甚至是一种能够总结我们观察的信息的计算算法，它们可以在进一步的实验和探索中取代实际系统。

在寻找一组方程表示时，我们需要记住为什么我们需要模型（没有再类似模型的东西）。建模的目的很重要，过程模型可以与其他的元件（例如，控制器）进行合成，可以帮助理解该过程（展示给其他人系统如何运作），也可以进行仿真或者作为一种改进设计的工具。过程模型也是一个偏代表性的行为，只对固定范围内的信号有效。

我们对系统固定输入的响应仿真有兴趣吗？我们对设计一个反馈回路以提高系统的某些属性与去除我们不想要的行为有兴趣吗？很明显，前一个问题我们需要更详实地关于方程的信息，以便于我们能够对所有感兴趣的输入进行研究。在设计反馈回路的时候，我们只需要一个能让我们设计好反馈回路的模型，我们旨在通过反馈消除差量的行为不需要在模型中具体表现。当然，所有可能的输入激励、模型都会有响应。但是在反馈回路中，因为反馈会支配一些输入，所以我们不能看见所有可能的输入（下一章将会具体阐明）。建模的目的是决定我们需要模型的类型。

在通常情况下，从信号变换到方程采取这一步骤，假定一类含有一些自由参数的方程或模型，然后试图从这些方程中选出最适合我们观察到的信号。这个想法可以追溯到一个科学家——高斯[⊖]。他试图让太阳系中行星的天文观测数据满足开普勒的行星运动模型：所有行星绕太阳运动的轨迹都是椭圆，太阳处在椭圆的一个焦点上。在此方法中，数据被带入各个模型，计算每个模型的误差（不同参数选择），误差最小的模型就是行星的运动轨迹。最小的误差一定要比信号的测量误差小，否则我们将选择其他更好的模型。在今天，这种准则依然受用，同时也有许多文献解决这种基本题目所有可能的变化。大量的计算机软件包已开发用于协助根据数据建立模型。

5.2.2 从系统到模型

一种建立系统模型的方法是把系统看作一系列交互的子系统。如图 5-1b 所示一个直接的例子是由电阻、电容、变压器和晶体管等组成的电路。我们知道每个组件的特性以及网络连接施加的限制，所以电路中有这些模块时，可以系统地推导电路模型。在这种自下而上的方法中，我们可以基于对基本子系统及其互连的了解，来推断系统的行为。

因为每个子系统都进行过全面的测试和设计，在这种情况下，如果我们知道构成工程系统的各种构建模块是什么，那么这种建模方式对系统分析和设计非常有帮助。此外，定义明确的关联规则确保整个系统会按设计运行。很多大型工程系统都是按照这种自下而上的方式进行构建的。

用于处理此类问题的计算机软件包已经被开发出来。通常这些工具仅限于特定的应用领域。例如，有丰富的软件来设计流体流动的模型；设计一个大型集成电路；亦或是设计一个桥或轮船。涵盖几个领域的软件包开始出现。最近的发展是生物子系统加入了建模的范畴。

这种方法的主要问题是其规模和可靠性。系统失败的概率会随着模块或子系统数量的增加而增加，失败会从偶然变成必然。所以，每个子系统的模型必须要准确地捕获正常和异常运行条件。这也说明没有一个模型能适用于整个系统，而是一系列可选择的模型。这种模型复杂度的增长比组件的数量要快得多，从单纯计算的角度上经常变得难以处理。测量符合条件使判断模型的正确性和反馈的合

⊖ 卡尔·弗里德里希·高斯，1806 年，描述了最小二乘曲线拟合的方法。他是一个多产的数学家，在历史上最有影响力。他生活和工作在德国，1777～1855 年。

适性变为可能。例如：改变连接形式对实际大规模系统的工作是非常重要的。

全新的设计需要自上而下和自下而上的两种方法的组合，了解简单的系统对我们构建大系统是否工作，如何工作等方面的直觉是必要的。一个自上而下的方法可以确保我们的研究焦点侧重于建立一个系统，系统能够输出我们期望的。此外，探索自然世界时，我们同样需要结合自上而下和自下而上的方法。

5.2.3　模型的分类

我们一般根据信号对模型进行分类。包括：

● 输入输出模型：有时也被描述为外部模型，它代表一个黑箱过程，仅仅表现输入与输出的动态关系。很少有只用输入输出信号就能表示的，一般还要引进额外的信号才能获得输入/输出的表达式。

● 状态空间模型：模型的内部状态是关键变量。系统输入影响模型中的状态，输出则由状态推导出来。状态空间模型是非常常见的，大多数仿真包都是基于状态空间模型工作的（当然，状态也同样定义了输入/输出关系）。

我们可以把注意力集中在一些信号的特点上，或者是表示时间的方式上。如果模型的时间不再重要，而是在系统里事件发生的相对顺序很重要，这种情况下我们称该模型为基于事件的模型。信号可以是随机的，或基于集合的、确定性的、离散的和连续的，各种可能都有。

如果信号不是在时域表示的，而是在频域表示的，这种情况称之为频域模型。乐谱就是一个非常有意思的模型语言，它采用将节奏与频率混合的方式去表示音乐，准确地说还有各种其他角度做解释。

如果所有的信号都是二进制的，模型是基于逻辑的，并且模型语言都遵循布尔代数规则。那么这就是在 3.5 节描述的像洗车系统这类自动装置模型。

布尔代数和逻辑模型
一个二进制（布尔型）变量只可能是两个可能值中的一个，即 0 或 1。对二进制变量进行布尔运算，其结果仍为二进制变量。 　　基本的布尔运算如下： 　　与（AND）：如果变量 A 和变量 B 都为 1，那么运算结果（A 与 B）为 1。 　　或（OR）：变量 A 和变量 B 中至少有一个为 1，那么运算结果（A 或 B）为 1。 　　非（NOT）：运算结果（非 A）是参数变量 A 的相反值。 　　逻辑模型可由一系列方程式表达，例如： $L = M1 \quad AND \quad X3$ $F = L \quad AND \quad X1 \quad OR \quad X3 \quad AND \quad NOT \ (M3)$

　　我们可以讨论本地或全局模型，这主要依赖于考虑的变量的范围，或者是我们建模时想要包含进去的操作方式。本地模型不能包含所有失败的方式，但是全局模型可以。例如：一个飞行器的自动驾驶可以设计成本地模型，但是飞行员对飞机行为的训练却是在一个全局模型上。

　　大多数的模型只代表整体行为的一部分。通常情况下整体行为太复杂，所以在大多数控制合成问题中，只需要去考虑小比重的整体行为。

　　所以模型经常被简化，常见的简化方式有：

　　● 线性化：我们限制信号的范围，只考虑一个额定信号的小偏差。如果信号确实变化很小，将有可能建立一个线性模型。这种简化非常有利于分析和综合。在控制方面，其中主要的任务往往是调节信号在目标信号附近，线性化通常是可用于简化的第一步。

　　● 降低复杂性：如果考虑在所有的时间/频率范围内所有可能的情况，模型可能会变得非常庞大。通过极度缩短时间范围，或极度加长时间范围，或忽略部分行为，都可以使模型大大简化。例如语音系统建模时，我们可能会将发声频率限制在人类语音频谱的频率，忽略认知任何其他频率。再例如另一个例子，人耳系统建模时，我们只研究其休息状态，从而避免了复杂的认知过程。

　　● 降维数：（降低复杂性的另一种形式）忽略系统状态的一部分，或者将忽略的部分看作外界的干扰信号。因此，一些动力简化成了外部输入信号，例如在研究潮汐的动态特性时，我们可能只想考虑月球，也许还有太阳，但是很乐于忽略所有其他行星。甚至我们可以简单地删掉各种各样的可能性，因为我们只想要一个简单的模型。例如在建立烤箱内的温度模型时，我们可以认为温度是空间分布在烤箱上的。（事实上是）但如果我们只有一个输入，例如燃油流量，没有办法去控制温度分布，但也许能够控制烤箱内的平均气温。因此，烤箱被简化为单一的热存储设备，只有一个单一的温度特性。

模　　型

　　模型是系统（动态）行为的部分表示。每个系统的模型不是唯一的，不同的模型可以关联同一个系统，这取决于我们期望多大程度的近似。后者是一个理想系统控制目标的函数。当我们利用一个模型来复制系统的行为时，需要一个质量指标来确保模型的精确度，或者信号的范围是有限的，或者近似误差的大小是在我们可接受的范围内。

5.3　连接系统

　　本书讨论基本的连接是把一个系统的输出作为另一个系统的输入。这种思想理论上描述如图 5-2 所示。在连接系统中，假设常见信号都是相容的，也就是它们具有相同的定义域和值域。

在由两个连接系统连接的新系统中，一个主要的变化是自由变量的数量有所减少。事实上为了有一个互连作用，必须至少有一个输入被另一个系统的输出代替，如图 5-2 所示。

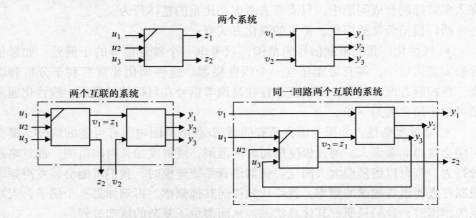

图 5-2 系统的基本构建结构：连接系统意味着自由度的缺失

输出 z_1 被定义为另一个系统的输入 v_1。相比于连接之前的系统，新的连接系统具有较少的输入，输出的数量则没有改变。是否考虑 z_1 作为新系统的输出，这只是单纯选择的事情。假设在连接之前变量是可测量的，我们也许假设连接之后变量还是可以测量的，但是这不是一定的。

我们还可以在考虑同一个系统中输出与输入的连接。基于这种情况，我们发明了单位$^\ominus$反馈回路。同样的，连接的主要特点是我们减少了自由信号的数量。创建反馈环的思想如图 5-3 所示。

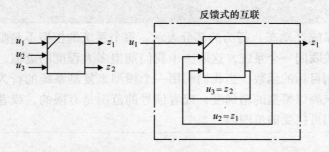

图 5-3 构建反馈回路暗示自由度缺失，至少有一个输入被输出替换

$\ominus$ 没有其他系统干扰回路，或者是单位操作符的输出只是接收信号的简单复制。

在如图 5-2 和图 5-3 所示这样的框图中箭头起着很大的作用，它们表示信息流向，或者串联关系。系统的输出由输入决定。当对于一个特别的系统建模时，往往不能清晰的判断出系统的输入和输出（下一个单元再回到这个问题上）。这可能是因为我们只是简单的测量，不知道串联关系，这是在计量统计学中常见的情形，也是考虑系统复杂性的结果。连接在阐述连接思想的时候，我们不用考虑串联关系，因为连接是信号简单的相等，也就是两个子系统的两个信号通过连接被迫相等，这里将不做深入的讨论。

对于一个复杂系统表现的准确预测，知道单独模块的表现非常困难，尽管在线性系统这种特殊情况下，一些行为很好理解，而且我们有出色的方法来分析这些行为。不仅是分析，对于它们的综合问题也有好的办法。线性系统是十分特别的，大多数系统都表现出非线性特性。在更一般的情况下，我们能够保证某种特性和排除一些不期望特性的能力是非常有限的。在工程系统中，系统的可靠性是建立在经验和明智地使用反馈减少或消除不确定性，往往模型的线性化可以获得许多信息。

5.4　简化假设

线性、串联和时变系统（见 1.5 节）是一类在大多数文献中研究的系统。

在建模过程中，我们从收集所有信号出发，与它相容的输入和输出。这个收集的行为称为系统的显化行为。这个框架也许太笼统了，其实行为的概念就是对串联关系，时间不变性和线性进行更加精确地定义。这些特性极大地简化了分析过程和系统综合过程。然而严格地来说，大多数系统都既不是时不变的也不是线性的，所以必须通过适当地限制系统的运作。例如反馈确保时间不变性/线性和保持足够精度成为可能，这使其在设计和分析系统中有良好的应用。

分析、设计与综合线性时不变系统的工具已经开发的很好了，例如计算机辅助设计环境，可以有效地处理真正的大型系统。

而对于非线性系统，这类工具还有待开发，往往将线性的工具以迭代的方式去解决与非线性系统行为相关的复杂性。

1. 串联关系

经验告诉我们生活在这样一个串联的世界，行为产生回应，但是回应不能预知行动。尽管如此，建立串联关系是世界不可避免的一环，因为我们知道这不是一个小事情（Zeh1992）。当我们在讨论系统时，时间是其实质，串联关系理所当然地是一种自然属性。我们知道建立非串联关系系统的模型是非常容易的。如下一个系统，输出 y 是输入 u 的动态均值：

$$y(t) = \frac{u(t-1) + u(t) + u(t+1)}{3}$$

很显然这个系统不是串联的，输出 $y(t)$ 取决于未来的输入 $u(t+1)$，这种系统不在我们考虑的范围。

我们所谓系统具有因果效应，意味着系统当前输出值不受下一时刻输入值的影响。如果系统的当前输出值既不受当前输入的影响，也不受接下来时刻输入的影响，那么我们称该系统是一个严格的因果系统。

因果系统
所谓系统具有因果效应，意味着系统当前输出值不受下一时刻输入值得影响。如果系统的当前输出值既不受当前输入的影响，也不受接下来时刻输入的影响。那么，我们称该系统是一个严格的因果系统。

2. 时不变

粗略地讲如果系统的行为没有明显地依赖时间，或者不论何时进行系统实验都会得到相同的答案，那么这个系统就是时不变系统。更准确地说，就是对于任意一组合理的输入输出对 (u, y)，如果有显化行为且经过任意时间变化后，$(u(t+\tau), y(t+\tau))$（τ 是标量）也是一组合理的有显化行为的输入、输出对，那么这个系统就是一个时不变系统。

显然，否定时间不变性比确定时间不变性要容易得多，因为前者只需要一个反例。我们通常会认为我们观测的系统是时不变的，毕竟这是一个廉价的假设。

如果不论系统的输入在瞬时发生什么样的变化，系统行为保持不变，那么我们称这样的系统为时不变系统。

时不变系统
如果不论系统的输入在瞬时发生什么样的变化，系统行为保持不变。那么，我们称这样的系统为时不变系统。

3. 线性

如果系统的所有输入、输出对 (u_1, y_1)，(u_2, y_2) 都具有表现行为，且它们的线性组合 $\alpha(u_1, y_1) + \beta(u_2, y_2) = (\alpha u_1 + \beta u_2, \alpha y_1(t) + \beta y_2)$ 也是具有显性行为的合理输入、输出对，那么该系统是线性系统，其中 α，β 是标量。

实际上，线性系统很少，然而大多数实际系统可以在正常操作的小范围内考虑为线性的（线性特性不是适用于所有的输入、输出对，但对于其中合理的子集是适用的。）同时，理解线性系统对于进一步理解非线性系统是必要的。

如果一个系统（运算符）的响应（运算结果）满足叠加原理，且可以与所有可能的输入能够实现加减和比例运算，那么我们认为这个系统（运算符）是线性的。

线性系统
如果一个系统（运算符）的响应（运算结果）满足叠加原理，且可以与所有可能的输入能够实现加减和比例运算。那么，我们认为这个系统（运算符）是线性的。

一个有趣的特点是当我们把有这三个特点的系统连接时，系统的这些特性保持不变。

如果考虑到系统连接后相等的信号是一种施加限制的形式，那么会有助于理解线性系统连接后为什么仍然是线性系统。

串联系统连接后也同样是串联系统。连接后，信号相等的限制并不改变其余输入和输出的时间依赖关系。也许我们需要对反馈连接进行思考。一个取决于特定输入的输出可以通过连接取决于它自己过去时刻的行为。那就是我们之所以对串联系统严格的原因，否则就会有代数环，而且它们能否被解决还不清楚。如果在连接时没有创建反馈环，那么严格的串联子系统的要求就不需要了。

当然，连接后的时不变系统仍然是时不变系统。

5.5　一些基本的系统

如上所述，系统可以被看作是基本系统的连接。下面将描述一些在反馈和控制中遇到的最简单的系统，但并非巨细无遗。

5.5.1　线性增益

线性增益可能是最简单的系统或模型：输出信号 y 就是由输入 u 和增益系数 K 简单地相乘，即 $y = Ku$。

当输入信号是一个正弦波，输出信号就是一个同频率、同相位，但幅度不同的正弦波。输出幅度与输入幅度的商就是增益系数，如图 5-4a 所示。

很好的近似后用纯增益建模的物理系统的例子，是像杠杆、变速箱、电气系统中的音频放大器这类机械系统。

如图 5-5 所示的杠杆，我们测量的信号是杠杆每一端的位移，这里记为 u 和

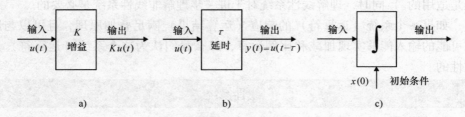

图 5-4 基本系统

a）静态增益 b）纯滞后 c）积分器（累加器）

y。输入输出是什么很大程度取决于杠杆的用途。在这个程度上，行为的描述其实是无关紧要的。我们没有必要去决定哪个信号是输入，哪个信号是输出（事实上在这种情况下，我们无法作出区分）。在所有情况下，我们会发现，位移信号是互相成比例的。杠杆是线性的、时不变的、串联的，但是不满足严格串联关系的系统。用符号表示如图 5-5 所示，表达式是所有 u，y 信号的集合：

$$\frac{y}{l_y} + \frac{u}{l_u} = 0$$

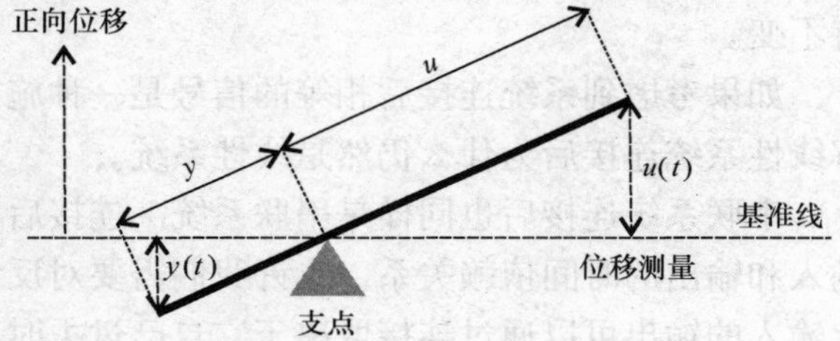

图 5-5 杠杆，位移测量 u，y

式中，l_y，l_u 是杠杆臂的长度，从支点到每一端分别测量。

　　当杠杆的一端作为驱动，称作 u 端；另一端就作为负载，称为 y 端，这样就清楚了杠杆的哪一端应该是输入，哪一端是输出。

　　其他与杠杆有关的测量或信号是力。结合力和杠杆，可以考虑应用动量或其他知识建立一个杠杆运动的动态模型纯增益系统不具有记忆功能。在这种情况下，输出等于输入乘以增益，所以我们需要凭借未来输入预测未来的输出。在这种情况下是没有状态变量。

　　例如：变速箱的输入可以是输入轴的转速（电动机从动轴），输出可以是输出轴的转速（负载侧）。另一种方法输入可能是在输入轴施加一个力或力矩，输出可以是输出轴位置，速度，或者输出轴的扭矩。同一个物理系统可能有很多相关的输入输出对，选择反映了我们的兴趣，在恰当位置安置更好的传感器，这是我们物理系统的组成部分。

　　音频放大器的输入是传声器或光盘产生的电信号，输出是声信号。这样一个系统不是一个被动的系统。在输入端到音频放大器的可用总（电）功率通常比输出端的（声音）功率少得多。事实上，这种情况下想用线性增益表示系统是因为我们对该系统的内部工作机制并不感兴趣。通常传感器或执行器就是这种情况，通常后者提供大功率、高的能量增益和增益信号。

当我们将传感器模拟为一个线性增益，这个增益必须与物理系统的输入单位和输出单位匹配。例如，在音频放大器中输入信号单位通常是电压（伏特），声音信号单位是声压（帕斯卡）。

实际上没有系统是一个简单的线性增益。系统总会有操作时的物理限制。杠杆受力过大就会弯曲；扬声器的声音信号功率过大或频率过高，扬声器就会饱和以致变声；其他的影响、可能发生在信号非常小的时候。在齿轮传动系统中，当改变齿轮的旋转方向时，输出响应滞后于输入（见 3.4 节）。如果输入力矩不能克服摩擦力和齿轮传动链的静摩擦，齿轮根本不会转动。因为这些影响是重要的，他们当然应该成为模型的一部分。当我们将一个特定的系统考虑成线性模型，这表明假设系统/模型的信号没有那些复杂的情况。

线性系统具有两个重要的特性：立即性（无记忆）和线性。

5.5.2　传输延时

另一种经常遇到的现象就是延时（见图 5-4b）。我们听到的声音是一种从声源传到人耳的压力波，这需要时间（距离除以声速）。

如图 5-6 所示的传送带，原材料——黏土和石灰从料斗中流出，然后通过传送带传输到磨机。很显然，此时进入磨机的原材料是一段时间以前从料斗中流出的原材料。

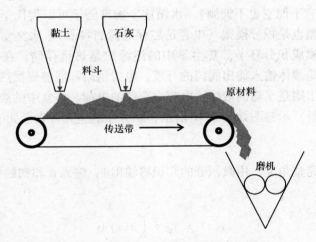

图 5-6　原材料传送带，传送时间延迟

一种简单的表述形式：

$$y(t) = u(t - \tau) \tag{5-1}$$

输出信号是输入信号的时间单位 $\tau > 0$ 的延迟。延迟系统是动态的，严格串

联的，线性的系统。将以上方程重新表示为

$$y = \Delta_\tau u \tag{5-2}$$

我们可以将其读成输出 y 等于输入 u 延时了时间 τ，Δ_τ 是延时因子。当输入是一个纯正弦信号时，延时系统的输出信号是一个与输入同周期、同幅值且不同相位的信号，相对于输入的相位偏移与脉冲和时间延时成正比。延时并不影响信号的幅值。表示如下：

$$u(t) = U\sin(\omega t) \rightarrow y(t) = U\sin(\omega(t - \tau)) = U\sin(\omega t - \omega \tau)$$

延时系统一个有趣的性质是它可以改变信号的正负性，在之前的方程里，如果输入的周期是延时的两倍 $2\tau = 2\pi/\omega$，输出将与输入相位相反，就是 $y(t) = -u(t)$。

5.5.3 积分器

另外一种易理解且实际中常用于物理系统建模的模型就是积分器模型。在第 2 章中，我们知道积分主要的作用是保持和储存。一个简单的物理例子是水箱（或者厕所的水箱，如图 1-2 所示）。蓄水量表示输入水流和输出水流变化的总和。在这里，水箱的液面高度是一个重要变量。假如在时刻 0 时，我们开始向水箱注水，那么时刻 t 的液面高度取决于 $(0, t)$ 时间段内输入输出水流量和初始液面的高度。所以，我们说水箱有记忆，这也称为水箱的状态。事实上水箱的容量有限，比空的还少或者比满的还多是不可能的。积分模型是这样水箱的抽象，它没有极限（它不能空也不能满）。水箱这个物理例子可以类比于电力工程中的电容，它的模型也是积分模型（电容是贮存电荷的容器）。水文学中的蓄水池或浴盆也可以建模成积分环节。热力学中的绝缘炉是热量存储。在以上这些例子中，输入分别是液体输入输出阀门的开度、电力供给和能够提供热量的冷热液体的热交换，输出则是水箱的液位、电容中存储的电荷、浴盆中的液体体积和绝缘炉中存储的热量。示意图如图 5-4c 所示，积分器的运算符表示如下：

$$y = \int u \tag{5-3}$$

从数学的完整角度，用微积分的知识将输出 y，输入 u 和初始条件 y_0 写成积分器为

$$y(t) = y_0 + \int_0^t u(s)\,\mathrm{d}s$$

或者$^{\ominus}$

$$\dot{y}(t) = u(t),\ y(0) = y_0 \tag{5-4}$$

$\ominus$　我们用符号 $\dot{y}(t)$ 表示信号 $y(t)$ 相对于时间的微分，也可以表示成 $\mathrm{d}/\mathrm{d}t\,y(t)$ 或者 Dy。

后一个等式可以理解成输出的导数等于输入，或者输入的积分是输出（当然这也是前一个等式描述的思想）。为了使输出唯一，我们还在给定的时间点赋予输出一个值（这也称为输出信号的初始条件 y_0）。使用微分的表达（等式5-4）非常有用，在为方便计算的仿真包中也是这样使用的。

积分器很显然是串联的，当前的输出和状态只取决于过去的输入。

积分器是时不变的。想想水箱的例子，无论是今天供水，还是明天或者昨天供水，供给水箱相同的水就会产生相同的水位变化。从方程中可以看出，只有信号本身，没有任何涉及时间的参数。

积分器也是线性的，如果 (u_1, y_1)，(u_2, y_2) 都具有积分行为，那么对于任意的常数 α，β，线性组合 $\alpha(u_1, y_1) + \beta(u_2, y_2)$ 也具有积分行为。又例如下面的例子（注意初始条件！）。

假设一个正弦输入 $u(t) = A\sin(\omega t)$，初始条件为 $y(0) = y_0$，则

$$y(t) = y_0 + \int_0^t u(\tau)\mathrm{d}r; \rightarrow y(t) = y_0 + \frac{A\sin(\omega t)}{\omega} \tag{5-5}$$

含有积分器的系统具有以下性质：

1）积分器具有记忆功能，为了知道未来的输出，需要知道现在的输出和到将来输出的那段时间，而且积分器有初始条件。因此，当前的输出值充当积分器系统的一个状态变量。

2）积分器的零输入响应是一个常值信号。所以积分器可以看作是一个常值信号发生器。

3）积分器的常值输入响应是一个斜坡信号，所以零输入时，两个积分器串联可以看作一个斜坡信号发生器（见4.2.1节）。

4）积分器的响应由两部分组成：一部分是初始条件 $x(0)$ 的响应，另一部分是输入 $\int_0^t u(\tau)\mathrm{d}\tau$ 的响应。

5）积分器在 t 时刻的响应是否已知取决于在 t 时刻以前（不包括 t 时刻）的输入是否已知。

6）积分器是线性的，时不变的，严格串联的系统。

7）让初始条件为0，或者说是只考虑由输入产生的响应。通过式（5-5）的正弦输入，我们可以知道：

① 输出与输入的脉冲相同，这个性质对所有线性系统都适用。

② 输出的幅值从 A 变为 A/ω，输入变化的越快，ω 就越大，响应的幅值就越小。我们称积分器拥有低通特性。如果输入的频率增加10倍，它的增益就会减小为原来的1/10，通常被表示为减小 $20\mathrm{dB}^{\ominus}$。

　⊖　当用 dB 表示时，增益 K 可表示为 $20\log 10K$。dB 是分贝的缩写。

③ 输出的相位从 0 变为 −（π/2），称输出较输入滞后了 90° 或 π/2 弧度。

5.5.4 反馈环的积分器

如图 5-7 所示，负反馈环内含有积分器，在第 2 章以及 1.2 节里，我们曾经遇到过这种系统。这种系统都有良好的特性。

图 5-7 积分器连接反馈增益等价于右面的输入输出表示方式

弄清输出 y 与外部输入 r 的关系非常具有指导性。结构图如图 5-7 所示，告知了以下的关系。从框图中的求和点出发。积分器的输入 u 是外部信号 r 与增益模块的输出 Ky 的差，即 $u = r - Ky$。积分器的输出是 $y = \int u$，我们将这里的 u 用前面的表达式替换，所以 $y = \int (r - Ky)$。因为系统是线性的，所以 $y = \int r - \int Ky$ 或者 $(1 + \int K)y = \int r$，也可以写成 $y = (1 + \int K)^{-1} \int r$。我们认为 $(1 + \int K)^{-1}$ 是 $(1 + \int K)$ 的逆操作⊖。

因此，图 5-7 可以表示为一个带有 $(1 + \int K)^{-1} \int$ 环节的线性系统，只要 $K > 0$ 就能保证系统有良好的特性（见图 5-14）。这些简单的操作能使我们去掉反馈环。所以用化简的知识去计算每个子系统，很容易用一个环节表示整个系统。

5.6 线性系统

与位于闭环、增益、延时系统里的积分器相似，积分器能够通过连接表示一系列诸如线性、串联和时不变等动态特性。令人惊奇的是大部分系统都能够近似地被建立成这类模型。即使当系统含有明显的非线性行为，我们也可以通过假设输入信号足够小获得一个近似线性模型。

⊖ 这是一个具有启发性的表示。假设算子 P 表示输入 u 到输出 y 的映射。如果算子 P 有逆，就是将输出反映射到输入，即 $u = P^{-1}y$。所以 P 的逆记成 P^{-1}。当然，应用逆的时候要小心。

最终，线性系统的模型被表示为一组 n 阶线性定常微分方程（或者是离散的微分方程）：

$$\dot{x}_i = a_{i1}x_1 + \cdots + a_{in}x_n + b_{i1}u_1 + \cdots + b_{im}u_m \tag{5-6}$$

式中，u_j；$j = 1, 2, \cdots, m$ 是系统的输入，它可以被表示成矩阵的形式：

$$\dot{x} = Ax + Bu; y = Cx + Du \tag{5-7}$$

式中，y 代表一组输出变量，x 是由全部 x_i 构成的状态向量，u 是由全部输入 u_j 构成的输入向量，系数矩阵 A，B，C，D 将所有的系数 a_{ij} 和 b_{jk} 以二维的形式表示。

基于系统的结构和输入输出的操作模型，我们可以很容易地推导一个全局的系统操作模型，比如黑盒子。出于以上的目的，我们将运用在 1.3 章节中曾经提到过的与框图相关的代数知识去解决这类问题。

5.6.1　线性模型

黑盒子模型，一般也被称为输入输出模型，它表示系统中元件信号的处理方式。当我们讨论的是特殊的线性时不变系统时，这些元件也是线性的，而且能够利用框图知识快速地将它们与其他元件连接。

使用像我们在前面章节使用的积分器符号，连续的系统两种主要操作可表示如下：

（1）传递函数

考虑这样一个系统，系统的输入 $u(t)$（拉普拉斯变换是 $u(s)$）和输出 $y(t)$（拉普拉斯变换是 $y(s)$）（见 4.3 节），初始条件为 0，输出的拉普拉斯变换和输入的拉普拉斯变换成比例关系。在复频域中，输入与输出之间的因子就是系统的表示符号：

$$y(s) = G(s)u(s) \tag{5-8}$$

一般被称为系统传递函数，在框图中，我们通常在方框中填写 $G(s)$，从而代表系统⊖将输入乘以传递函数就可以得到输出（当然是在复频域）。

这说明了复频域的作用，时域的积分仅仅是频域的代数计算。

具体来说，对于积分器，如果我们将拉普拉斯变换的性质（见 4.3 节）用于式（5-4），可表示为（假设 0 初始条件）：

$$sy(s) = u(s); \text{or } y(s) = \frac{1}{s}u(s); \text{or} \int = \frac{1}{s} \tag{5-9}$$

微分用 s 表示，积分用 s^{-1} 表示。积分与微分互逆。利用 s 表示微分的方法和方框图的变换规则非常有助于解释为什么线性系统的输入与输出之间可以用符

⊖　对于有 5-7 表达式的线性系统，相应的传递函数可以表示为 $G(s) = C(sI - A)^{-1}B + D$，在这里 $^{-1}$ 表示矩阵的逆。

号 $G(s)$ 连接。

（2）频域响应

当输入是正弦函数时，我们很想知道线性系统的输出是什么，即 $u(t) = U_0\sin(\omega t)$，在稳态下输出⊖是与输入有相同的脉冲，不同幅值和相位的正弦函数，即 $y(t) = Y_0\sin(\omega t + \phi)$。输入与输出的关系可以通过一个复数函数 $G(j\omega)$ 表示，$G(j\omega)$ 的模和辐角为：

$$|G(j\omega)| = \frac{Y_0}{U_0}; \angle G(j\omega) = \phi \qquad (5\text{-}10)$$

因此，对于任意一个 ω_1，$G(j\omega_1)$ 使输出相对于输入的增益和相位发生变化。如果输入是正弦信号的指数形式，那么可以很容易得到 $G(j\omega_1)$。假定输入为⊖ $u(t) = Ue^{j\omega t}$，系统的（稳态）输出为

$$y(t) = UG(j\omega)e^{j\omega t} = U|G(j\omega)|e^{j\omega t + j\angle G(j\omega)}$$

符号 G 表示拉普拉斯变换，这表明传递函数与频率响应特性之间有特殊的关系，事实上是：

$$G(j\omega) = G(s)\big|_{s=j\omega} \qquad (5\text{-}11)$$

传递函数运算符
在一个线性时不变系统中，传递函数运算符为线性系统提供了一种频域范围内的代数表示法。频域范围内的系统响应 y 是传递函数 $G(s)$ 和系统输入 u 的乘积，即 $y = G(s)u$。在正弦稳态情况下，输入为 $u(t) = Ue^{j\omega t}$，则输出响应为 $$y(t) = G(j\omega)Ue^{j\omega t}。$$ 通过例子，我们给出一个微分方程格式的过程模型： $$\frac{d^2y}{dt^2} + 2\frac{dy}{dt} + 10y = \frac{du}{dt} + 5u \qquad (5\text{-}12)$$ 假设零初始条件下，应用拉普拉斯变换的结果是： $$(s^2 + 2s + 10)y(s) = (s + 5)u(s)；或者表达为 G(s) = \frac{s+5}{s^2 + 2s + 10}$$

5.6.2　线性系统的框图联结

线性时不变系统 I/O 操作器的主要优势点就是可以方便地建立复杂系统的模型、处理框图的变换。这一切都源于一个事实，即线性系统保留了输入的频谱内

⊖　如果系统是稳定的，一段时间后暂态响应就会消失。

⊖　几乎任何信号（第 4 章）可以表示成正弦信号的组合。

容，由于是线性的，所以我们可以分别处理每一个输入的频谱。有了传递函数模型，线性系统就可以用方框图相乘表示。

在这种情况下，图、表、框图不只是作为建立交流系统结构的有力的工具，还是一种可以帮助我们迅速了解识别输入输出关系的计算工具，至少在传递函数操作器里，在频域范围内是这样。方框图的变换可以让我们以相对于复杂的积分，在图表里面的操作器可以更直观地表示更复杂的系统的运算地表示出来。

方框图主要有以下三种结构：

1）串联：对于两个相串联的系统 G_1 和 G_2，表示二者相乘：$G = G_1 G_2$，如图 5-8a）所示。

2）并联：对于两个相并联的系统 G_1 和 G_2，表示二者相加：$G = G_1 + G_2$，如图 5-8b）所示。

3）（负）反馈：系统 G_2 作为 G_1 的负反馈，如图 5-8c 所示。即

$$G = G_1 / (1 + G_1 G_2) \tag{5-13}$$

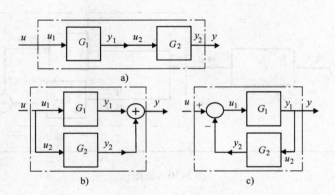

图 5-8　方框图举例

a）串联或级联连接　b）并联连接　c）负反馈

这些结构与前面提到的连接的结构相同。如图 5-9 所示。

系统由三个连接的部分构成，每一个部分都含有一个积分器和一个增益，基于前面（图 5-7）的推导，我们可以很容易地分别写出三个部分的输入输出传递函数：

1）部分 1 的传递函数：$E_1(s) = (1 + K_1/s)^{-1}(1/s) = (s + K_1)^{-1}$；

2）部分 2 的传递函数：$E_2 = K_2/s$；

3）部分 3 的传递函数：$E_3 = (s + K_3)^{-1}(K_3)$。

因此，可以简化成如图 5-10 所示的框图。

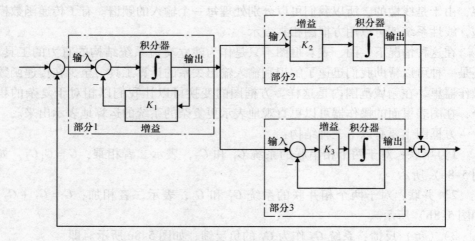

图 5-9 表明组成结构和内部关系的系统结构图

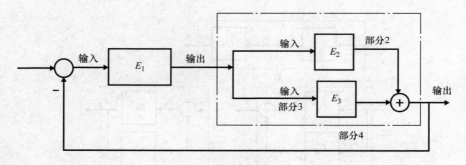

图 5-10 框图

化简 1 和 3 部分的反馈回路后，系统的内部结构如图 5-9。部分 2 和 3 是并联的，它们的总传递函数是两者的和，将它们连接后的部分称为成为部分 4。部分 4 的传递函数可写成 $E_4 = E_2 + E_3 = K_2/s + K_3(s + K_3)^{-1}$。如图 5-10 所示，部分 4 与部分 1 串联，所以这个串联连接的传递函数是两者的乘积，

$$E_4 E_1 = (K_2/s)(s + K_1)^{-1} + K_3(s + K_3)^{-1}(s + K_1)^{-1}$$

这些连接还都在一个反馈回路中，所以输入输出的传递函数是 $(1 + E_4 E_1)^{-1}$ $E_4 E_1$。通过一些代数知识，我们可知

$$G(s) = \frac{K_2(s + K_3) + K_3 s}{s(s + K_1)(s + K_3) + K_2(s + K_3) + K_3 s}$$

或者以 s 降幂排列成：

$$G(s) = \frac{(K_2 + K_3)s + K_2 K_3}{s^3 + (K_1 + K_3)s^2 + (K_1 K_3 + K_2 + K_3)s + K_2 K_3}$$

将 $s = \mathrm{j}\omega$，带入，就可得到频域响应。

5.7　系统分析

我们一旦得到了系统的模型，就可以分析系统的性质。任何的模型都具有有限的有效性。建立模型时进行的近似是模型不可分割的一部分。对系统的典型分析包括在不同输入信号下输出的估计。

当整体系统是线性的时，系统的零输入分析是非常重要的，零输入分析可以告知系统是否是适当的。对于一个适当的线性系统，在零输入状态下系统所有的输出都是有界的，甚至是趋近于零的。这种适当的系统称为稳定系统。下一章，我们将会更详细地研究这个概念。

5.7.1　时间响应

一般情况下，了解一个系统需要分析系统在不同输入下的行为。被用于系统分析环节的典型信号（除正弦信号）是常值信号或阶跃信号。另外，我们还可以用斜坡信号和脉冲信号。脉冲信号是用于激励一个系统的信号，总体上是 0，只是在很短的时间内突然给系统一定量的能量。

输出响应具有一些代表性的特征，如图 5-11 所示。

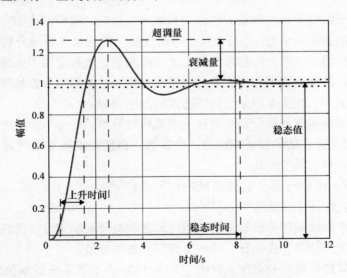

图 5-11　阶跃响应的特性

其中大多数的特征都是从线性系统分析移植过来。这些特征值能够比较的性质使它们得到了广泛地应用。其中一些普遍的性质包括：

1）稳态：输出最终或者一段时间稳定的常值，或者输出最终到达一个周期函数。

2）上升时间：输出从达到稳态值的10%变化到90%的时间。如果输出能够到达稳定状态，它是一个重要的特征。

3）稳态时间：输出到达与稳态值的差值小于1%的时间。

4）超调量：输出值与稳态值的最大偏离。

5）下冲量：输出值与稳态值反方向的最大偏离，这个值有的时候不存在。

6）衰减量：当输出出现震荡时，连续两次峰值的差。

由于不可能考虑所有的输入及相应的输出响应，所以在研究系统时，主要从几个代表性的输入入手，当然这是建立在我们知道如何分析输入的基础上。根据第4章学到的关于信号的内容，这是一个完全可行的方法。

5.7.2 频域

研究线性系统时，通常用正弦信号作为输入。为了描述输出跟踪正弦输入信号的特性，我们需要考虑在每拍内输出的幅值和相位的变化。另外，由于任何信号都可以近似成多个正弦信号的总和，这一条件使我们能够充分地了解大多数的线性系统（要记住所有输出作用时的响应等于每个输入单独作用时响应的总和）。

这种对于线性系统的分析方法称为频域响应分析。这种方法能在控制工程领域广受欢迎的原因是伯德⊖工程设计工作的成功。伯德基于频域分析的理论，给出了一系列的设计方法，包括放大器、滤波器和第一次被应用于无线通信网络的反馈补偿器。波德研究工作的主要后续影响是他通过波德积分方程描述了在什么样的基本限制下，线性反馈系统能够达到的预期目标。

例如：增益系统和积分系统的频域响应相当简单：

1）简单增益系统的频域响应是一个常数，也就是说增益系统对于任何频域都没有相位转移和幅值变化。

2）对于一个积分器，它的频域响应写成 $G(s)|_{s=j\omega} = 1/(j\omega)$，其相位恒为 -90，其增益与频率成反比。

另外一个频域响应分析非常受欢迎的原因就是频域响应可以很好地通过图像展示出来，便于计算。在今日，这些工具只有教学价值。

频域响应的伯德图和奈奎斯特图（式5-10）表示了系统的幅值和相位的变

⊖ 亨德里克波德，1982.6.21－1905.12.24，美国。他是一名电气工程师，他的电力网络和反馈分析是特别著名的。基于对他的奠基性的贡献的认可，IEEE 控制系统学会设立了波德奖，以奖励每年在控制系统研究方面做出突出贡献的学者。

化，奈奎斯特图（见图 5-12b））仅仅是频域响应（对所有时域的 ω，在复平面点的集合 $G(j\omega)$）的极坐标表示。如图 5-12b 所示，增益 $|G(j\omega)|$ 和相位 $\phi(j\omega)$ 都是针对具体频率 ω 画出的。伯德图（见图 5-12a）将增益和相位在频域表示出来。画幅频特性的时候，频率的坐标单位是 $\log_{10}w$，增益的坐标单位是 $20\log_{10}|G(j\omega)|$ dB。同样，相频特性绘画时相位角 $\angle G(j\omega)$ 的横坐标的单位也是 $\log_{10}w$。

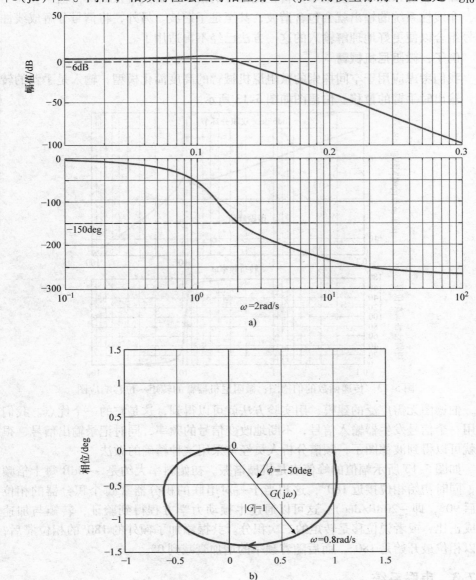

图 5-12　频率响应图

如图 5-12 中所示，有一个幅值最大值处，频率在 1rad/s 和 2rad/s 之间；频率在 2rad/s 之前，增益始终大于 1，这段频率称为系统带宽（在带宽之外，输出信号的能量比输入信号的能量的一半还少）。频率大于 2rad/s 的信号被认为被系统完全抑制，这种系统称为低通系统。

在非线性系统中，应用于分析正弦信号的谐波分析具有很高的价值。显而易见，非线性系统的输出就会包含谐波，甚至是子谐波。另外，将信号分解成线性信号组合以便更好地理解输入的这一方法已经不再适用了。

例子：微阻尼机械臂

我们考虑应用于空间探索的微阻尼机械臂的高度简化模型，输入是手臂的转矩，输出时手臂的位移。伯德图如图 5-13 所示。

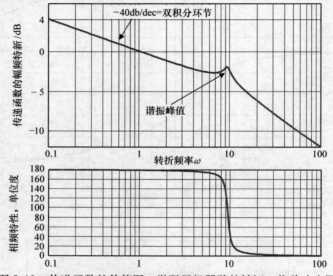

图 5-13 传递函数的伯德图：微阻尼机器臂的转矩 – 位移响应图

伯德图无需广泛的建模，用实验方法就可以得到，这是它的一个优点。我们运用一个信号发生器输入信号，不断地改变信号的频率，同时记录输出信号，很快就可以得到波德图了，频谱分析人员经常采用这种精确的做法。

如图 5-13 所示幅值的峰值表是机械谐振。初始斜率大约是 -40dB 每十倍频程，同时初始相位接近 180°，这相当于一对串联的积分器（每个积分器的相位滞后 90°，即 -20dB/dec）。这可以通过牛顿动力学方程得到验证，转矩与加速度成正比，或者说位移是转矩的二次积分。共振添加了额外的 180°的相位滞后，所以相位最开始是 180°，而后随着频率的增加衰减到 0°。

5.7.3 串联系统

在频域进行系统分析的一个好处是在分析串联系统时变得非常简单。事实上，我们已经知道串联系统的传递函数相当于每个子系统的传递函数相乘。

当分析一个环路的性质时，所有的部件都是串联的。因此，串联系统的总增益（dB）相当于各个增益的乘积（或者是分贝的相加），总相位相当于是各个相位的总和。

5.7.4　积分器串联且加反馈

在前面的 5.7 中例子已经介绍了带反馈的积分器。如果是正反馈（$K<0$），响应将变得离谱。很显然，积分器积累输入，正反馈下输入变大，导致积分器更大，如此循环是不稳定的行为（将在第 6 章讨论）。在物理世界中，这类情况一定会有不良后果的，通常情况下是积分器饱和（溢出，爆炸或者类似的情况）。这类问题如图 5-14 所示。

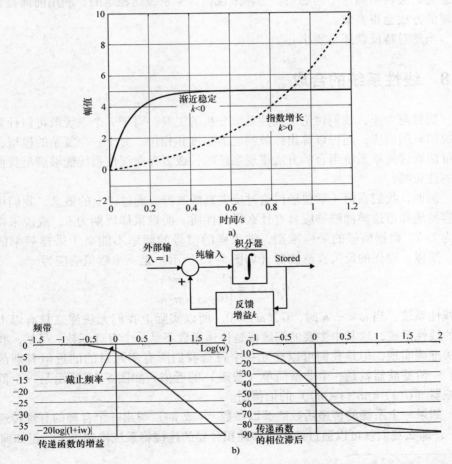

图 5-14　积分器加反馈：a）正反馈和负反馈的阶跃响应　b）负反馈的频率响应

相反，具有负反馈的单个积分器则具有很好的特性。系统由单位负反馈回路中的积分器组成，其波德图如图5-14b）所示，在低频段增益是一致的（0dB），超过了截止频率（转折频率）后，增益以 $-20\mathrm{dB/dec}$ 的斜率下降。

在一个负反馈环里，两个积分器会产生自发振荡。无需任何输入激励，只要其中一个积分器在非零的初始条件下，输出就会产生振荡，这类系统被称为谐振系统。当输入频率与系统振荡的频率相匹配时，输出就会无限增长。输入很小，输出扩增的系统就是近似采用这类系统，例如钟摆。

在一个反馈环（正或负）的三个积分器则产生指数型的振荡，这是不稳定的响应。

这些例子说明了系统连接时会遇到一些麻烦，在我们讨论稳定性和灵敏度的概念时，会再回到这个问题上。总体来说，如果系统是稳定的，利用前面提到的频域的方法会很奏效。

当然对待反馈还是要小心。

5.8　线性系统的合成

到目前为止，我们讨论了线性系统分析的工具。对于一个系统既可以计算出系统的时间响应，还可以算出频域响应的幅度和相位。对于一个复杂的模型，我们可能通过简单系统组合的方法重现系统吗？或者存在线性系统能够满足我们期望的性质吗？

例如，我们在第4章曾经讨论过反失真滤波器。通过以上的概念，我们可以很容易地知道这类滤波器应具有什么样的性质。假设采样周期为 h，或说采样频率为 $1/h$。根据信号的采样准则，被采样的信号的频率不能高于采样频率的一半。所以，理想的反失真滤波器（如图5-15所示）是一个幅值响应为

$$G_A(\omega) = \begin{cases} 1 & \omega < \pi/h \\ 0 & \omega > \pi/h \end{cases}$$

的线性系统，当 $\omega < \pi/h$ 时，$G_\varphi(\omega) = 0$。所以实际上我们无法建立具有以上性质的线性系统，这其中主要的问题就是传递函数不是一个有理函数。虽然，我们无法准确实现，但是我们可以建立一个符合我们所有实际目的的近似有理函数的。一阶滤波器就是一个非常简单（普遍）的近似。如图5-15所示是一个低通滤波器（$G(s) = \pi/(s+\pi)$）的伯德图。

如果一个系统的传递函数能够以参数 s（或 $j\omega$）写出一个合理的有理传递函数$^\ominus$，那么我们就可以通过纯增益和纯积分器的连接将系统构建出来，正如前面

$\ominus$　如果分子的阶数不大于分母的阶数，我们就说一个有理传递函数是合理的。一个多项式的阶数是表达式中最大的指数。

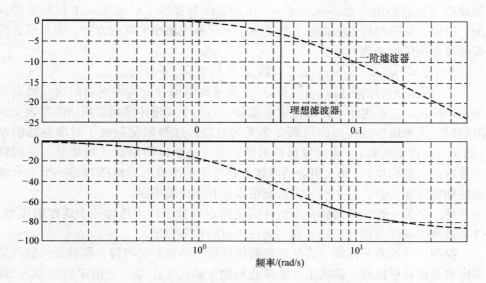

图 5-15　反失真滤波器的理想情况和实际情况

的例子一样。这可以从代数基础理论中找到依据，它指出任何含有实系数的多项式能够被分解成含有实系数的一阶和/或二阶的多项式。如图 5-9 所示的每个部分就是一阶的。

如图 5-16 所示是一个二阶系统的框图。很显然，通过一阶和二阶基本部件的适当连接，任何含有实系数的有理传递函数及其对应的频率响应都可以实现。这并不是实现有理传递函数的唯一之路。正如许多不同实现方式一样，有理函数也有许多不同的表现方式。尽管如此，通过对当前方法的观察和推断，我们可以得到一个很有意思的现象。分母阶数为 n 的有理函数需要至少 n 个积分器实现。

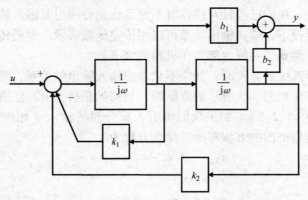

图 5-16　二阶有理传递函数频率响应的一般实现

很显然当积分器的个数不能少于 n。这种方法只提供了恰好用 n 个积分器的方法。所以，从某种程度上，该方法提供了一个系统最小实现的方法，即用最少的积分器实现传递函数的方法。

其中，$G(j\omega) = (b_2 + b_1(j\omega))/((j\omega)^2 + k_1(j\omega) + k_2)$。

还有更多组合的手段。通过积分器/增益网络组合成传递函数的这一研究称为实现理论。它在电子电路理论中很重要。当用于实现传递函数模块的参数受到限制时，这种组合或实现的问题变得尤为复杂。这种限制包含了对增益的限制（例如只允许正实数），或能量损耗限制，亦或是精度的限制（例如某一区间特定参数的离散模块）。那么组合的难题就是要用不准确的方框图构建一个十分准确的期望传递函数，这个领域仍然有很多没有解决的难题。

第二个关于合成的问题是如何在满足特定参数条件下选择一个匹配的模型。这也通常被定义为设计问题，我们会在相应的章节讨论。

控制设计的真正问题也许从观察的角度能得到更好的解释，那就是控制的全部内容是设计逆操作。事实上，如果我们期望输出 y 跟踪一个给定的信号 r，那么我们需要寻找输入 u，使其满足 $y = Gu = r$。在频域 G 只是一个简单的乘法，所以 $u = G^{-1}r$ 就是我们想要的输入。对于这种看法的问题就是可实现的传递函数的逆 G^{-1} 通常不存在。第一个原因，如果 G 是严格因果的（这是我们所期望的性质），那么 G^{-1} 就不是严格因果的，那么很显然我们不能通过因果元件构建非因果系统。也就是说，控制问题就是在一类可实现的传递函数中寻找一个关于 $G^{-1}r$ 表达式的好的（简单的）近似。这就是逆问题。这种问题是否能处理好取决于同样重要的两点：需要跟踪信号 r 的类别和传递函数 G 的特性。

5.9 线性系统的状态空间描述

到目前为止，我们已经针对线性时不变系统充分探讨其输入输出的关系。在系统稳定这一假设下，输入输出关系可以用传递函数表示。但是传递函数这种表示方法太简洁，隐藏了系统内部工作机制的细节。

然而，当写系统的方程时，如果不只考虑输入输出的关系，那么必然需要引入其他变量。考虑如图 5-9 所示的方框图，当初始条件为 0，分别定义积分器的输出变量为 $x_i(i = 1, 2, 3)$。如果我们也引入积分器的输入（相应输出的微分），就可以很方便地将框图的方程写出。那么方程为

$$\dot{x}_1 = -k_1 x_1 - x_2 - x_3 + r$$
$$\dot{x}_2 = k_2 x_1$$
$$\dot{x}_3 = k_3(x_1 - x_3)$$

这些方程描述了积分器、增益、相加点和连接。而且系统的输出是

$$y = x_2 + x_3$$

这些方程不仅包含了传递函数描述的输入输出关系，还描述了整个系统的特性。而且，它们适合计算机仿真。变量的集合 $\{x\}$ 成为系统的状态。通过这些方程能够得到传递函数。它足以取代变量 s（或 $j\omega$）构成的表达式，而且可以消去状态变量转换为传递函数模型 $G(s)$。

写下方程，消除变量，找到能够表示系统全部特性的标准方程形式，这个过程称为行为理论（Polderman and Willems 1998）。

更一般的情况，n 个线性微分方程的集合可以简化成矩阵形式。

$$\dot{x} = Ax + Bu$$
$$y = Cx + Du \tag{5-14}$$

变量 x 是一个表示状态的列向量 $(x_1, x_2, \cdots, x_n)$，系数矩阵 A 称为系统矩阵；B 是列向量 $(b_1, \cdots, b_n)$ 称为输入 – 增益向量；C 是行向量称为输出 – 增益矩阵；D 是标量表示输入对输出的直接作用。系统矩阵表现了系统的内部结构，并决定了很多基本的性质（见下章）。而输入 – 增益和输出 – 增益矩阵能够通过增加、删减、修正一些执行器（用于控制）/传感器（用于测量）来进行修改。直接耦合（D）通常为 0。从输入输出的观点看，矩阵（A, B. C, D）的集合等价于传递函数⊖。

通过状态空间模型，我们可以计算整个系统的行为。如果已知 $u(t) = 0$，初始状态 $x_0 = x(t_0)$，那么就可以计算系统状态随时间的变化，这称为系统的自由响应。在处理自治系统时，这是非常有趣的。另一方面，如果初始条件不存在，那么系统对于某给定输入的响应—动力响应是可估计的。这正是我们通过传递函数得到的系统输出。

状态变量具有以下有趣的性质：

- 记忆性：状态是过去的总结。通过过去的状态和未来的输入可以计算未来的状态。

- 动态性：输入直接影响状态向量的导数（变化），所以状态的当前值与输入的当前值无关（也不可以通过状态的定义）。

- 完整性：如果状态的当前值、输入的当前值和未来值都已知，那么我们可以计算出任何内部变量。

- 非唯一性：状态表示方法是不唯一的。给定一个状态表示，我们可以通过坐标变换（同一空间不同性质的表示），或增多变量的个数（状态向量的任意线性组合可以添加到状态中）得到一整类同等的表示，这并不改变系统的输入输出描述。

⊖　应用矩阵代数，传递函数可以直接用公式 $G(s) = C(sI - A)^{-1}B + D$ 得到

● 最小维数：状态向量具有最小维数，其他所有形式的维数都比状态空间的维数多。

通常情况下，我们可以使状态向量代表简单的物理意义。在任何的机电系统中，我们可以将状态看成是储存的能量。在机械装置中，状态可以被看成动能或势能；在电气系统中，我们将状态看成电能存储器件的电场和磁场能量。如图 2-13 所示中弹簧球的例子，如果球的位置和速度在任意给定时刻都是已知的，那么其行为可以完全确定。这两个变量被定义为状态向量，请注意这些变量表示动能和势能。这种属性同样也用于分析系统的行为。在许多其他的例子中，比如世界经济系统的描述，状态可以没有任何实际的物理意义。

5.10 谈谈有关离散时间系统的事

如今，建模，系统仿真，控制器和许多其他系统的实施多依赖于数字系统。除了介绍对于离散时间系统的建模、分析和设计中可能用到的具体技术外，我们还总结了以下主要概念，这些概念是从连续时间系统中推演出来的。

（1）离散传递函数：

我们只考虑离散时刻的系统变量，时刻用正整数 $k = 0$，1，2…方便地表示。因此，模型表示了在这些时刻不同变量之间的关系。

● 如同前面提到的增益一样，$y(k) = Ku(k)$，那么输入输出操作符或传递函数仍然是 K。

● 单位（一个采样周期）延时可以被清楚地描述为 $y(k) = u(k-1)$，其 z 变换的形式表示为 $y(z) = z^{-1}u(z)$，传递函数 $G(z) = z^{-1}$。

● 累加器（积分器）表示为 $y(k) = y(0) + \sum_{j=0}^{k} u(j)$，因此传递函数可写成：

$$y(k) = y(k-1) + u(k) \Rightarrow G(z) = \frac{1}{1 - z^{-1}} \tag{5-15}$$

基于以上基本的模型，任何线性系统的传递函数都可以表示为关于 z 的有理函数。

（2）状态空间描述

同理，离散时间系统的内部模型如式 5-14

$$\begin{aligned} x_{k+1} &= Ax_k + Bu_k, \\ y_k &= Cx_k + Du_k, \end{aligned} \tag{5-16}$$

这些等式很容易用计算机编程，如果用通用编程语言编写，代码如下：

```
repeat each period
get the new input value uk
```

update the state：xk ＜＝A＊xk＋B＊uk

compute the output：yk＝C＊xk＋D＊uk

delay until next_ period

5.11 非线性模型

当处理大部分的实际系统时，非线性总会存在于其中。化学或生物化学过程的线性是一个白色的乌鸦。大多数化学反应的基础是本质非线性的质量作用原理（洛特卡 1998；罗伯特 2009）⊖。

非线性系统的离散时间状态方程和输出方程可写为

$$x(k+1) = f(x(k), u(k), k), \quad x(0) = x_0$$
$$y(k) = g(x(k), u(k), k) \tag{5-17}$$

其中，f、g 是状态转换函数和输出转换函数。初始时刻（$k=0$）的状态为 x_0。时间用整数 k 来表示。

同样地，连续时间时，一般的状态空间表达式为（$t \geqslant 0$）

$$\dot{x}(t) = f(x(t), u(t), t), \quad x(t_0) = x_0$$
$$y(t) = g(x(t), u(t), t) \tag{5-18}$$

我们可以将非线性系统分为硬非线性和软非线性。静态非线性，如图 5-17 所示。硬非线性系统用近似线性化的方法不能处理。延时的特性表明该系统是一个硬非线性系统。软非线性系统在饱和时，可以用操作点（图中（ue, ye））附近的一些信号进行近似线性化处理。

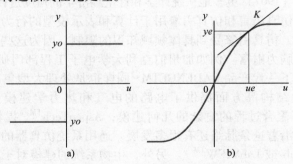

图 5-17 非线性静态增益

a）延时 b）饱和

对于非线性现象，线性系统的全部简单特点都不复存在了。输入相加作用的结果不再是分别作用结果的总和。所以，非线性系统的数学处理是更复杂的。另外，非线性是不可避免的，它们有独特的动态行为特性。所以它们可以通过设计

⊖ 两种反应物，A 和 B，在给定温度下发生化学反应的作用力与反应的质量成正比，A 和 B 都会获得特定的能量（$\alpha \, [A]^a \, [B]^b$）。

推行，就像生物学一样。对于非线性行为，其典型策略就是将其视作由许多本地行为（感兴趣信号附近的小信号）组成，这样可以应用线性技术。这是所有非线性系统仿真和分析的奠基石。

5.12　注释与拓展阅读

我们已经很好地研究了线性系统，其中有很多文字用于讨论了分析、计算表示、复杂性以及合成。输入输出、状态空间以及最近的行为框图都得到了广泛的关注，如：Wonham（1979），Brockett（1970），Kailath（1980），Kucera（1979），Polderman 和 Willems（1998），但很少被人引用。用于应对大型线性系统的计算方法也层出不穷，如 Antoulas（2005）。

对于非线性系统的描述还远没达到健全的地步，并且形式依旧如此，也就是说对非线性的定义存在概念上的缺失（引自 R. R. Bitmead 教授）。Wiggins（2003），Guckenheimer 和 Holmes（1986）和 Mees 1991 从动态系统的角度给出了介绍；Isidori（1995），Khalil（2002）和 Nijmeijer 和 Van der Schaft（1990）等从控制系统角度对非线性系统做出介绍。

如何寻找模型这类问题已经有很好的研究基础，但是却没有得到很好地解决，还有很多东西有待研究。我们大方地借用行为语言讨论建模的主要问题，这种发展源于 Willems（1970）。在计量经济学中，如何从数据获取模型是一个经典的话题，因为没有固定的定理。这类话题在系统工程领域同样存在，就是所谓的系统辨识。Ljung（1999）从时域角度进行系统辨识，Schoukens 和 Pintelon（1991）从频域角度进行。Hannan（1967）更多地从统计学和计量经济学的角度进行建模。

现在有很多仿真语言和仿真引擎用于计算和表示模型的行为。当处理真正地大型复杂系统时，仿真引擎受到具体领域知识的限制，因为这些知识是通常情况下被保护起来的脑力财富。例如加州伯克利大学电子工程部门研发的 SPICE⊖电子电路模拟器。下一代产品 CADENCETM⊜同样也是处理大型集成电路。它从设计到最后的芯片结构等方面提供了电路的电气和热力学建模。ANSYS POLY-FLOW™⊜提供了聚合过程的复杂的几何建模；AspenTech™⊕提供了一般的化学过程工程建模。沿着这条脉络还有很多发展。通用系统仿真器的语言很多，诸如Matlab™⑤，Scilab 或 LabVIEW™⑥。另外，生物系统的建模对于工程系统的发展愈发重要。生物系统建模的方法还有待研究（例如http：//www. sys – bio. org/）。

⊖　更多内容见http：//bwrc. eecs. berkeley. edu/Classes/IcBook/spice 网页
⊜　从 C（编程）到硅是他们的口号，www. cadence. com。
⊜　ANSYS 提供了有限元件建模的产品，www. ansys. com。
⊕　www. aspentech. com。
⑤　MathWorks。
⑥　国家仪器。

第6章 稳定性、敏感性和鲁棒性

实现稳定性是人类的理想，
敏感性是高响应能力的标志，
鲁棒性为我们提供了安全感，
但是，巨大的稳定性、
低级的敏感性和极端的鲁棒性
会使我们的生活变得枯燥乏味。

6.1 引言与目的

我们对系统的行为感兴趣，更详细地说，我们对改变系统的行为感兴趣。但是在我们合成我们想要的系统行为之前，我们需要分析系统的性质。

一种可行的方法就是调节参数，比如调节增益。另外一种我们可以改变系统全局行为的更有趣的方法是将我们感兴趣的系统与其他系统连接，通常我们指的是控制系统。连接的系统变成了可以控制的系统。我们的分析需要满足这两个系统。

在这一章，我们主要阐述稳定性、敏感性和鲁棒性的概念。稳定性在系统动态性研究过程中扮演着重要的角色。它的主要思想是："小的诱因永远产生小的结果"。当我们想要以一定的精准性和确定性去预测系统的未来行为时，很明显，我们期望的性质是：所有的被控系统都是稳定的。

当然，我们对"小"的定义必须非常精确，如何定义信号和系统在我们定义的稳定性中起着重要的作用。我们希望对不同的诱因和结果具有相应不同的稳定性定义。通常只考虑几个选项。

稳定性最重要的是它关系到随着时间趋向无穷系统是如何变化的。要求有因有果是连续的，但我们往往对这个性质习以为常。

首先，稳定性是定性的，然而在设计中，量化系统的稳定性是很重要的。稳定性的测量，比如系统不是稳定性时参数的变化范围，这在任何设计中都是相当重要的。因此，在系统分析中，我们要用到敏感性和鲁棒性的概念。

敏感性是测量的重要信号，如系统输入输出如何影响系统的其他外部信号（如测量噪声或执行器扰动）。如果小的噪声信号能够很大地改变输入对被控对象的作用，就称为输入对噪声很敏感，这是我们非常不愿意看到的情况。

鲁棒性表示系统参数或所处环境发生变化如何影响系统行为。一般情况下，尽管系统会改变，但我们希望系统的响应不要变化太大。

大多数自然和工程系统都会以稳定的方式运行，而不依赖于控制使其达到稳定。然而，有例外，将在下一节列出一些例子说明。在任何情况下，如果稳定性未达到预期，这也会反映在敏感性和鲁棒性中，因此需要引入控制。

本章内容如下：首先通过一些简单的例子激励与设计场景。之后从机械的角度讨论无输入系统（自治系统）稳定性的概念。从控制角度，无输入系统会很枯燥，但这是一个好的开端，然后我们将会更详细地讨论线性系统，尤其是在处理输入时，再从普遍的系统动态学的观点考虑稳定性。最后介绍鲁棒性和敏感性的概念。

6.2　举例

当我们给电枢端加电压 E_a 时，暂态过后，电动机将到达稳定的轴速度 ω。对于每个所施加的电压，都有电动机转矩 P_m 与之对应。机械负载 L 决定了最终的电动机速度。以这种观点分析电动机以稳定方式工作，如图 6-1 所示。

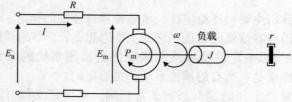

图 6-1　直流电动机

在这里将敏感性定义成多大的电压变化可以影响旋转速度呢？当小的输入电压改变就可以产生大的输出速度变化时，我们就称为敏感性很大。同样，这里还可以将鲁棒性定义成当电动机轴上的机械负载变化时，电动机的转速改变多大。当机械负载变化很大，电动机转速变化很小时，我们称为系统的鲁棒性强，这是在很多应用中需要的性质。高速齿轮传动电动机符合这种情况，其中电动机速度比输出轴速度大很多（见 3.4 节）。

在本书中，所有对稳定性、敏感性和鲁棒性的定义都只适用于有操作限制的电动机。例如，由于电动机结构中的电磁材料具有饱和效应，所以存在一个电压上限。当电压超出电压上限时，即使再增加电压，电动机转速也不会增加。更糟糕的是，当电压超出某一值时，会破坏电动机，产生难闻的气味。通常用于控制目的的系统模型只描述感兴趣的部分，这里的电动机模型只描述了这些操作限制条件下的信号。或者说模型的有效性（因此诸如稳定性、敏感性和鲁棒性这些概念的有效性）应在彻底弄清系统工作之前搞明白。

　　不是所有的系统都是稳定的，还有本质上不稳定的系统。例如，一个需要小心控制才会良好运行的不稳定的机械系统的例子就是我们的身体。我们需要控制才能保证平衡的走路姿势、站立和坐下。为了行走，我们必须学习怎样去保持我们身体的平衡，尤其是确保头部处于我们脚部的正上方。机械上（在重力存在下）我们的正上方是非自然点，非稳定位置。趴在地上我们就会很稳定，但是我们无法移动。在稳定性和动态性能之间总需要一个平衡。

　　相似的情况，不太容易控制，使你手掌中的细长棒保持竖直，就像一级倒立摆一样，如图 6-2 所示[⊖]。

图 6-2　倒立摆

　　显然还有与之相似的问题，如发射火箭。细长的火箭箭体必须通过底部的推力克服受到的重力来保持平衡，这需要仔细地控制推力的方向。

　　在一些化学过程，我们需要不稳定的平衡点（没有控制不稳定），这是因为与其他自然平衡点相比较而言。同样，在机械系统中，不稳定（当然在没有控制的系统中）也许会有极高的可操作性，因此这也是我们想要的。

　　一个不受限制的不稳定过程的后果是严重的，众所周知切尔诺贝利核电站的灾难性的事故。在低能量时，石墨的核裂变反应是不稳定的，这个反应应该稳定运行在高能量输出时。由于在低能量时缺乏正确的控制和足够的安全机制，造成

　　⊖　摘自 Quanser。

切尔诺贝利核反应堆在 1986 年 4 月发生了大型爆炸。

6.3 自治系统的稳定性

稳定性的概念最早出现在力学，当时是研究三维空间物体的运动（比如机器人或卫星的运动）。稳定性是一个依附于具体系统响应（运动）的自身属性。在特定的情况下，当有一个小偏移（位置或速度）出现时会发生什么呢？后续的变化会与未发生偏移时的响应相同吗？如果是，我们称响应（运动）是稳定的；如果不是，响应（运动）是不稳定的。

通常我们只针对特定的系统响应才讨论这个特性。有时没有混淆的可能，我们称系统是稳定的，意为系统的任何响应都具有这个性质。

考虑一个在起伏地形运动的球的例子，球在运动时受到重力和滚动摩擦力，如图 6-3 所示。这里的系统是球受到重力在地面上滚动。如果我们假设球总是贴着地面，它便具有纵向位置和速度的特性。

直观地看，山谷的最低点是个特殊点，如图 6-3 所示，就是所谓的平衡点处。

如果球最初在这个位置不动（不具有初始速度），除重力和摩擦力之外无其他力作用（表明球在水平方向的加速

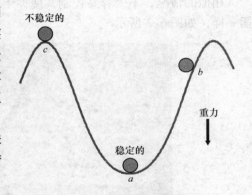

图 6-3　位于起伏地势的受重力（假设重力方向从上自下）的小球

度为 0），那么我们可以通过牛顿定律判断小球将在该位置静止。在该位置的一个小的扰动（在该位置轻轻地触碰小球或者给小球一个初始速度）不会令我们担心，球总会在该平衡点附近运动，并且最终会回到平衡位置。我们将 a 点称为稳定点。

而位于山顶端的 c 点也是一个平衡点，但是它与平衡点 a 不同。一个很小的扰动（一个水平方向的非零速度或者水平方向小的推力）都会使位于 c 点的球掉下并且远离 c 点不再回来，我们将 c 点称为不稳定点。

当小球从初始位置 b 无初速度释放，小球将会受重力作用滚下来并且在点 a 点做往复运动。因为小球受摩擦力，所以将会停在 a 点。我们说 a 点是一个稳定的吸引平衡点。显然 a 点只是一个局部的稳定点。事实上，如果我们给球一个足

够大的初速度，那么球将会经过 c 点永远不回来。

球的轨迹在水平 x 轴的投影将会很大程度上取决于球和滚动地面之间的摩擦因数。球轨迹可能是摆动的；如果摩擦力小，球的轨迹是阻尼振荡的；如果球滚动时损失很大能量，球的轨迹也可能不是摆动的。如图 6-4 所示。

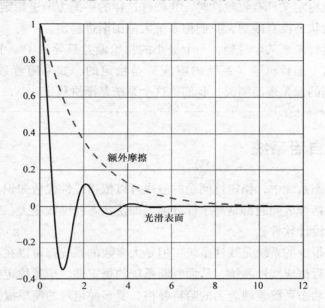

图 6-4　从同一点出发受到不同摩擦力的小球的轨迹

稳定性（不稳定性）是一个局部的属性，是对小球在特殊位置（这里是平衡点）运动行为的定性描述。它考虑了小球未来的运动，所以从时间的观点看，它是一个全局的属性，这使得稳定性很特别。从这个例子可以看出，稳定性在运动空间是一个局部的属性，因为小球有很多具有不同稳定性质的平衡点。

平衡点 a 有较强的稳定性。首先，可以在初始点施加扰动，给小的初始速度或给小的推力使球到达 a 点的附近。无论任何情况，小球会在 a 点附近运动，轨迹最终都会收敛于 a 点。这样的平衡点称为渐进稳定点。渐进稳定点不仅需要平衡点是稳定的，还能够吸引在附近运动的物体运动到该点。

自治系统的稳定性
考虑一个动态系统，即描述系统中所有可能的初始条件的响应集合。 平衡指的是不变的响应。 如果在任意接近平衡的初始条件下，相应系统轨迹在未来任何时刻都与之

接近，那么我们认为平衡就是稳定。

如果在任意接近平衡的初始条件下，随着时间的推移，相应系统的轨迹收敛于平衡态，那么我们称这个平衡态是具有收敛性的。

当平衡既稳定又具有收敛性时，我们称这样的平衡为渐进稳定。

如果初始状态没有限制，我们称系统大范围渐进稳定。

在系统运行未来某个时刻，一个极小的初始偏差只导致了一个极小的运行偏移，那么这个运行轨迹（系统的响应）是稳定的。如果随着系统性能的增加，之后时刻的偏差逐渐消失，我们称这个系统是渐进稳定。

6.4　线性自治系统

在线性动态系统中，稳定性问题的解决可以依赖线性代数知识。大多数的稳定性问题，包括合成问题都是易于计算的，即使状态的维数很大。我们拥有大量的计算机辅助设计软件。

尽管只有很少的系统是线性系统，但是大多数的系统都可以在我们感兴趣的操作范围内被近似成线性系统，从而判断系统的稳定性。毕竟稳定性是一个局部特性，这是对动态系统领域著名的哈特曼格·罗布曼定理的简单概括。此外，控制领域代表性的目的是通过建模将系统控制在我们期望的行为。很明显，好的表现意味着被控制的系统与我们期望的目标接近。线性系统通常可以很好地近似与期望行为的偏差。

考虑最简单的自治系统模型：

$$x(k+1)=ax(k), k=0,1,2,\cdots \qquad (6-1)$$

$x(k)$和a是标量。a称为极点或系统的特征值，通过简单迭代计算可以很容易解的集合：

$$\{x(k)=x_0 a^k \quad k=0,1,2,\cdots\}$$

式中，$x(0)=x_0$是初始状态。

很明显$x_0=0$是一个平衡点。

在$|a|<1$时，即极点的模小于1时，这个平衡点是一个全局渐进稳定点，同时所有解都接近平衡点，并且随时间收敛到该平衡点。

在$a=1$或$a=-1$时，平衡点是稳定的，但不是吸引的。当$a=1$时，所有的解都不变，初始时刻离平衡点近的点始终都近，很明显没有办法使它们离平衡点更近。当$a=-1$时，除了平衡点外所有的解随时间跳变：$x(0)=x_0$，$x(1)=-x_0$；

$x(2) = x_0$，继续下去，很明显平衡点是稳定的，但是解并不收敛到平衡点。

如果 $a < -1$ 或 $a > 1$，那么平衡点是不稳定的，所有的解（除了在平衡点的解）将会随时间发散。

利用 z 变换知识，式 6-1 可以写成

$$zX(z) - x_0 = X(z), \quad \text{or} \quad X(z) = \frac{1}{z-a}x_0 \tag{6-2}$$

算子$^{\ominus}$ $1/(z-a)$ 决定了系统的稳定性。

6.4.1 一般的时间$^{\ominus}$离散自治线性系统

一般的离散时间自治线性系统可以被分解为类似式 6-1 的一组一阶方程，其中变量为 x_i，$i = 1, 2, \cdots, n$。很显然，在这种情况下，系统具有 n 个极点或 n 个特征值。

另一个一般的离散时间自治线性系统的无输入模型类似等式 5-16：

$$x(k+1) = Ax(k), \ k = 1, 2, \cdots \ x(0) = x_0 \tag{6-3}$$

式中，$x(k)$ 是 k 时刻的状态向量，A 称为系统矩阵或系统转移矩阵。

在平衡点 $x = 0$ 处的稳定性可以通过系统矩阵 $A^{\ominus}$ 的 n 个特征值判定。矩阵 A 的所有特征值的模小于 1 是保证稳定性的充要条件。

如图 6-5 所示，许多特征值随时间的位置展示了稳定和不稳定行为。

线性系统的另一种表示方法是线性差分方程：

$$y(k+n) + \alpha_1 y(k+n-1) + \cdots + \alpha_n y(k) = 0 \tag{6-4}$$

或者其 Z 变换形式

$$(z^n + \alpha_1 z^{n-1} + \cdots + \alpha_n)y(z) = 0 \tag{6-5}$$

其稳定性由特征方程的根或极点 a_i 决定：

$$z^n + \alpha_1 z^{n-1} + \cdots + \alpha_n = \prod_{i=1}^{n}(z - a_i) = 0 \tag{6-6}$$

如果 $|a_i| < 1$，$\forall i$，那么系统是稳定的。也就是如果系统每个极点的绝对值都小于 1，那么系统就是稳定的。这些极点都是复数，如果所有极点均在复平面的单位圆内，系统稳定。

$\ominus$ 通过定义可得序列 $x(k)$ 的 z 变换是 $\sum_{k=1}^{\infty} x(k)z^{k-1}$。$x(k)$ 的解的简化形式是 $\sum_{k=1}^{\infty} a^{k-1}x_0 z^{k-1} = 1/(z-a)x_0$。

$\ominus$ 第一次阅读时这部分可以跳过。

$\ominus$ 如果存在非零 ξ 使得 $\lambda\xi = A\xi$ 成立，其中 λ 为标量，我们称 λ 为矩阵 A 的特征值。特征值可以是复数。选择 ξ 为初始条件，那么解为 $x(k) = \lambda^{k-1}\xi$。很明显，当特征值 $|\lambda| > 1$ 时平衡点不可能稳定。

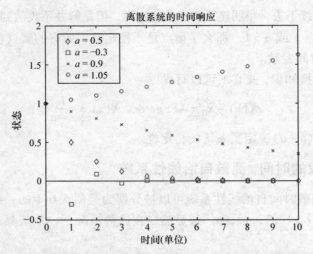

图 6-5　系统矩阵 A 特征值的位置可以判定线性离散时间系统的稳定性

6.4.2　时间连续线性系统

对于一个时间连续的一阶自治（没有输入）系统，类似于公式 6-1，它的模型可以写成

$$\frac{\mathrm{d}}{\mathrm{d}t}x(t) = \dot{x}(t) = ax(t), \; x(0) = x_0 \tag{6-7}$$

这个模型已经在式 4-3 中处理指数信号时介绍过了，我们都知道这个方程的解，在初始条件为 x_0 时，系统轨迹为

$$x(t) = \mathrm{e}^{at}x_0$$

很显然 $x_0 = 0$ 是一个平衡点，为了使这个平衡点是（全局或渐近）稳定点，极点 a 必须是负数。否则系统将以指数发散。

通过拉普拉斯变换$^\ominus$，方程 6-7 可写为

$$sX(s) - x_0 = X(s), \; \text{or} \quad X(s) = \frac{1}{s-a}x_0 \tag{6-8}$$

同样，系统算子 $1/(s-a)$ 决定了系统的稳定性。

对于一般的时间连续线性系统，其模型可以被分解为类似式 6-7 的一组一阶方程。系数 a_i 称为系统的极点或特征值，它们是决定系统稳定性的条件。这时算子 s 由有理函数 $1/(s-a_i)$ 组成，其分母 $(s-a_1)(s-a_2)\cdots(s-a_n)$ 定义为系统的特征多项式。

系统算子决定了系统的稳定性。因此，当传递函数的极点严格分布位于复平面的左半部分（实部为负数）时，系统是稳定的。如图 6-6 所示，许多特征值

$\ominus$　拉普拉斯变换的性质见式 4-12。

随时间的位置展示了稳定和不稳定行为。

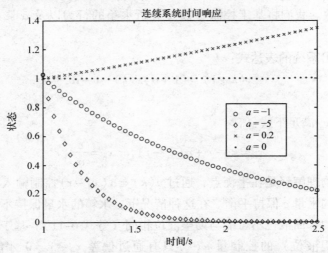

图 6-6 在不同的系统矩阵 **A** 特征值下的线性连续时间系统的稳定性

6.4.3 稳定性的探索

在设计控制系统时，需要满足的最低标准就是稳定性。因此，理解稳定性属性与系统参数的关系是非常重要的。稳定性是一个敏感的属性吗？参数中的一些变化会导致系统稳定性的改变吗？小球在山谷中运动的例子说明这可能不是问题。另外，如果系统是不稳定的，控制的主要目标就是使不稳定的系统变为稳定的系统（就是我们必须对原来山峰的位置进行改造）。当参数变化时，系统的某部分可能从稳定的变成不稳定的。这是为什么，当系统参数变化时对于特定系统究竟发生了什么，这是分岐理论的内容。通常情况下系统行为曲线会随着参数变化光滑地变化，除了一些参数的特殊组合。在这样的分岐点附近，诸如稳定性这样的定性属性会突变，这是因为均衡会以一定的方式创生、消失、交互。

1. 一个例子

我们回忆一下第 2 章水箱的例子，具体可以参考 2.4.4 节。

一个水箱可描述为

$$x(k+1) = x(k) - c(k) + u(k) \; ; \; u(k) = \alpha(x(k) - r) \tag{6-9}$$

式中 $x(k)$——在 k 时刻的水的体积。

$c(k) \geqslant 0$——从 k 到 $k+1$ 时刻水箱流出水的体积。假设它与水箱中水量无关。

$u(k)$——从 k 到 $k+1$ 时刻流入水箱水的容积。

$r > 0$——水箱的给定容积。

α——根据水箱中水容量调节的控制参数[注]

[注] 这种控制叫做比例控制，将会在第 10 章说明。水箱的进水量和水箱中水量与期望水体积之差成正比。

假设一个采样周期水箱流出水的体积 $c(k) = c > 0$ 是常数，水箱的期望水体积 r 也是常数。我们将基于控制参数 α 分析水箱的行为以及 α 影响系统动态的方式。

再次写出系统的表达式：

$$x(k+1) = (1+\alpha)x(k) - c - \alpha r \tag{6-10}$$

平衡点

平衡点 x_e 满足下式：

$$x_e = x_e - c + \alpha(x_e - r), \text{or } x_e = \frac{c}{\alpha} + r \tag{6-11}$$

上式的物理解释是在平衡点，通过 $u(k) = \alpha(x_e - r)$ 控制输入水箱的水量能与流出水箱的水量 c 保持平衡。在这种情况下，水箱的水量保持不变。注意这意味着平衡时的水面液位不可能与期望液位相同（等式6-11）。基于反馈（水箱液位相对于期望液位）的控制量 $u(k)$ 只有通过偏差 $x_e - r \neq 0$ 才能进行正确的控制。

式（6-10）可写成另外一种等价的形式：

$$(x(k+1) - x_e) = (1+\alpha)(x(k) - x_e) \tag{6-12}$$

这种形式可以清晰地展示出水箱中水体积与平衡点偏差的变化。

2. 设计问题

设计问题是：什么时候平衡将会是稳定的？我们怎样选取参数 α，才能保证系统的稳定性，同样使水箱中的水体积收敛至给定值⊖？

要想使平衡点 x_e 收敛至目标值 $r > 0$，需要将 α（或正或负）设得很大，但是为了稳定，线性系统（式6-12）的极点 $1+\alpha$ 必须小于单位值，这限制了 α 的范围，见6.4节。

$$0 > \alpha > -2$$

稳定性的条件是负反馈 $\alpha < 0$。如果水的体积太大了，比如 $x(k) - r > 0$，那么当 $\alpha < 0$ 时 $u(k)$ 会使水流出水箱。

一种非常特殊的情况，称为"死拍"控制，就是指在 $\alpha = -1$ 时，经过第一拍之后系统就达到平衡。

如图6-7所示画出了当 $\alpha = -1.5$ 时水位的轨迹。α 值不同时，图类似。在图中，α 值的变化可以通过非对角线的斜率反映出来（这可以当做一个练习）。

⊖ 实际我们有两个问题，但是只有一个自由度可以控制，这意味着我们要在两个目标之间权衡。

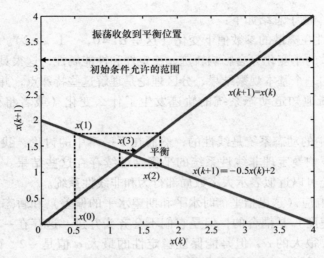

图 6-7　$-1 > \alpha > -2$ 时水位振荡行为

3. 分区

这个例子的重要之处是说明了如何通过反馈将稳定系统变为不稳定系统，以及这个变化是如何发生的。这些现象可被总结为一张图，就是如图 6-8 所示的参数平面。这张图表示了对于系统特定的定性行为给定水位 r 和控制参数 α 的所有可能选择。这张表称为分岔图。它能够识别出参数空间中系统（更准确地说是系统的轨迹）定性属性发生突变（或者分叉）的位置。

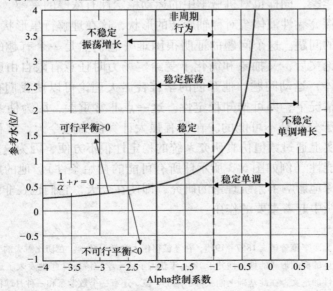

图 6-8　恒定排水量 $c = 1$ 时水箱液位变化，水位参考变量 r 和控制参数 α

通过这个例子总结如下：

● 稳定性在离散的参数值下变化（这里 $\alpha =0$，-1，-2）。除了这些特殊的条件，参数的小变化只会影响轨迹、稳定性和性能属性，这很具有普遍性。这是分区理论的一个基本观察结果，分区理论是理解这些特殊点，并通过整理关联我们可以清晰地知道动态系统的轨迹发生了什么变化（或者将要发生什么变化）。

● 例子中的动态系统是线性的，然而在下一章中的讨论，我们会发现基于哈特曼－格罗伯曼定理非线性系统的平衡会继续存在这些结果。在平衡点的邻域，线性系统可以近似表示大多数局部行为和非线性系统。

● 稳态响应（这里指平衡时水平和期望水平的偏差）和暂态响应（这里指到达平衡的速度）是耦合的，但是它们不会齐头并进，这存在一个权衡。好的稳态响应需要很大的 α，但是能保证稳定性的最大 α 值是 -2。而且 α 越接近 -2，暂态响应越慢，也就是需要更多的时间到达平衡点。由于系统结构太简单，所以不允许我们设计暂态和稳态响应。对于供给率更精确的控制需要避免或者改善权衡。然而，也正是由于需要权衡才使得控制设计非常有趣。

6.5 非线性系统：李雅普诺夫稳定性

系统稳定概念的发展与李雅普诺夫⊖这个名字密切相关。李雅普诺夫是一位俄罗斯的数学家，同样也对机械学中的运动稳定性有浓厚的兴趣。他硕士期间的研究内容是探究黏性液体绕对称轴旋转的形状，这在理解行星形状方面仍然是一个非常重要的问题。这个问题的证明很困难（它仍然是一个有趣的研究对象）。他完成硕士论文后，又抽象和简化了受给定场力时任意有限自由度的刚体（相对于可变形体）运动问题。他开创的李雅普诺夫理论可以使我们在不知道系统精确运动的情况下，即可推知稳定性。这一点非常重要，因为使系统（除了线性系统）易于分析是不可能的。在拥有强大计算能力的今天，这种理论依旧十分有用。事实上通过数值仿真研究系统的稳定性很不方便，因为这需要我们去验证无限种可能性（例如图 6-3 所示球所有可能的初始条件）。他的成果和思想自发表以来深深地影响了系统理论的研究，即使在今天，它们也在非线性控制系统的设计和证明中起着重要的作用。

⊖ 亚历山大. 李雅普诺夫 1857～1918，在圣彼得堡大学学习数学。在切比雪夫的引导下，他研究了旋转流体的椭圆形式的稳定性并于 1884 年获得了硕士学位。1892 年他发表了现在非常著名的运动稳定性的论文，在此基础上他获得了博士学位。还有一个数学家和一种月球特征是以他的名字命名的。

6.5.1 李雅普诺夫第一方法

李雅普诺夫的第一个伟大贡献是使我们懂得平衡点的稳定是一个局部的属性，而且可以通过近似线性化的方法对感兴趣的动态系统进行研究，这被称为李雅普诺夫李雅普诺夫稳定性的第一方法。为了分析点 a 的稳定性，如小球的例子，我们只需要研究在该点邻域的小球的行为。尽管事实上稳定性需要结合平衡点邻域内所有轨迹随时间的变化，李雅普诺夫李雅普诺夫指出在非常容易的条件下，近似线性化后系统的稳定性与系统本身的稳定性相同。另外，对于线性系统，李雅普诺夫提供了一个判断稳定性的纯代数方法，这个方法是求解一组现在以他的名字命名的线性方程。这是一个很大的进步，因为我们现在拥有了一种可以简单有效验证平衡点稳定性的计算方法。

6.5.2 能量与稳定性：李雅普诺夫第二方法

稳定的研究与能量的概念紧密相连。让我们回忆一下小球受重力的例子，我们会注意到稳定平衡点与小球势能局部最小处相对应，即小球停在谷底；不稳定平衡点与小球势能的局部最大处对应，即小球停在山顶。

如果我们将小球在 b 处无初速释放，显然小球会获得动能（加速），同时损失势能。小球在 b 处的势能转化成了动能和与地面摩擦消耗的热量。当小球到达点 a，它的势能达到局部最小，动能局部最大。当小球继续滚动，其动能转化为势能，并达到最大位置（势能局部最大，动能局部最小），之后再滚动下来，依此类推。最终，小球在 a 点静止。通过热力学第一定律，我们知道能量是不会损失的。摩擦会产生热量，热量是由机械能转化而来的，所以小球的机械能，即动能与势能的总和，随着时间不断减少。另外，当小球停在山谷处时，其机械能是全局最小的，所以其机械能有下界，沿着小球的行进轨迹机械能会达到最小。那时小球会停在像山谷 a 的一个位置，无动能。自然系统会向着稳定均衡发展。（这可与热力学中的最大熵原理相关联，最大熵原理是 Gyftopolous 和贝瑞塔 1991 年发现的。）

对于大多数的物理系统，系统总能量尤其是其能量随时间的变化是了解系统稳定性的极佳的开始。对于复杂系统，或者不属于物理的动态系统，如社会和经济系统，不大可能用能量观点解决问题。为了克服这些困难，李雅普诺夫已经完美地将能量的思想推广到任意的抽象系统中。这就是李雅普诺夫对运动稳定性的第二个重要的贡献，称为李雅普诺夫第二方法。

利用李雅普诺夫第二方法解决稳定性问题
考虑所涉及系统的平衡点 x_e。假设存在一个系统状态的能量方程 $V(x)$，在

平衡点附近 $V(x) \geqslant 0$，以至于只有在平衡点处此能量会消失。我们由此捕获了一个概念，即波谷是一个平衡状态。

如果一个系统中，所有以初始状态 x_0（在 x_e 附近）为起点的沿着轨迹运行的函数变量 $V(x(t))$ 都不随着时间增长变化，这样的系统就是稳定的。

在李雅普诺夫第二方法中，对系统稳定性的判断转化为寻找具有以下特性的能量函数 V（称为李雅普诺夫函数）：函数有下界（平衡点处最小），并且随时间变小。如果能够找到这样一个函数，那么可推知系统是稳定的。

当问题中的平衡点稳定，这样的李雅普诺夫函数一定存在吗？我们得知道寻找这样一个函数不是徒劳的。李雅普诺夫称如果一个平衡点（局部）稳定且具有吸引能力，那么就会有这样的李雅普诺夫函数存在。尽管如此，这个存在定理并不会为我们寻找李雅普诺夫函数提供任何帮助，因为基于存在定理构造的李雅普诺夫函数需要包含系统的所有轨迹，如此一来很难计算。

李雅普诺夫第二方法或称为直接方法的缺点就是难于寻找李雅普诺夫函数。没有找到合适的函数意味着无法证明任何东西。

李雅普诺夫的思想是不用计算系统的轨迹，不用掌握系统的准确信息就能知道系统是否稳定。因为事实上我们需要的就是寻找到标量李雅普诺夫函数 V，其值随时间下降。不用计算所有解，李雅普诺夫函数就可以包含所有信息（至少是感兴趣的平衡点邻域的信息）。在我们不知道解的情况下李雅普诺夫函数是可以建立的。假设系统描述为普通的微分方程 $\dot{x} = f(x)$。我们可能无法求解它，但是我们需要判断是否有一个函数 V 随时间减小，所以我们要做的是求 V 对时间的导数，如下：

$$\frac{\mathrm{d}}{\mathrm{d}t}V(x) = \frac{\partial V(x)}{\partial x}f(x)$$

非线性系统举例

考虑如下式定义的系统：

$$\dot{x} = -x^3$$

李雅普诺夫方程为

$$V(x) = x^2$$

由于除零为平衡态以外，它总是正数，此外 $\| x \|$ 随着 $V(x)$ 增大而增大，时间的倒数 V 在解决方案上满足：

$$\frac{\mathrm{d}}{\mathrm{d}t}V(x,t) = 2x\,\dot{x} = -2x^4 \leqslant 0$$

上式除了平衡点以外总是负值。平衡状态是稳定的，甚至渐进稳定，由于我们在计算上没有限制，我们就可以决定大范围渐进稳定的稳定性。

6.6　非自治系统

到目前为止，我们已经研究了如何通过李雅普诺夫方法判断平衡点的稳定性和系统的特解。我们还研究了当我们改变系统表达式中的参数时稳定性如何变化。在这些讨论中，我们假设所有的参数都为常数，不随时间改变，同时我们观察了这些常数对系统行为的作用。然而，在许多其他情况下，这些参数是不固定的。例如：水箱的出水量取决于水阀的开度，在开度可以随时间改变时，水的消耗就取决于时间。时变问题的复杂性明显增大，但也创造了趣味性。

另一个在稳定性研究中需要考虑的重要问题是系统的连接是怎样影响整个系统的稳定性的？去探索这个问题并不需要充分研究自治系统平衡点的稳定性。系统连接就是指系统间信号共享，因此从信号或输入方面去研究系统稳定性是非常必要的。

6.6.1　线性系统

线性系统极大地简化了问题。一般而言，非自治系统的解是初始条件和外部输入共同作用的结果。在外部信号存在的条件下，如果我们想要判断系统的稳定性，那么需要知道初始条件和外部信号是如何相互作用的。然而，线性系统的解可以写成两部分的解的线性组合：只有外部信号作用的解和只有初始条件时的解。这说明在判断输入/输出稳定性时可以假设初始条件为 0。而且通过系统的传递函数表示，我们可以很容易地发现系统的稳定性与输入无关（式 6-6）。

再来说一下水箱的例子，如果输入变量，例如给定 r，或水的消耗量 c 都是时变的，那么结果是平衡点也会改变，但是系统动态特性还由参数 α 控制。

在更一般的条件下，我们可以认为传递函数决定输入/输出特性，式 5-8 是连续系统的例子，式 5-15 是离散系统的例子$^{\ominus}$。

一些简便计算方法可以不用精确计算

线性系统的稳定性
已知一个线性系统 $x(k+1) = Ax(k) + Bu(k)$ 或 $\dot{x}(t) = Ax(t) + Bu(t)$，若系统 6.6 的极点（$A$ 的特征根）满足下列条件，则系统是稳定的： 　如果此系统在离散时间内运行，都位于单位圆里面，（见图 6-5）。 　如果系统在连续时间运行，完全位于复平面里虚数轴的左侧（实数部分是负数），（见图 6-6）。

$\ominus$　每个离散时间传递函数几乎都可以表示成 $G(z) = \sum\limits_{i=1}^{n} \dfrac{b_i}{z - a_i}$，其中参数 a_i、b_i 可以是复数。

6.6.2 非线性系统

弄清输入如何影响系统特性的主要困难是变量有很多。为了做一些改进，我们需要限制考虑的可能性。首先我们会问输入的大小如何影响系统信号的大小。在稳定性的文献中，这被称为输入到状态稳定（或 ISS），和输入状态增益⊖（函数）的概念。

通常即使这么简单的问题也非常复杂。例如，在水箱的例子中，如果输入既不是给定也不是流出量而是控制参数 α，那么系统中会存在输入和状态的乘积，所以系统是非线性的。我们可能猜想出在这种情况下，一旦输入（α）在区间 $\{0, -2\}$ 之外，系统将会变得不稳定。

为了研究一般的情况，我们先研究离散系统的状态空间描述式5-17。

在时间 t_0 时，初始状态为 x_0。我们会根据初始状态和模型方程（这包括时间变化和无限时间的输入函数）计算初始时刻后 $t > t_0$ 的状态变化，这就是状态的本质。

典型的输入输出稳定性形式：

$$\| x(t) \| \leqslant g_x(\| x_0 \| , t) + g_u(\| u \|), \forall t > t_0 \tag{6-13}$$

这里 $\| \cdot \|$ 是范数运算，g_x 是初始条件大小和时间的函数，反映了初始条件的作用何时消失，我们希望随着时间增加 $g_x(. , t) \to 0$。而且 $g_x(0, t) = 0$。

g_u 也是增益函数，它表示输入对状态的影响。我们希望 $g_u(0) = 0$ 同时它是一个增函数，即当 $0 < a < b$ 时 $g_u(a) < g_u(b)$，当 $a < b$ 时 $g_x(a, t) < g_x(b, t)$。通过式6-13我们可以看到在 0 处存在平衡点。因此，这样的陈述是关于稳定性的一个非常有力的声明。

显然 ISS 是从初始条件和输入两方面着手。事实上一个适当的 ISS 必须要有初始条件的稳定性，因为它会将无初始条件作为特例。

ISS 描述平衡点稳定性的特性。这是常见的稳定性问题，但不是最常见的。

ISS 要求在零初始条件下，平衡点邻域内的所有轨迹在该平衡点附近并会最终收敛于平衡点。ISS 涵盖了经典的渐近稳定平衡点的概念。事实上，前面的定义和以上的表述是等价的。

另外，ISS 可以处理输入，它表述输入不可能使系统状态偏离平衡点太多。增益函数 g_u 决定了在输入作用下状态会变成多少，这限制了给定信号作用时状态的大小。这时 g_u 就好似线性系统中的传递函数。

我们可以回到小球在盆地中运动的例子，假设给位于平衡点 a 处的小球轻轻

⊖ 这里增益的概念要比在 5.5 节提到的增益更加广泛，它表示的是输出大小与输入大小的比。信号的大小可以是信号的最大绝对值或者是全部能量。信号的大小有很多不同的衡量方式。

的推力，直观上小球会离开平衡点，由于作用力小它会再回到 a。然而，如果给小球一个大的推力，小球会越过 c 点再也不会回来。ISS 可以限定式 6-13 的有效范围，从而涵盖所有这些信息。

我们可以推知基于信号大小的输入状态稳定概念是保守的。绝对值不只是信号的唯一关键的信息。另一方面，因为 ISS 的信号是一个实际测量值，所以这个方法非常实用，尤其是对于系统互连。粗略地说，从这一观点看，每个系统都被增益函数取代，连接系统的拓扑结构决定了信号大小的变化。这可以使我们很容易验证由满足输入到状态稳定的子系统构成的系统是否还满足这一属性，另外还可使我们量化整个系统的状态到底有多大才能成为所有影响系统外部输入的函数。我们将在下一节讨论这些问题。

输入到状态稳定性

由状态空间模型描述的系统（5-18）或是（5-17）被认为满足 ISS，对于任意初始状态 x_0 和有界输入函数 u（含有限幅 $\|u\|$），状态 x 的限定函数如下：

$$\|x(t)\| \leq g_x(\|x_0, t\|) + g_u(\|u\|), \forall t > t_0 \qquad (6\text{-}14)$$

函数 g_x 反映系统对初始条件的瞬时影响，它随着初始状态而增加，随着时间推进而减小到 0。

函数 g_u 反映输入大小对于状态大小的影响，它被称作输入到状态增益函数。它必须是非递减函数。

ISS 是一种鲁棒的，实际的，非常合意的稳定性概念。特别是零初始条件和零输入时，不等式 6-14 的右边两项都为 0，这表明状态也是 0，即 $x(t) = 0$ 是平衡点。而且这是唯一的平衡点。

基于李雅普诺夫稳定性，有很多针对不同非线性系统估计函数 g_x 和 g_u 的方法。实际上 ISS 和李雅普诺夫稳定是息息相关的。

对于状态线性和输入线性的系统⊖，输入到状态稳定和平衡稳定是一致的。因此，就像以前提到过的，对于线性动态系统，讨论稳定或不稳定系统是非常合理的。对于非线性系统，当然不是对于所有的情况，正如我们讨论过的水箱和山谷中小球的例子。

由于可利用连接系统的 ISS 推断其稳定性，所以输入到状态稳定是非常有用的。当因果方向明显时 ISS 特别适用，因为 ISS 概念默认信息流是从输入到状态，前者影响着后者的将来。当信息流向很清晰时，根据子系统构建系统基本上有两种方法，两个子系统级联或两个子系统形成反馈。

⊖ 这意味着等式 5-18 或式 5-17 中的 $f(x, u, t) = A(t)x + B(t)u$。

有界输入输出稳定性：

当输出恰好是状态时，ISS 称为有界输入输出稳定，简称 BIBO。这种概念阐述的思想是有界输入可以导致有界的输出。

6.6.3　输入到状态稳定和串级

考虑串联着的两个系统，如图 1-6 所示，第一个系统的状态或者输出（$y_1 = C_1 x_1$）作为第二个系统的输入。

如果第一个系统 S_1 的输入 u 和状态（输出）y_1 通过增益函数 G_1 相连，第二个系统（S_2）的输入（u_2）和状态（输出）y_2 通过增益函数 G_2 相连，并且两个子系统都是输入 - 状态稳定的，那么通过 $u_2 = y_1$ 的全局串联也是输入 - 状态稳定的，串联系统的输入是 u_1，状态为（y_1，y_2）。另外，我们可以估计输入 - 状态增益函数。串联的增益函数是子系统增益函数的组合。即

$$G_{\text{cascade}} = G_1 G_2$$

很明显，如果两个水箱分别是输入状态稳定的，那么串联后的系统仍然是输入状态稳定的。

我们已经在 3.2 节和 3.3 节分别讨论过两个系统串联的例子，陶瓷砖的生产和重力自流灌溉系统。在制造加工过程中，通常每个阶段的输出是下一阶段的输入，自然子系统串联构成了整个系统。类似地，在灌溉渠中上游即时水位会影响下游池的水位，自然子系统（水池）的串联构成了整个系统（渠道）。如果每个子系统都分别是输入到状态稳定，那么可以推断整个系统也是输入到状态稳定。而且我们可以量化子系统发生的扰动对所有下游子系统和整个系统的影响。从这个角度看，输入到状态稳定是一个强大的概念。例如，相同或几乎相同的子系统串联时，单独子系统的输入到状态稳定性很容易得到，那么就可以推断整个串联系统的相关信息。

串级系统的稳定性
为了判定串级系统的稳定性，我们只需要分析各个子系统的稳定性即可：假若，每个子系统都是稳定的，则串级系统稳定。假若，任意一个子系统不稳定，则串级系统也就不稳定。

这在线性系统中相当明显。串联系统的传递函数就是子系统传递函数的乘积，这通过框图很容易得到（见 5.6.2 节）。因此我们将两个串联的子系统表示为

$$G_1(z) = \frac{N_1(z)}{D_1(z)} \text{ 和 } G_2(z) = \frac{N_2(z)}{D_2(z)}$$

$G(z) = G_1(z) G_2(z)$ 表示串联的系统传递函数，很显然传递函数的分母是 D_1

$(z)D_2(z)$ 的乘积，串联系统的根是子系统传递函数根的并集。只有当两个子系统都是稳定的，串联系统才是稳定的。

6.7　平衡之外的知识

到目前为止，我们一直在讨论平衡点的稳定性。对于许多工程应用这足够了，但是仍存在许多系统中感兴趣的部分不是平衡处而是一个时变的对象。例如，在章节 3.4 所述的一个天线跟踪问题中，问题是驱动天线以完成诸如跟踪天空中星星等任务。这类问题可被描述成时间的二次方程。在其他情况下，系统的行为是被迫周期性的（例如时钟，车轮，硬盘驱动器），或是自然拥有周期性或近似周期行为的系统（比如太阳系，潮汐，心脏跳动）。事实上，在类似于自然和工程的系统中，周期或近似周期现象是普遍的。

用于分析时变对象的主要工具是画出对象在平衡点的部分，或许这是一个不同的系统。我们可以运用以上的技巧分析平衡点，尤其是输入到状态稳定的思想。最后，将我们的理解用原来的描述方法表示。

6.7.1　限制圆和混沌

一些系统有不同的平衡点甚至还有更复杂的静态行为。如一个兔子种群的模型（无捕食者），在给定的时刻，兔子的数量为 $x(k)$。食物短缺（老年）等因素会导致兔子死亡。我们假设动物的出生率与死亡率有关，和兔子数量的平方成正比。即为

$$x(k+1) = r. x(k) - d. x^2(k)$$

如果我们定义一个新变量 z，使 $z(k) = (d/r)x(k)$，那么新的方程[⊖]就只与参数 r 有关。

$$z(k+1) = r. z(k)[1 - z(k)] \tag{6-15}$$

很显然有两个可能的平衡点 $z_{e1} = 0$ 和 $z_{e2} = 1 - 1/r$（当 $r > 1$ 时该平衡点是实数）。在这个归一化模型中，改变参数 r 会导致过阻尼稳定平衡点变成振荡甚至是混沌现象。

当 $0 \leqslant r \leqslant 1$ 时，会产生过阻尼，并且兔子种群将会灭绝，也就是数量最终变为 $z_e = 0$，当 $1 \leqslant r \leqslant 3$ 时，会产生欠阻尼现象，兔子种群不会灭绝（除非初始时兔子数量为 0），数量最终为 $z_e = 1 - 1/r$。当 $r = 1$ 时，零种群的局部属性会改变，该参数就是分歧参数。

如果 $r = 3$，就会存在另一个分歧，所谓的翻动分歧。系统不会达到任何的平

⊖　这个方程称为洛吉斯蒂方程，它有关于分叉和敏感性的有趣性质。

衡点，取而代之的是它会以固定周期 2 进行波动。对于 $r=3$ 和任意初始条件 $z(0)<1$，最终的种群数量会在 0.6179 和 0.7131 之间跳变，如图 6-9a 所示。几乎所有的种群数量都会达到一个极限圆（除了以不稳定平衡点 z_{e1} 和 z_{e2} 为初始条件件）。

如果我们进一步增大 r 值，新的波动将出现，$r \geqslant 3.57$ 时，就会出现混沌行为。在混沌范围内，种群的演变将对初始条件更加敏感，如图 6-9 所示。图中系数 $r=3.8$，初始条件为 $z_1(0)=0.5$ 的种群演变用"○"画出，初始条件为 $z_2(0)=0.5001$ 的种群演变用"·"画出。可以看到在 25 个周期之后，演变将完全不同，而这种不同（用叉标出）开始越来越明显。

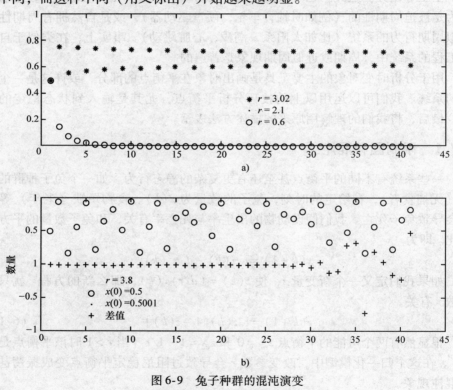

图 6-9 兔子种群的混沌演变

a）不同参考系下兔子数量 b）周期数

混沌行为可以按照随机的概念去理解，但不是随机的，混沌行为是完全确定的，因为如果模型和当前的状态已知，那么未来的状态是可以精确计算的。混沌行为的主要的特征是系统演变对极小的状态扰动都很敏感。从这一观点，确定系统的随机解释可能非常有用。

很少有系统表现出如此极端的敏感性。一般情况下，如果系统是稳定的，系统参数、输入信号的小变化或新的扰动会使系统行为产生小的改变。定性的改变，如分歧，只会在很少的情况下出现。

因为分歧很少，所以理解哪些是，哪些不是很重要。正规的系统实验也许不会显示即将出现的分叉点的任何踪迹，想要观察到有趣的现象需要周密的实验计划。

6.8　敏感性

在兔种群的例子中，行为的敏感性与内部参数（出生率和死亡率）有关。为了引入敏感性和鲁棒性的概念，我们从其他简单例子开始。

1. 静态测量/传感器误差

让我们考虑一个简单的转速表。原则上设备是一个如 $V = f(\omega)$ 的静态模型，其中 ω 是电动机的旋转速度，V 是输出电压。如果转速表的轴相对于我们要测量的轴有滑动，那么将会产生误差：

$$V + \Delta V = f(\omega + \Delta\omega)$$

我们称 $S\omega = (\Delta V)/(\Delta\omega)$ 是转速表的输入敏感函数。通常情况下，它是一个输入函数。如果转速表函数线性的，那么敏感度函数是常函数并且与转速表的增益相等，如图 6-10a 所示。

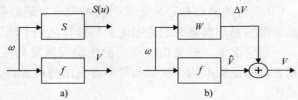

图 6-10　静态测量工具的敏感性

实际的测量函数可能与我们认为的函数模型不同。也就是说，测量 $V = F(\omega) \neq f(\omega)$。例如，这是仪器没有完全校正的结果。在这种情况下，我们不知道真实的函数 F，但是我们可能知道其中的差异，因为我们知道仪器的校正信息。差异为

$$W(\omega) = F(\omega) - f(\omega)$$

定义 $\hat{V}$ 为电压的预期值，我们可以用如图 6-10b 所示的框图表示转速表。函数 $W(\omega)$ 表示模型的不确定性，在这里表示一个额外的不确定性。

虽然两个概念非常接近，但是不是同一个概念。其中一种测量两个函数差异的方法是描述所有可能偏离的最大值。

另一个测量不确定性的模型为

$$V = F(f(\omega)) ; V = f(F(\omega)) \tag{6-16}$$

这里 F 表示一个函数，与捕获不确定性的个体相接近。左边是理想设备输出的不确定性，右边是直接测量的目标值，即设备的输入。前者可称为输出不确定性，后者可称为输入不确定性。F 偏离个体越多表示我们对实际测量原件 f 的了解越少。在线性系统中，这种不确定可被描述为乘法不确定性。在线性或非线性情况下，它可以被描述为串级系统，只在非线性情况要注意相乘的顺序。

在任何测量设备中都会存在许多导致错误的根源，可能是系统误差或者由于量化导致的随机误差。在所有的控制应用中，知晓所有不确定性的来源是非常重要的。更可取的是不确定性来源的信息可以量化期望行为。

2. 未建模动态

让我们考虑一个光盘（CD）播放器，激光束连接到一个由转速极快的电动机（音圈电动机）驱动的臂。电动机的简单模型是从力到位移的双积分器。在这里我们假设臂是刚体，光盘以一个固定而已知的速度旋转，且无外部扰动存在。由于机械共振的存在，真实系统不可能是纯刚性的（快速的动作意味着轻的部分不是刚性的）。另外，机械臂受外部振动的影响，光束与 CD 旋转轨迹的相对位置会受制于偏离光盘的偏心，偏心与磁盘的大小有关。以上这些都是理想模型不存在的扰动因素。

这些扰动影响 CD 播放器行为的方式大不相同，这是因为它们频率范围和光谱容量是不同的。CD 旋转的离心有定义非常明确的频率，进而能够被跟踪与补偿。机械共振在高频范围是非常典型的，因此只与指针从一个轨道移动到另一个时的快瞬间相关。一般情况下，避免指针移动的快瞬间激发共振就能避免共振。外部的机械波动都是非常低频率的，例如与发声者发出的声音有关。被控系统必须对这些扰动不敏感。

这个例子与 3.4 节的天线跟踪的例子非常像。

如果我们回到转速表的例子，我们还需要考虑另外一种扰动。旋转机器的刷子在清扫时制造了高频的噪声。这种噪声如果不被滤掉将会反馈给过程并干扰转速表系统的运行。这个问题将在第 7 章进行讨论。

6.8.1 鲁棒性

一般情况下，敏感性是用来描述模型参数或者是外部信号的小变化对系统具体信号的影响的。鲁棒性与其有相似的因果关系，但是考虑允许扰动的预先设定中大的变化。尽管如此，这两个概念还是可以互换的。简单地说鲁棒性指的是缺少敏感性。因此，如果一个系统信号或者系统属性对于输入信号的变化是鲁棒的，那么这意味允许偏离标准输入的扰动将不会引起系统属性或响应的巨大变化。或者系统对于变化是鲁棒的，就是实际的系统与模型不同，但是这种差异的影响很小，系统的行为与模型的行为很接近。在大多数情况鲁棒性是指某种性质相对于预先设定扰动的不敏感。

我们并不希望整个系统都具有鲁棒性。系统的设计要准确地符合需要和目的。鲁棒性只能保证期望行为对系统其余部分或信号的变化不敏感。

稳定的鲁棒性反映了在不影响所需稳定性的情况下，系统参数允许变化的程度。这就是所谓的鲁棒稳定性。

因为被控系统必须具有稳定性，所以鲁棒的表现比鲁棒稳定性条件更强。在这种情况下，尽管系统或外部信号会有一系列的变化，但被控系统在允许范围内运行。目标是尽管系统中某处存在很大的扰动，但是系统的响应只有小的变化。

例如，硬盘驱动器有一个保证寻址的时间，就是从一个轨道到另一个轨道的最长时间。每个硬盘驱动器的机制必须满足这个参数。控制算法必须保证这些，尽管事实上不同硬盘（即使在同一个生产线上生产）的机械共振频率可能会大幅度的改变。寻址时间对共振频率来说是鲁棒的。

6.8.2 敏感度的计算

正常情况下，在系统设计时应考虑以下的不确定性和扰动：

- 外部扰动：进入系统的外部信号，一些是可测的（例如瓷砖厂原料组成），还有一些是不可测的（例如音乐录音的噪声或者天线上的风力负荷）。
- 系统参数的改变值：通常指的是结构不确定性或参数不确定性（硬盘驱动的频率共振）。
- 系统模型误差：通常指的是非结构不确定性。这是由于模型不会包含系统所有的动态。例如在天线伺服设计中，控制模型中不会包含共振。

如图 6-11 所示的单回路控制系统，设计工程师将会确保所有环内信号对于以上不确定性的敏感性或鲁棒性。图 6-11 中，d_e 表示外部扰动，在系统中变成了 d，r_f 是滤波器的参考信号。

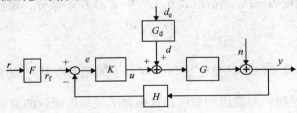

图 6-11 典型的闭环控制系统

6.8.3 一般的方法

当我们针对鲁棒性进行设计时，首先需要定义系统的操作界限。一般在系统正常的运行范围内，不允许出现分歧。分歧是在错误条件下行为的部分分析。在系统的操作范围内，可以假设具有随着参数、信号等平滑变化性质的算子可以包含所有的因果因素，鲁棒性和敏感性。

如图 6-11 所示中的框图可知，为简单起见假设 $F=1$，$G_d=0$，理想的单位增益传感器 $H=1$，那么主要的算子为

$$T = S_{yr} = \frac{y}{r} = \frac{GK}{1+GK}; S_{yd} = \frac{y}{d} = \frac{G}{1+GK}$$

$$S_{ur} = \frac{u}{r} = \frac{K}{1+GK}; S = S_{yn} = \frac{y}{n} = \frac{1}{1+GK} \tag{6-17}$$

S_{yr} 代表输出 y 对参考信号 r 的响应。我们可以观察到，所有的这些式子有相同的分母。不管哪个信号，只要分母足够大敏感度就会小。

然而还存在限制尤其是对于系统所谓的敏感性，$S = S_{yn}$，这并不是很重要

$$S_{yn} + S_{yr} = 1 \tag{6-18}$$

这个方程告诉我们系统的敏感性 $S = S_{yn}$ 与所谓的互补敏感性 $T = S_{yr}$ 不能同时很小，因为它们的和等于单位 1。我们必须接受一些控制环内的敏感性。这是基本的限制⊖。

所有的敏感度函数在控制设计当中均扮演着重要的角色。

6.8.4　相对于系统动态变化的灵敏度

式 6-17 描述了系统变量 y，u 对外部输入 r，n 的响应。这些响应是系统的表现。在设计中，恰恰是需要设计这些变量。所以如果 G（描述控制的系统）变化分析会发生什么是很重要的。当设计中使用的模型与真实的系统不同时，我们用同样的方式探寻如何设计。

特别地，我们看一看 G 变化对参考信号到输出、互补灵敏度 T 的影响。为了简单起见，假设 $H=1$，然后取式 6-17⊖中 T 对 G 的微分，很容易得到

$$\frac{dT}{T} = S \frac{dG}{G} \tag{6-19}$$

那么，闭环算子的相对变化 $\frac{dT}{T}$ 与开环算子的相对变化 $\frac{dG}{G}$ 的比值正好是灵敏度函数 S，S 也是噪声对输出的响应。这强调了灵敏度函数的重要性。

⊖　注意等式 $S+T=1$ 这个基本限制允许 S 和 T 比 1 大，S 和 T 可以都是复数（随着频率变化）或者一个正的一个负的。

⊖　$\dfrac{dT}{dG} = \dfrac{K(1+GK) - KGK}{(1+GK)^2} = \dfrac{K}{(1+GK)^2} = \dfrac{T}{G} S_o$

6.8.5　灵敏度测量

我们用算子表示灵敏度,这可以让我们看到灵敏度对于特定系统参数的依赖程度。很明显,基本约束使系统有内在的平衡,所以不能随意指定敏感度。

这些敏感度算子的最大增益很重要。系统行为的信息对于描述系统的敏感性很有用:

$$M_s = \max_\omega |S(j\omega)|;M_T = \max_\omega |T(j\omega)|;M_{yd} = \max_\omega |S_{yd}(j\omega)|$$

$$(6\text{-}20)$$

敏感度有积极和消极的作用。例如,在测量中,高敏感度对检测诸如电台的频段等特殊信号很重要。另一方面在超过敏反应中,高敏感度是危险的。同样共振或者噪声的高敏感对射电望远镜或硬盘驱动机构的破坏性极大的。

稳定性和鲁棒性的总结
稳定性的普遍性概念可以进行如下表述: 如果一个系统的行为（包含所有的初始状态）对于所有有界的输入、所有可能的信号都保持在某限定范围内,那么这个系统就是稳定的。 我们讨论不同形式的稳定性: 在一个自治系统中,平衡状态（轨道）的局部稳定性需要系统中所有的响应起始的初始状态都靠近这个平衡状态（轨道）,这样才能保证系统运行靠近平衡状态。 平衡的渐进稳定:系统响应是稳定的,且最终都收敛于平衡位置。 自治系统大范围渐进稳定:由空间中所有的点作为起始点,都能够保持渐进稳定性。 鲁棒稳定:系统的稳定性能不随系统参数改变而改变。 系统的响应对于一些参数是很敏感的,比如输入信号或是运算符,系统响应会根据这些参数改变而不同。 对于线性系统而言,稳定性是系统的一个固有特性。

6.9　注释与拓展阅读

稳定性是一个很好的研究课题,最初是由力学和"我们的太阳系稳定吗?"这样崇高的问题引起的。李雅普诺夫的工作为稳定性的研究奠定了基础。在这方面他的著作仍然是目前论述最好的。（李雅普诺夫 1992）。详细地处理非线性系统中的稳定性方法,比如哈利勒（2002）和威廉斯（1970）,同样也提供了李雅普诺夫第一和第二方法的论述。肯海默和福尔摩斯（1986）发表了著名的哈特曼－格罗布曼定理，该定理是李雅普诺夫第一方法的扩展。

输入到状态稳定性的概念以及其与李雅普诺夫稳定性的联系对系统工程很重要，从而我们得以处理带输入的系统及系统的连接。桑塔格（1998）在该领域做的工作是很重要。

分叉理论是动态系统理论的一个分支。分叉理论试图使封闭系统的行为有序。经典书目包括威金斯（2003），肯海默和福尔摩斯（1986），还有强调计算思想的库兹涅佐夫（2004）。一维动力学，如逻辑斯谛方程很好理解。德梅洛和范·斯特里恩（1991）对动态系统的一般行为及其鲁棒性进行了全面的分析。控制系统的动态系统方法不是畏手畏脚。科伦塔和道瑞特（2000）总结了这方面的结果。

鲁棒性和敏感性在所有的工程和一般系统中是很重要的概念。这些概念的探索需要大量的计算方法。系统连接会施加基本的限制，所以在设计新的系统时需要许多次迭代。在线性系统中，即使对于大型系统，解决鲁棒性和敏感性问题（格林和 Limebeer1995；博伊德和巴勒特 1991）的理论已经被很好的建立。

第 7 章 反 馈

> 我们利用反馈了解我们的所为所产生的效果，
> 以改进后续的行为。
> 但是，应该采用正反馈还是负反馈呢?

7.1 引言

一般来说，两个或多个系统串联（或串级）的特性是容易预测的。第一个系统输入是一个独立的信号。其输出是下一个系统的输入，同时第一个系统的输出受到第一个系统输入的影响，依此类推，直到串联的末端。只要每个串联的子系统是确定的，那么整个串联系统的特性就是确定的⊖。在每一级系统，信号均受本级系统的影响。尽管它很简单，但是串联并不总是能达到预期，因为任何人玩过中国"传话游戏⊖"的人都会清楚地知道其中的原因。

当系统相互连接成一个闭环时，那就大不相同了。即使只有两个系统组成，并且相互连接成一个闭环。应该从哪里开始？应该什么时候停止？在这种情况下，我们已经不能简单地从对子系统的分析来预测整个系统下一步会产生什么行为。互联对于确定闭环系统将要发生的行为是必不可少的条件。此外，典型的级联总是确定无歧义的，但是反馈连接则不是。下面我们给出一个设计不合理的反馈回路的例子。在演讲者前面放置一个传声器，组成声音反馈系统，如果仅依赖于回路中的放大器，结果多数不尽如人意。在本章开始提到淋浴的例子，也证明了反馈需要被认真地对待。

首先只考虑由两个单位系统互联组成的正反馈回路，外部信号输入为 $r = 1$。在进行一些简单的运算之后你会得到一个荒谬的结果 $1 = 0!!!$，这说明反馈系统设计不合理，是病态的。像 5.6.2 节中讨论的一般的情况，式 5-13 定义了一个基本算子，描述了一个包含两个系统 G_1 和 G_2 的简单反馈闭环，可以被重写成：

$$G = G_1 (1 + G_1 G_2)^{-1} \tag{7-1}$$

⊖ 我们默认假设，在级联的系统中，上一级系统的输出对下一级系统是可以接受的，如果不是这种情况，大概没有人会构造甚至想出一个级联。

⊖ 在小的信息小声传到相邻人的耳朵，然后相邻人继续向下传送，以此类推。最后，将收到的信息与原来的相比，通常最后的消息和初始信息的相似性很小!

上述闭环系统设计是否合理的关键在于 $(1 + G_1 G_2)^{-1}$ 是否存在。在先前的例子中有 $(1 + (-1)(1))^{-1}$，这很显然是无效的。

在我们的讨论中，将进行一个观念的飞跃，假设工程师和自然界知道如何构建系统。我们就简单地假设反馈回路已经完成了合理设计。

在上述中，多数反馈回路的幂指数都和 -1 有关（表示求逆）。反馈回路创建了逆或除法算子。就像我们不能除以零（前面的例子可以告诉我们），逆操作同样是令人棘手的，但如果一些简单互连的元素能够采取逆或除法，那么结果非常整齐，同时也是非常强大的。

就像之前所讲到的，反馈是基于对输出的观测来改变系统输入的。由于这个原因，采用反馈机制的系统也被称为"反应系统"。从控制的观点出发，这是一个缺点，因为控制系统需要检测到输出或误差才能做出响应。另一方面，控制系统做出适当的响应可能不需要对系统特性有全面的掌握。此外，反馈依据回路中的变化做出响应，有时候这种响应是自适应的。相反在开环（前馈或串级）时，如果我们可以自如地操作最终输出，必须知道串级系统的精确模型，输入信号也要甄选正确。这就是说，串级系统期望的输入必须与串级求逆后的输出相等，一般情况下这不是一个简单的任务。另外，串级的输入不能对串级结构中的任何元素的改变做出响应。

反馈在系统动态中扮演关键的角色。在工程和自然界中无处不在。在本章我们讨论一些反馈所具有的能力。我们从一系列的例子入手列举了反馈原理无处不在。接下来我们进一步地探索反馈的能力。

7.2 内部反馈

在第 5 章，我们学习到自然和工程系统都有相似的组成和元素，例如增益、积分器（累加器）和延时等。正是由于反馈的存在才给予互联系统动态特性如此丰富的内容。我们再回想之前的一些反馈回路。

1）水箱 在第 2 章（见图 2-7）我们曾经给出了厨房水槽的例子。由于反馈的存在，水位保持稳定：恒定的进水流量可以增加储存量，直到出口流量等于输入流量时保持某一液位高度不变。通常，我们将这种情形定义为负反馈回路：水位越高，出水流量越大，从而降低了水位，如图 7-1 所示。

2）放热反应 在环境温度升高时，某些化学反应会变得更加活跃。而这其中的一些化学反应也是放热反应，也就是说，它们在反应时释放热量。随着反应的进行，温度的增加，发生在热绝缘容器内的反应将使容器爆炸。温度的增加可导致反应加速，创造更多的热量等等。在这种情况下，正反馈决定了系统的动态演化，会导致爆炸并摧毁容器，终止正反馈作用。

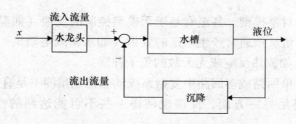

图 7-1 简单反馈环

3）电子电路 让我们来讨论一个由电阻、电容和电池构成的简单回路。电阻的两端电压为电容电压与电池电压的差。当电流经过整个电路时，电容具有的累积作用会使自身电压升高。一旦电容电压等于电池电压，电流的大小将变为0，电压达到稳定值。

4）电动机 电动机两端施加电压后，驱动风扇，在轴上产生转矩。这个转矩将加速轴的转动，增大角速度。摩擦力矩以及机械负载（风扇的风力扰动产生）阻碍速度的增加。一旦达到一个平衡，电动机转矩等于负载扭矩。

5）生态系统 在1.4.4节的狼和兔子的例子里，一方面存在一个正反馈：没有天敌兔子数量将会指数增长；另一方面存在一个负反馈，有吃兔子的狼。有趣的是，兔子的数量不会稳定在一个平衡点，而是波动和振荡的。

内部反馈
一个系统的动态特性是由两个方面决定的：子系统的动态特性（如增益、累加器、延时等）和子系统的互联。 反馈是大多数物理系统固有的。 与级联或串联相比较，由相同元素构成的反馈回路具有更丰富的特性。 反馈被用来形成（加强、调整）动态特性。

用一些前面的例子说明反馈是如何调整特性的：

1）温控器 当获得的和失去的热量平衡时，房间里的温度是稳定的。当房间太冷时，温控器会打开加热器；当房间达到合适的温度时再切断加热器。这个相当琐碎的开/关动作，也就是负反馈控制器，可用于调节室内的温度。只要加热器的功率足够大，就可以使房间的温度达到给定的温度，房间的动态决定于它的大小、外界温度与是否绝缘（是否打开窗户）等。

2）运动控制 在进行任何球类运动的时候，我们的眼睛提供位置反馈并指导我们去拦截球，并且/或提供下一步所需的动作。同样，在驾驶汽车时，我们利用前方道路的信息来驱动汽车，但依靠我们的条件反射（快速控制回路），来躲避横穿街道的狗。

从这些例子中，我们认识到在执行反馈（控制）时并不需要大量的信息，也不需要精确的对象模型。甚至有基于无模型控制的反馈（如温控器）。在很多简单的系统中，负反馈通常产生稳定的效果（如水箱或电动机），而正反馈往往使系统不稳定（如放热反应或无天敌的兔子种群）。

一般来说，单回路或多回路中复杂系统动态性能预测不是直接的。反馈可能造成不稳定，但是另一方面，反馈也使得一些不可能达到的性能或特性成为可能。

此外，正反馈并不是有害无益。例如，振荡器就像时钟，在生物和工程领域都是非常重要的。利用正反馈产生振荡器。在社会网络，正反馈可起到鼓励的作用，并能产生预期的积极效果（人人都喜欢褒奖）。

7.3 反馈与模型的不确定性

1）运算放大器 运算放大器是一种电路，输入和输出之间的增益 A（假设 $A > 10^5$）非常大，正常输出电压以伏特为测量单位，假设输出电压小于 10V，那么输入电压将小于 0.1mV（10V 除以 10^5）。

当建立带有运算放大器的电路时，我们可以依靠的事实是任何一个放大器的增益都是很大的。但我们不能依靠增益的精确值。同一生产批次的运算放大器，其增益也可能大不相同。增益变化在一个数量级或者更大都是常见的。此外，增益将随着使用时间的推移和电路的温度而改变。但是，无论增益怎么变化（比如在 10^4 和 10^7 之间），其绝对数值都是很大的。并且在正常情况下运算放大器的输入电压始终保持是一个很小的数（小于 1mV）。

如果将一个运算放大器放置在一个负反馈结构中，即输出电压反馈到"一"端，如图 7-2a 所示。输出 V_o 和输入 V_i 之间的增益为

$$\frac{V_o}{V_i} = -\frac{R_o}{R_i}\frac{1}{1+\frac{1}{A}\left(1+\frac{R_o}{R_i}\right)} \tag{7-2}$$

这种关系等效于如图 7-2b 所示的结构图。因为放大器的增益是非常大的，所以无论如何，输入输出之间可近似看成：

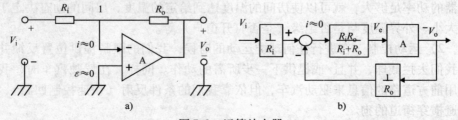

图 7-2 运算放大器

$$\frac{V_o}{V_i} \cong -\frac{R_o}{R_i}$$

在这里，放大器的实际增益并不重要，电路中 V_0 与 V_1 连接的其他部分也不重要（放大器大大简化了电路分析与综合），这两个电压之间的关系完全基于运算放大器周围的电阻。当我们能够确定电阻值时，输入和输出电压之间的关系也就非常明确了。正是由于负反馈的存在，才能进行如此重要的简化。

运算放大器

供知晓一定电路原理的人参考：根据欧姆定律（流经电阻的电流与电阻两端的电压成正比）和基尔霍夫定律（确定电路中电压之和为零，在任意节点处电流和为零），可以容易地导出运算放大器电路的输入输出关系。如图 7-2a 所示，在节点 1 处，利用基尔霍夫定律，已知放大器的输入电流为 0，有

$$\frac{V_i + \varepsilon}{R_i} = \frac{-\varepsilon - V_o}{R_o}$$

放大器的等式可以简化为 $V_o = A\varepsilon$，在上一等式中用 V_o/A 替换 ε，经过整理得到了式 7-2。

正如图 7-2 所示，只要增益足够大，回路的路径中存在何种原件都不是很重要，整个系统的增益为 $(R_o)/(R_i)$。

这个结果可以扩展到任何动态反馈系统。考虑如图 6-11 所示，假设干扰和噪声信号是零，将会有下列关系：

$$y = \left(F\frac{GK}{1+GKH} \right)r \tag{7-3}$$

因此，由于 GK 的增益远大于单位增益，信号输入/输出关系只决定于 F 和 H（式 7-4）。准确地设计这两个元素将给得到期望的响应，与对象或者反馈控制器无关。

$$\| GK \| \gg 1 \Rightarrow y \approx FH^{-1}r \tag{7-4}$$

这看起来太好了，以至于怀疑它的真实性。一般来说，确实是这样的，尽管它几乎是对的。实际上我们却不能保证 $GK \gg 1$，并且对所有可能的参考信号 r，我们并不能保证稳定性或者设计的合理性。但在 r 是某些经典的信号时，我们能够使 GK 足够大⊖。

当处理更加复杂的系统和运算（非线性，随机，多变量等等）时，相同的概念同样适用。

我们假设 r 是常值信号，$F = H = 1$，并且不存在扰动和噪声。在这种情况下

⊖　如果了解这些关系在频率域表示式的关系后，r 的频谱内容相关时 GK 必须大的。

将反馈控制器 K 设计为一个纯积分器（在被控对象不对输入进行微分时，该积分器在 GK 中保留下来），无论系统何时达到稳定状态，均可以保证 $y = r$。我们假设在设计合理的反馈中，这是正确的。事实上在稳定状态，y 是常值。如图 6-11 所示，反馈控制器 K 的输入 $r - y$ 也是常值。因为反馈控制器包含积分器，反馈控制器 K 的输入 $r - y$ 必须是 0。如果不是 0，那么输入将会积累并且在闭环内产生无界的信号。这与稳定状态的假设是相矛盾的。

下面将以马桶例子进行对比分析。在马桶的例子中，水箱为积分器，因此水箱的液位总是被注水到一个合适的高度，这与马桶其他的部分无关。

由于这个原因，反馈控制器一般都包含积分器，因为积分器可以无误差地跟踪常数参考信号，也称之为调节器。在控制器的设计中，使输出稳定在给定的参考信号水平是一个重要的任务。所以积分被包含在大多数工业反馈控制器中，在工程或过程中无处不在。在 9.3.3 节中，这个概念被应用在 PID⊖ 控制器中，而 PID 控制器被广泛应用在流程行业和制造行业。

很明显，如果回路增益 GK 非常大并且 $FH^1 \approx 1$，那么无论被跟踪的信号是什么，反馈控制都可以提供一个很好的跟踪解决方案（尽管不总是完美）。与开环控制相比，需要一个不是很苛刻的要求：$F \approx G^{-1}$。反馈也不需要太多被控对象 G 的信息，就能获得很好的跟踪效果（其中，r 是重要的，G 是很小的，K 应该足够大使得 GK 很大）。

7.4 系统稳定性与调节

正像我们在前面章节讨论过的那样，反馈具有使一个不稳定系统稳定的能力。这也意味着反馈可以使一个稳定系统变得不稳定。如在 6.4.3 节讨论过的例子，α 是可调节的反馈参数，系统的响应可以被调节（稳定、不稳定、振荡和阻尼）。如果 α 在区间 {0，-2} 外，系统将不稳定，因此只有很小的区间可以使系统稳定。

在一个更接近实际的物理环境下，例如一个典型的伺服电动机应用，伺服电动机的轴需要固定在特定的角度（如广播天线需要固定方向的例子），如图 7-3 所示。

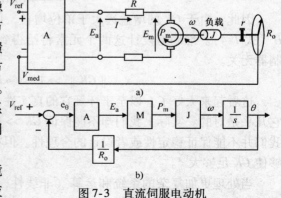

图 7-3　直流伺服电动机

⊖　PID，比例、微分与微分作用。

系统变量在图 7-3 中已经标注出来了。整个系统包括功率放大器/整流器、机械惯量、电动机轴上的摩擦力矩以及在电动机速度与电动机角位移两端连接着的积分器。在前向通路在 Ea 和位移 ϑ 之间包含有积分器。由于积分器的存在，任何给定的固定角位移都是开环不稳定的。如果施加一个电压，那么电动机将会转动，轴也会一直旋转，系统是不稳定的。

因此需要引入负反馈以产生驱动电压。例如图 7-3a 所示的放大器带有两个输入，正极端子的电压与所需的位置成比例；负极端子的电压与当前的轴位置成正比。如图 7-3b 所示，只要在两个输入之间存在误差或差异，放大器就会产生电压，电动机就会起动，向正确的方向旋转，进而减小误差（负反馈）。当误差消失时，电动机两端电压就会消失，电动机停止转动。

如果放大器增益过高，电动机转动惯量的存在将会引发一个棘手的问题。只要电动机接受驱动电压，就会产生转矩并旋转，在增益很大的情况下，即使位置误差非常小，这个驱动电压也会非常大，电动机将会以非常大的转动惯量使其停止或反转。当驱动电压改变了极性，最后电动机也会反转。整个循环的过程中，产生了我们不想要的波动。反馈的运用也需谨慎。

可以观察到，为了实施反馈，需要额外的系统部件：需要建立反馈通路的元件。在这个伺服电动机的例子中，传感器可以只是一个简单的电位计，将轴向位置转换为电压信号。在其他的应用中，可能会由于找不到恰当的检测装置影响反馈的应用。

尽管伺服电动机的物理构造与马桶的水箱截然不同，但是两者的响应特性确实是相同的。主要的特性都是积分器（电动机或马桶水箱）和带有增益元件（放大器或浮子）的负反馈。将它们放在一起就会产生一个恒定的稳定状态使被控对象的输出等于参考信号（参考电压或浮子的位置）。

7.4.1　输入 - 状态稳定性和反馈系统

输入 - 状态稳定性讨论的是带有输入的系统的稳定性。输入 - 状态稳定性可用于具有交互的系统或者特定的反馈系统中。

我们首先讨论一个通用的 ISS（输入 - 状态稳定性）系统的反馈结构，如图 7-4 所示。假设整个回路的增益充分小，那么整个系统是输入状态稳定的，这就是著名的小增益稳定性。

在图 7-4 中，外部输入为 u_1，u_2，系统状态（输出）为 y_1，y_2。内部信号 e_1，e_2。变量的含义如下：

u_1——环境对系统的外部扰动；

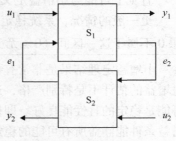

图 7-4　通用反馈回路

u_2——控制参考和测量误差的信号；

y_1——控制作用下的系统状态；

y_2——补偿器或者控制子系统及设计自由度的状态；

e_1——被控系统的控制输入；

e_2——从被控系统推算出的测量反馈。

小增益定理：

如图 7-4 中所示的稳定性结果如下所述：

假设系统 S_1 从输入 e_1 到输出 e_2 的 ISS 增益为 g_1。这一增益值的计算与反馈回路的结构无关，也就是说，假定 e_1 是完全没有限制条件的。在简单的情况下，比如说线性系统，增益值说明，e_2 的值小于 e_1 的值与 g_1（正标量）的乘积。

类似地，假设系统 S_2 从输入 e_2 到输入 e_1 的 ISS 增益是 g_2。那么这个增益与反馈回路无关，g_2 是系统 S_2 的一个属性。

下面将分析反馈回路中 S_1 与 S_2 组成的串级系统增益。这一串级系统的增益是 g_1 和 g_2 的组合。在最简单的情况下，增益 g 可以表示为 g_1 和 g_2 的乘积，也被称为回路增益。

结论：反馈回路的输入-状态稳定性，是从外部输入（u_1，u_2）到外输出/状态（y_1，y_2）以及回路信号（e_1，e_2），要求回路增益 g 严格小于 1。

增益裕量：

小增益定理可以对系统的稳定性评价进行量化，或者是稳定度，表示为增益裕量。

如图 7-4 所示，反馈回路中系统 G_1，而另外一个系统是一个纯增益系统 $G_2 = K$。

一般情况下，随着增益 K 的增加，反馈回路可能会变得不稳定。如果使反馈回路稳定最大的 K 大于 1，那么增益 K 被称为系统 G_1 的增益裕量。（1 起到特殊的作用，因为传统上一般假定单位反馈回路是稳定的。）

直觉上可能与小增益定义背道而驰，但是系统可能会有无穷大的增益裕量。

更一般的情况，系统稳定前提条件是要求增益 K 满足 $K \in (K_{min}, K_{max})$。如果 0 不属于这一区间（0 = 无反馈），那么这类系统是开环不稳定的。

小增益定理结果是非常有帮助的，但同时也非常的保守。实际情况中，可能对增益的估计不是特别严格，这些估计值可能不能满足小增益条件。而反馈回路可能是稳定的且性能良好。即使我们的增益估计值十分严格，我们也不能期望小增益条件能涵盖所有可能的稳定反馈回路。毕竟，增益只是说明了信号大小的作用，当然更重要的是信号本身而不是它的大小。

7.4.2　线性反馈系统

对于线性系统来说，稳定性和输入－状态稳定性问题可以用代数方法解决，有很多有效的计算工具可以利用。

让我们回顾如图 5-8 所示，实际上是如图 7-4 中所示线性系统的一个特殊情况。可以有助于理解反馈可以改变系统稳定性，反馈回路可以使得回路中两个不稳定的系统获得稳定的状态。令前向通道从 u_1 到 y_1 的表达式为 $G_1(z) = N_1(z)/D_1(z)$。反馈机构从 u_2 到 y_2 的表达式为 $G_2(z) = N_2(z)/D_2(z)$（此处为负反馈，见 5.6.2 节）。用框图表示，我们很容易得到 u 到 $y = y_1$ 的表达式：

$$G(z) = \frac{G_1(z)}{1 + G_1(z)G_2(z)} = \frac{N_1(z)D_2(z)}{N_1(z)N_2(z) + D_1(z)D_2(z)} \qquad (7\text{-}5)$$

分母 $N_1(z)N_2(z) + D_1(z)D_2(z) = 0$ 的方程根显然与 D_1 和 D_2 的根不同。也就是说，子系统 G_1 和 G_2 的稳定性不能代表整个反馈系统的稳定性。而反馈系统的稳定性也不能代表子系统的稳定性$^\ominus$。

举例来说，我们将 G_1 看成是连续时间的一个纯积分器，$G_1(s) = 1/s$，反馈系统的增益为一个纯标量 $G_2 = g_2/1$。基于上面的计算结果，闭环稳定性是由 $g_2 + s$ 决定的，所以当 $g_2 > 0$ 时，反馈系统稳定（详见式 6-7 附近内容的分析）。开环系统 G_1 不稳定。积分器的增益裕度是无穷的。在 G_2 中应用一个负的增益可以得到正反馈的效果，这使得系统发散。

相似地，在离散时间情况下，$G_1(z) = 1/(z-1)$，积分器也是在离散时间条件件下使用的，反馈系统 $G_2 = g_2$ 是一个标量。当 $g_2 + (z-1) = 0$ 的根小于 1 时，反馈回路是稳定的，唯一的根为 $1 - g_2$。也就是当 $g_2 \in (0, 2)$ 时，开环系统也是不稳定的。增益裕度是有界的，值为 2。负的增益或者是大于 2 的增益都会使得系统不稳定（参考 6.4.3 节的例子）。

使用波特图和奈奎斯特图，可以检查回路增益 G_1G_2 来确定系统稳定的边界条件，这也解释了在计算机出现之前频率法的流行。绘图方法是一个强有力的设计工具。频率法的关键是要保证回路增益 G_1G_2 的幅值永远不能大于 1，相位角偏移不能超过 $180°$。

运用频率法，可以得到 5.7 节中描述的一个或者两个积分器的不稳定性需要用正反馈。

如图 5-14 所示的只有一个积分器的回路中，结论是显而易见的，我们可以采用正反馈来得到无界响应（在上面刚进行过分析）。运用频率法的思想，将正弦波信号作为输入，显然积分器可以产生一个频率相同的正弦波输出，但是相位

$\ominus$　正如在下面的章节中讨论的那样，这也是在反馈控制系统设计的一个关键点。

移等于 $-\pi/2^{\ominus}$，与频率无关。回路增益可以任意大，也不会发生不稳定的情况。

即使我们用了负反馈控制也可能在回路中产生正反馈。正如前文讨论过的，回路中的元素决定了回路增益和相位移动。假设对于某些频率相位移动为 $\phi = -\pi$ 弧度或 $-180°$。这意味着符号发生改变，如果这一频率下的增益大于 1，作用效果就接近于正反馈，闭环回路不稳定。如果增益恰好为 1，则发生等幅振荡。

这一现象可以解释回路不稳定性，并且可以作为伯德图法与奈奎斯特图法的稳定性条件。

如图 2-13 所示，不考虑摩擦力时，系统具有两个积分器，相位偏移 $-180°$。每个积分器分别产生了 $-90°$ 的相位偏移，因此总的相位偏移 $\phi = -180°$。回路增益值为 $1/\omega^2$，于是当 $\omega = 1$ 时，回路增益为 1（通过这种方式可以识别共振模式）。

对于 3 个积分器串联的情况，任何常值反馈系统都将变成不稳定的系统。为了举例说明反馈的作用，我们用一点小的技巧。首先，我们用一些小的负反馈回路包围每一个积分器，以便在前向通路可以得到良好的稳定性能。如图 7-5 所示，每个系统的相位偏移从 $0° \sim 90°$ 不等。因此，整个系统的相位偏移从低频的 $0° \sim$ 高频的 $270°$。（由两个线性系统串联连接成的线性系统的相位偏移是每个线性系统相位偏移的和。）

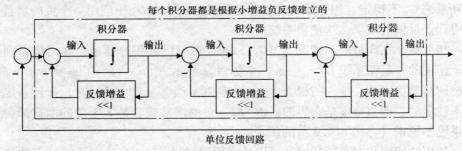

图 7-5　3 个连续稳定反馈积分器，单位反馈，小增益下不稳定

假设含有 3 个积分器的系统采用单位反馈。回路中内部元件的反馈增益越小，整个前向通道的增益越大。假如引入的反馈增益充分小，这说明在相位偏移 $180°$ 时的回路增益大于 1，最终会导致整个系统不稳定。

7.4.3　奈奎斯特稳定性判据

在实际应用中，反馈设计可以说是一项挑战。反馈综合设计中的一个先驱者是奈奎斯特，他最初遇到的是电报通信中的稳定性问题，需要采用信号放大器。

$\ominus$　如果相位偏移为 $\pi/2$ 或 $90°$，那么余弦的输入将会产生正弦的输出。

他提出了设计原则和奈奎斯特稳定性判据，处理单输入、单输出线性单闭环反馈系统的稳定性问题。

为了探究这一结果的本质，考虑一个稳定的单位负反馈系统（$G_2 = 1$），前向通道的被控对象为 G_1，如图5-8c）所示，该被控对象本身是稳定的。那么回路何时是稳定的？$(1 + G_1)^{-1}$ 是否存在？

这个问题可以表述如下：假设输入信号为正弦波，由于被控对象是线性系统且是稳定的，输出响应仍然是正弦波，并且频率相同，但是会发生相位偏移和幅值变化。实际上，该回路的所有信号在稳态时都是正弦波。对于应用的频率，开环回路的被控对象响应在增益至少为1的情况下相位移动了180°，那么负反馈回路就变成了正反馈。如果增益小于1，回路会有限的放大，那么所有的状态都是良好的。

通常来说，系统的输入不可能是单纯的正弦波，但是任何信号都可以被分解为许多个正弦信号（幂频谱）。如果我们要分析被控对象 G_1 的频率响应，很容易检测到在某些频率下，相位偏移 $-180°$ 时增益大于1。若是这样，系统将不稳定。用图来表示，如果我们画出 G_1 的频域曲线（见图7-6中的例子），在复数平面内，$(-1, 0)$ 这个点必须在左侧，或者在奈奎斯特曲线⊖外。

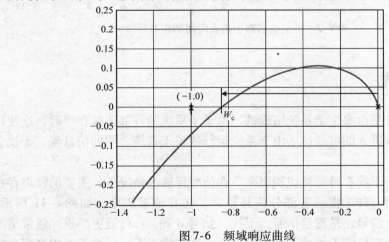

图7-6 频域响应曲线

7.4.4 带有延时的积分器和负反馈

一旦正反馈增大，我们就能清晰地看到，带有时延的系统必然会带来振荡（比如淋浴器）。一个 τ 秒的延时就能引起 $\omega\tau$ 大小的相移。即使是一个由

⊖ 根据奈奎斯特准则，需要绘制一个封闭图形，即奈奈斯特曲线，且寻找可能的环绕 $(-1, 0)$ 点确定稳定性。

带有延时的积分器组成的简单负反馈回路，在增益过大时都能导致不稳定。如图 7-7 所示中举例说明了这一情况。假设有一个简单的水槽，进水流量 q 是被控量，控制信号是液位 h 与参考输入 r 的误差的 k 倍，当增益过大的时候不难发现。回路增益为 k/ω，整体的相移为 $-(\omega+\pi/2)$。因为当 $\omega=\pi/2$ 时，发生 $-\pi$ 的相移。在这一频率下，回路的增益必须小于 1，因为 k 要小于 $\pi/2\approx1.5$。在如图 7-7 所示的例子中，增益为 1 时表示系统稳定，当增益为 2 时，系统响应明显发散。在这种情况下，水槽要么是空的，要么就过满溢出。当然，我们不会看到无界的信号，那样的话就是世界末日了。

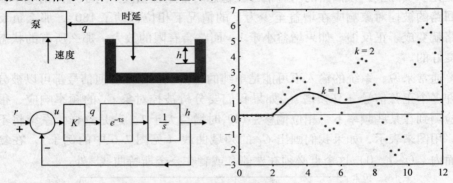

图 7-7　负反馈回路中带有时滞的积分环节

7.5　抗干扰

大多数系统是由多个子系统组成的。由于子系统的外部连接在一起，这使得不期望的信号有进入的可能性。由于系统运行依赖于系统之间的信息流，干扰会产生新的问题。

很多不同的干扰有可能被识别出来。在信号传输的情况下，主要的噪声存在于信号中，导致一些干扰或者部分信号损失。在其他系统中，如图 6-11 所示，无论是影响指令信号还是测量信号，干扰（信号 d 和 n）可能更严重。通常情况下，难以测量所有可能干扰或者成本很大。在这些情况下，反馈可以用来帮助减少这些干扰对某些变量的影响。反馈使得系统响应对干扰更加鲁棒。

下面通过举例来说明，如图 7-8 所示，工业锅炉或者蒸汽发电机（电力发电厂或建筑中的中央加热系统），用来提供蒸汽（去加热或者供给引擎）。

为了最大化蒸汽机的效率，它需要工作在设计所要求的液位高度，温度和压力条件。如果蒸汽机要在相同的负载下连续运转，只需设置一些规定变量让系统运转。正常情况下，下游的引擎或者需要供热的建筑，不会一直需要相同数量

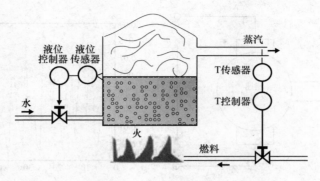

图 7-8 蒸汽发生器

的蒸汽。蒸汽的需求是变动的，因此蒸汽机要根据需求去产生蒸汽。蒸汽机中水的供应和锅炉的燃料供应也需要响应的调整。蒸汽的需求是很难被测量的，而且经常是不可预测的。反馈可以发挥作用，例如，基于锅炉温度的测量，锅炉燃料的供应可以被自动地调整。如果设计恰当的话，反馈将会发挥作用，温度降低会导致燃料流量的增加，反之亦然。负载变化的影响将会大大的减少，温度将会保持接近需要值。相似地，液位可以被用来控制水的输入，如图 7-8 所示。

通过回顾图 6-11，假设干扰 d 代表了蒸汽需求，或者锅炉的负载。如果没有反馈，在温度上的变化（输出 y）将会是这个干扰的 G 倍。在另一方面，应用反馈时温度和负荷变化的关系将会是

$$\frac{y}{d} = \frac{G}{1 + GKH} \tag{7-6}$$

如果 GKH 的增益远大于 1，那么这一关系将仅仅是 $1/KH$。设计控制器 K 的参数可以实现抗干扰的目标，也就是说，d 很大的时，K 也可以很大。如果 d 是常量，K 中的积分器将会完全消除负载干扰，即完全不需要知道蒸汽量需求，锅炉都会实现它！

7.5.1 噪声反馈

反馈不可避免的问题是系统输入将会受到对反馈效果测量的影响。这意味着不管任何时候，测量有错误，反馈将会产生错误的反应。由于没有传感器是完全精确的，任何的测量值都会与真实量存在着一些偏离。可以说测量信号是期望的信号加上噪声。

噪声将会不可避免地存在系统中，将会导致不期望的结果。例如在天线结构（见图 3-4）中，如果测量噪声激发出谐振，无线电望远镜将会是一个无用的装置。电动机的转速是由一个含有噪声的转速表测量的，如图 7-9 所示。

因此，我们需要尽可能好的测量装置，如果没有，可以对测量信号进行滤

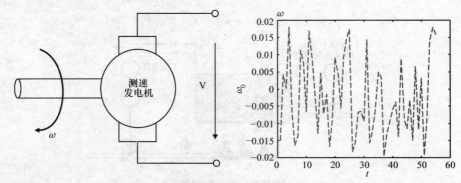

图 7-9　测速表和它传递的噪声信号

波，既是对噪声的抑制，又保持了必要的反馈信息。

　　反馈回路中的滤波器、观测器或者估计器是不同形式的部件，可以从带噪声的测量信息中提取尽可能多的有关系统/信号的信息。滤波器可以利用系统动力学模型，可以区分信号是来自动力学系统内部还是外部进入动态学系统的。有时，被提取的信息不仅仅和被测量的信号相关，同时也和系统中其他内部信号相关，就像状态，可以通过计算知道哪些反馈更加容易。我们将会在下面的章节中探讨这个问题。

　　如图 6-11 所示，式 6-17 已经定义了灵敏度函数：

$$T = S_{yr} = \frac{y}{r} = F \frac{GK}{1+HGK}$$

$$S = S_{yn} = \frac{y}{n} = F \frac{1}{1+HGK} \tag{7-7}$$

在理想条件下，（$HGK \gg 1$），这些运算将会简化为

$$T \approx \frac{F}{H}; S \simeq 0 \tag{7-8}$$

　　因此，为了降低噪声的作用，反馈滤波器 H 在给定的频率范围内增益很小，而在该频率范围内，系统的输出/参考输入将会有高增益或者在这个频率范围内放大输入信号。在噪声抑制和参考信号跟踪方面需要权衡设计。

控制性能的取舍
在任何反馈控制系统中都存在一个基本的权衡： 跟踪精度高不可避免的减少抗干扰能力。 　　由于跟踪信号（阶跃、斜坡、正弦）和那些被抑制输出噪声相比是非常不同的（至少从频率观点上），可以策略地在恰当的频率范围上配置跟踪精度。 　　反馈控制可以通过前馈来弥补，例如设计两自由度控制方法提高整体性能（可见 8.6.1）。

7.6　两自由度控制

如果存在不需要的外部信号，或有干扰作用在被控对象上，反馈可以用于减少对被控变量的影响。不需要直接测量干扰，对干扰产生影响的反馈同样也作用在被控变量上（那些变量已经被测量，否则将不存在反馈）。设计合理的反馈会减少被控对象对干扰的敏感性。

很难用前馈控制来实现这一效果，因为为了减小通过输入到级联系统干扰的作用，需要对干扰精确的测量或者先验知识。同理，在开环情况下，如果级联系统发生变化，则自动会影响输出。使用反馈可能减小对系统变化的依赖性，因此可以保持性能。

下面重新讨论已经在前面章节（见图 6-11）讨论过的典型反馈控制系统。被控系统或被控对象传递函数 G 是部分已知的、非线性并且也有可能是时变的。这个系统受到外部输入干扰 d 的影响，并且 d 不能被测量。为了简化，我们假设 $G_d = 1$。被控对象输出被噪声干扰 n 影响。测量装置状态转移矩阵为 H，被用来抑制或过滤在反馈回路中干扰 n 的作用。反馈控制是 K。参考信号 r 被输出跟踪，即 $y \approx r$。

从设计的角度，存在着反馈控制 K、前馈控制 F、更小的范围 H 及测量噪声滤波器的选择问题。K 和 F 共同作用，组成两自由度控制。

反馈可以用来使一个不稳定被控对象稳定，减弱干扰，抑制被控对象变化，及提高跟踪性能。另一方面，就像前面已经提到的，反馈也能够使系统不稳定。反馈的另一个负作用是可以影响测量结果。如果测量不准确（作为如图 6-11 所示中信号 n 的结果）将会得到不理想的控制性能。

一旦反馈 K（和 H）被设计用于实现输出响应和抗干扰的目的，则跟踪的性能可以通过 F 来修正。由于 F 在闭环外，它不会对回路产生太大的影响，而且根本不影响稳定性。在这种方式下两自由度控制可以同时实现输出响应和跟踪性能。由于反馈设计可以使价格低输出响应对对象变化的敏感，因此可以首先设计反馈控制，然后设计前馈控制改善系统的跟踪性能。

7.7　反馈设计

反馈可以使反馈的控制系统的性能优于开环系统的性能。稳定性、跟踪性能及抗干扰都是闭环系统的优点。当设计有某些特性的新系统时，必须将被控对象和反馈控制器协同设计，以实现整体的目标。但是，现实的情况是控制总被最后考虑。在设计被控对象之后，有一些新的需求，然后反馈被添加到一个已经存在的系统中，这个模式存在着明显的缺陷。

假设你想设计一个比赛用船，要求快速且安全。首先，你需要设计一个真正安全的船，强大地可以抵挡大风和海浪。这艘船势必将会变得非常沉重，并且反应迟钝。如果没有大量的反馈去最优地控制这条船，并根据风向进行调整，将会使这条船表现的像美国美洲杯冠军。我们应该设计一个低龙骨的船体、小的摩擦力和一个大的帆。缺陷是海浪的运动将会使船不稳定，产生很大的震动，实际上很难任意来控制，就像没有人能保证风向一样。因此，设计一只船，要求龙骨可以驱动，可以根据浪的运动来调整和控制龙骨，而船帆大并且可以自动调节，这样的设计可能是一个好的办法。毫无疑问结合控制系统和将要控制的对象来协同设计，会得到更优的解决方案。

相同的情况也会发生在设计由减振器和弹簧组成的汽车制动系统中。如果它们是无源器件，则如果它的刚度越大，车体的偏移越小，同样乘客也会觉得更加不舒适。如果设计地非常柔性，则在颠簸的路上会有大的振荡。反馈可以提供一种解决方案，依据路的条件和驾驶行为来调整阻尼：即所谓的主动悬架系统。

为了在系统设计中采用反馈，并使之成为优势，需要满足以下的条件：

- 控制目标一定要表达清楚。
- 相关变量需要可测量，并有合适的传感器系统。
- 传感器信息一定要与目标实现相关。
- 在传感器、目标和系统模型等信息给定的前提下，控制算法一定要能够决定如何采取行动。
- 反馈动作可以被应用到系统输入，需要提供恰当执行器的数量。

开环与闭环控制
简而言之，开环，例如串联或前馈控制；闭环，如反馈控制，有如下的特点：   • 开环系统控制不能影响稳定性，但是闭环系统能。   • 开环系统总是适当的，闭环系统则不一定。   • 开环系统是消极的，闭环系统是积极的。   • 开环系统无法抑制对象干扰，闭环系统可以。   • 开环系统对于对象变化很敏感，闭环系统可以抑制被控对象变化。   • 开环系统需要预先知道精准的对象模型和噪声，闭环系统既不依赖于精准的系统模型和噪声模型。   • 开环系统对对象测量不敏感，闭环系统依赖精确的对象量测。   • 结合前馈和反馈系统，两自由度系统集合了每种方法的优点，而且没有其缺点。

7.8 讨论

反馈在任何被控系统中都是最重要的特性。

反馈在大多数自然系统和工程系统中存在。在自然界和工程界中的基本元素本质上是非常简单的：累加器（蓄水池、能量存储）、增益、加法器和延迟。这些基本元素的响应总是简单的。很多系统的复杂响应只能由简单子系统互联成的反馈闭环中出现。因此，没有反馈，没有回路，就没有复杂性响应。

让我们总结本章的关键思想、现象以及一些值得注意的事情：

- 反馈可以用来使一个系统稳定或者不稳定。
- 如果回路增益小于 1，则闭环是稳定的。
- 反馈可以用来提高鲁棒性。为了实现鲁棒性，高增益反馈是必须的。如果在回路中有较高的增益，则过程模型和扰动相关性变小，全局的行为将主要依赖反馈回路中的单元，而这些单元被设计来实现控制目标。
- 高增益可能导致一些元件比如说执行机构趋于饱和。高增益提高了不稳定的风险。在稳定性和鲁棒性之间存在一个折中。
- 在跟踪和噪声抑制中存在一个折中。
- 两自由度控制器可以发挥作用。稳定性和抗噪声干扰性是反馈环节的任务目标，应该首先被设计。跟踪响应是前馈控制器的任务，可以基于反馈稳定环进行设计前馈控制器。
- 反馈控制对系统中出现的误差做出反应。处理非最小相位系统（即首先出现相反反应的系统）或者时间延迟系统（即是没有立即的反应）需要更加复杂的设计。简单提高增益方法将不会起作用。

7.9 评论与深度阅读

在工程系统和自然系统中，反馈是一个关键的概念，它能从基本元素创造出所需要的行为。正如已经观察到的，反馈能从根本上修正响应。反馈已经有了很长的历史（Cruz 和 Kokotović 1972）。

像我们所知道的那样，反馈在生活中的重要性已经被广泛认可了。Hoagland 和 Dodson（1995）已经给出了详细的介绍。Goldbeter（1997）详细论述了振幅的重要性以及在生物学方面反馈所扮演的角色。

Mayr（1970）讲述了反馈控制的历史，特别从时钟及漂浮机构的例子开始讲述反馈。

受到生物学的启发，Desoer 和 Vidyasagar（1975）及 Mees（1991）提出了输

入输出方法。Nyquist（1932）在早期工作中建立了经典频域的思想，Bode（1945）在此基础上进行了研究工作，Doyle 等（1992）在细节上进一步发展了经典频域理论。Limebeer 和 Green（1995）采用以应用代数和以最优化为基础的现代方法改进了经典的频域理论。尽管在反馈中建立了一系列基础的限制，我们仅能讨论其中的一部分。从这个角度上讲，不存在通用的或者统一的处理反馈的方法（即使是对线性系统）。

Astrom 和 Murray 在 2008 年提出了一个更数学化的反馈方法，已经被广泛的应用。

在非线性系统中，以及输入输出环境下的反馈方法仍在发展完善中。Sntag（1998）和 Khalil（2002）提出了输入 – 状态稳定性的理论。采用无源性思想的也取得很多成果，在此我们并不深入讨论。无源性扩展了系统增益的概念，并且提出了相位的观点，在线性系统背景下起到了重要的作用。对于这个概念的广泛应用以及如何把它应用在非线性系统中，Ortegad 等（1998）采用机电系统的物理原理做了详细的论述。Van der Schaft（2000）提出了一个更加数学化的方法。

反馈在电子设计中的重要性是无可争议的。Waldauer（1982）对此进行了详细论述。运算放大器及其在现代电子中的应用已经成为了所有电子工程专业的必修课。

在流程工业中，对于反馈方面主要的控制方法是 PID 调节器，有关 PID 调节器的设计问题可参考 Astrom 和 Hgglund（2005）综述性著作。

第8章 控制子系统

自由的假象
被控制的感受
究竟是谁在控制谁

8.1 引言

我们在讨论自然或工程系统的时候，有时候很难区分被控过程和控制器之间的区别。是老师在控制课堂，还是课堂在控制老师？我们首先考虑一个更为简单的例子，比如冲刷马桶，可以帮助我们清楚地理解启动冲刷马桶过程的行为，是接近开关传感器，或者是按下按钮，或者是拉一个链条来实现期望的效果：马桶干净了，并且可以继续使用。没有人关心马桶系统的内部工作过程。从这一角度看，完全理解反馈环的工作是很难的。

在一些其他的情况中，尽管反馈和过程都被很好地集成在一起，我们还是能够相对容易地辨别哪些是起控制作用的，哪些是被控制的。

例如机车中的蒸汽机，燃料在燃烧室内燃烧，锅炉产生蒸汽，通过蒸汽的压力推动曲柄滑块，进而转动车轮。如图8-1所示的瓦特调节器[⊖]，它通过齿轮的速度来调节蒸汽的供应。如果齿轮运

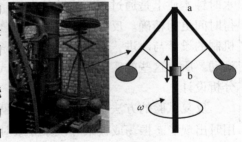

图8-1 蒸汽机车和瓦特调节器

转过快，蒸汽的供给量就会下降；反之，齿轮运转慢，就会产生更多的蒸汽。

在这种情况下，我们很容易地分清楚两种子系统：从燃料的化学能到火车动能的能量传递链，调节器调节速度。如果没有调节器，蒸汽引擎将不会安全地运行，风力面粉磨机也有类似的过程（瓦特就是采用风力面粉磨机的思想改进了蒸汽机）。

这个例子中的结构在自然界和工程系统中不断地被重复使用。

⊖ 由于火车的速度使得球围绕 a 旋转，产生离心力，提高了 B 点位置，减少了蒸汽供应。詹姆斯－瓦特，1736 ~ 1819，苏格兰工程师，在工业革命中起到巨大的作用。功率的单位是以他的名字命名的。

控制是非常普遍的，以至于我们很难找到不带有任何形式控制的设备。硬盘驱动器和光盘播放器有轨道寻找和伺服控制的功能。照相机含有图像稳定器。洗衣机含有排序，甚至有基于规则的控制器，可以像洗碗机一样，使能量与水的消耗减到最小。传声器、助听器以及录音器可以自动地控制增益避免饱和，提高所获取声音的逼真度。汽车内同样充满了控制设备，一些汽车内有线控制动控制、牵引控制、巡航控制、环境控制、引擎控制、灯光和雨刷控制等，可以根据驾驶条件、自主悬架系统等进行相对应的反应。飞行器、火车和轮船上也有类似的控制功能。在对效率和耐用性要求极高的今天，有迫切需求朝着网络化，智能化基础设施（水、店里、煤气供应系统以及交通网络）以及大型网络化控制系统的方向发展。

到目前为止，我们已经研究了系统简单互联组成的开环或闭环系统。在本章我们将更深入分析，特别关注控制子系统，包括控制子系统的组成，我们能从系统中期望什么，以及子系统是如何互联成整个系统的。

历史的记录

在早期版本中，反馈是一种艺术，是处理好事情固有的部分。反馈最早的例子大约是公元前 300 年古代罗马和希腊时代的机械化古水时钟（clypsydra）。水时钟本质上是通过不断流动的水记录时间，由于供水压力调节器的引入，使得时间更为精确。反馈艺术的另一个著名例子又与时间有关，实际上由于逃逸机制的设计与改进，本质是一种速度调节器，使钟摆的摆动优于机械钟的摆针运动。所有这些的实现都需要反复的试验，没有太多的理论或预测（这来源于分析设计）。

反复试验的方法在工业革命初期就已经失效了。事实上，在某些蒸汽机应用时出现稳态振荡或极限环现象导致对稳定性进行系统的研究，麦克斯韦[a]，劳斯[b] 和赫尔维茨[c] 对于这项工作做出了突出的贡献。在应用蒸汽机之前，在英国和欧洲大陆类似的调速器已经应用于调节风力磨粉机的速度。调速器应用在风力磨粉机的效果非常理想，但应用在速度更快的蒸汽机会产生动态的不稳定性，这在风力磨粉机应用时是没有出现过的。从第 19 世纪中期至 20 世纪中期，大约花了一个世纪的时间将反馈艺术变成工程学科。数字计算的引入使得自动化迅速扩散开来，现在控制工程已经是世界各地大多数工程课程的一部分。

1）詹姆斯·克拉克·麦克斯韦，1831～1879，发明了最为有名的麦斯威尔方程，描述电磁场。爱因斯坦称他为有史以来最伟大的思想家之一。

2）爱德华·劳斯，1831～1907，英国数学家，他最出名的工作是力学以及线性系统的稳定性分析。

3）阿道夫·赫尔维茨，1859～1919，德国数学家，因代数曲线而出名。

控制单元的作用如何与被控对象进行连接有着密切的关系。控制单元在串联和反馈回路中的位置限制了整个系统中控制作用的表现。反过来，又影响着控制单元的设计。控制单元的本质就是机械、电子、电力或数字，这些都取决于最合适的技术和应用。子系统连接成系统的方法如图 8-2 所示。

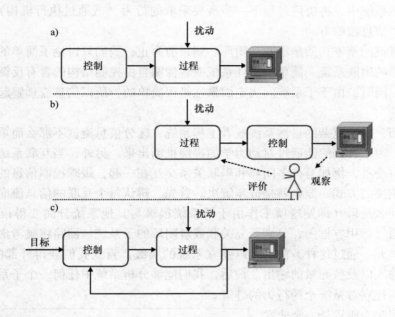

图 8-2 过程与控制子系统交互图

控制系统互联
a）开环，在被控对象前控制，控制单元为被控对象产生恰当的控制输入指令。 b）开环，在被控对象后控制，控制单元评估被控对象的输出，决定下一阶段的输入。典型的间歇控制和所谓的质量控制，这两类都不是实时控制。 c）反馈环，反馈控制。基于被控对象响应的实时信息以及输入到被控对象的外部信息，控制单元产生被控对象的输入指令。

我们可以想象出最复杂的结构，但是它们都是基于上述的单元组成的。

这些不同的手段将在第 10 章中进行更为深入地探讨，我们还将讨论控制系统设计。而本章的目的是分析控制子系统本身的结构。它们的用途是什么？可选项是什么？我们可以得到什么？本章中讨论的主要概念是信息流、控制目标和控制约束、前馈控制与反馈控制、混合控制、集成过程和控制。

8.2 信息流

监视和控制都依赖于从过程（或传感器）中提取出的信息，控制单元将信息传递至系统中，将决定过程下一步所要采取的行为（或通过执行机构）。因果性决定了信息流的方向。

信息流的基本构架是串联和闭环。到目前为止，我们只讨论了简单的互联系统：简单的串联系统、简单的闭环系统或者像两自由控制结构的含有反馈环的串联系统。同时，由于子系统间决定因果性是很简单的，所以信息流理解起来也是很简单的。

然而，对于复杂的自然系统或者工程系统，区分信息流就不那么简单了。尽管如此，因果性仍然能通过对动力学的理解推断出来。另外，当互联系统的拓扑结构变得凌乱，例如有许多闭环和串联关系交互在一起，跟踪控制信息的轨迹就变成了主要的方式。原则就是分步解决。首先，辨认每个互联的信息流向：什么是因，什么是果（即使这项工作由于子系统很难与其他系统分离变得很艰难）。然后，通过运用方框图，分别研究关联或者闭环的子系统。回路将被考虑成一个简单的单元。通过这种方法，可以建立系统的层级，直到我们获得外部的信号、独立的输入以及被测量的输出。最后，我们能够分析系统中任何一个子系统的层级，进而建立对系统全局行为的理解。

如图 8-3 所示是一个非常典型的信号流图。信息的主要流动方向就是从操作变量到数据采集系统的测量。过程产生的信号提供给了关于系统响应的信息，这些信息受到外部扰动的影响，然后被分析处理，最终被提交给控制器，操作员决定系统下一步该如何进行。

如图 8-3 所示可以推广到描述国家经济的运行方式。经营者对市场信息的采集决定了货币的价格（利率），另

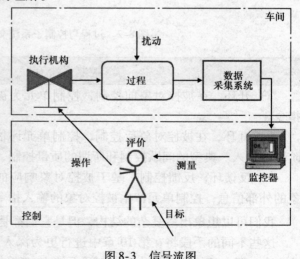

图 8-3　信号流图

一方面价格也影响着经济。这里面的重要数据，如交易平衡、负债水平和失业条件使经营者做出更长远的决定。

对于分布控制系统，信息流向变得更加复杂。因为分布式系统由许多相联系的子系统组成，各子系统具有不同的动态特性，运行在不同的时间尺度。对信息流的理解将对了解控制在系统中的角色起到重要的作用。

8.3 控制目标

无论我们在哪个层级去关注一个系统，控制子系统（控制器）的主要目的是产生信号，驱动（也可能通过人工干预的方式）被控过程，使得被控过程按照期望的方式运行。在控制子系统和被控过程间至少存在一种物理接口，在反馈环中有两个接口：传感器接口和执行器接口。

在有些情况下，这些接口只是直接的物理连接。例如，在瓦特的蒸汽机例子（例8.1）中，对飞球的位移与阀门位置的位移通过机械方式联系在一起，控制蒸汽的流动。

在其他例子中，控制器输出存在于不同的物理域，这些物理域存在于输入信号、被控对象或传感器中。传感器从物理域中将信号转换出来，对于互联的实现有着重要的作用。例如，控制器计算出代表下一时刻的输入信号，这个输入量必须转化为恰当的过程变量，如门的位置、电动机绕组的电压、力矩、电动机的转速或光波的强度等。在工程系统中，转换通常包括了电子器件和电气执行机构的使用，电气执行机构通过电动机连接到相对应的物理量范围内。在人体中也有相类似的过程，代表神经系统运动的电化学过程必须在运动发生前传递到肌肉组织。这一过程的发生通过肌肉神经接点的化学过程：运动神经元刺激突触释放出神经传导物质，然后传递到肌肉纤维的受体上，使肌肉产生收缩的反应。

基于控制目标、被控过程的知识（过程模型及其他关于干扰的相关信息）和测量数据，控制器可以计算出系统下一步所要执行的动作。

常见的控制目标包括：

- 调节控制或扰动抑制，典型的例子为蒸汽机调速器。目标是在存在干扰的前提下保持转速在预定的水平，存在的干扰为由于燃烧器条件的变化导致蒸汽压力的变化。在灌溉系统（见3.3节）中，需要调节供应渠道的水位，使得农民有足够大的势能覆盖田地。在灌溉系统中，干扰是用水需求的变化。

- 轨迹跟踪控制，典型的例子为射电望远镜（见3.4节）。目标是跟踪星球的位置，星球的位置相对于天文台随时间变化。外部干扰（如风）必须被抑制。跟踪往往也要考虑抑制干扰的要求。

- 顺序控制，在启动或关闭阶段所必需的。在过程达到稳态前，调节或跟踪为主要目标。例如，在速度调节器能控制速度之前，蒸汽必须达到足够的温度和压力。从冷的条件下启动蒸汽机，需要一个事件序列：给锅炉充水，检查水位，启动燃烧器，打开空气阀，打开燃油阀，启动点火，检查燃烧，达到运行条件。在关闭蒸汽机的时候也需要类似的程序。在大部分过程中存在一个类似的程序以及应急程序。在灌溉系统中，渠道在启动时必须被注满水。雨水事件会导致渠道紧急关闭。射电望远镜在大风速情况下必须暂停避免损坏。在其他应用中，如间歇反应器、洗衣机或洗车，排序是主要的控制任务（见第 3 章中描述的应用）。

1）自适应控制，在出现重大变化的时候，仍然希望保持系统的性能，通常需要大幅度调整控制系统。由于控制动态发生变化，应该适当地调整控制子系统，以确保控制系统采取的行动是合适的。天线系统（见 3.4 节）的机械谐振频率随着天线指向角的变化而变化，影响到控制输入的允许带宽，控制器需要自适应地调整，以应对这一变化。

2）最优控制，有时需要优化某个变量，而不是调节某一变量至一个特定水平，如达到最大的效率，或最高功率输出。最优控制目标是使调节变量的导数为零。实现这种任务的具体控制算法已经存在，如极值搜索方法，与自适应控制和学习控制方法密切相关。

3）故障检测和过程重构，从监测被控过程的响应来识别报警条件，并且通过控制系统来采取相应的行动。在这种方式中，可以避免不安全的操作条件，满足紧急情况下的要求，或为操作员提供可行的操作指导。在某些情况下，报警可能需要重新配置控制系统，特别是当执行结构失效时。重新组合冗余的执行机构，控制系统基于故障检测和报警条件可以实现重构，以保证被控过程的安全运行。

4）监督控制，应用于在有许多层次控制的情况下，如大型供电网络。供电网络随着运行条件的变化而变化，或网络结构本身的变化（切换），或组件失效。对新的运行条件进行评估通常会导致需要对控制目标进行重新评估，以便确定其时能有效保持。并基于这种评估，指导低层级的控制子系统动作。大型模拟和情景评价在控制设计中处于核心位置。

5）协调控制，通常是运行在最高层的控制任务，特别是存在清晰的控制子系统层次结构时。协调控制确保子系统正常协调工作。本地控制子系统指导和提供参考或设定值。在处理大型复杂过程的时候，每个子过程都有自己的目标，要与总体目标一致。协调控制确保局部目标实现，使得达到这整个过程的全局目标。它还有助于启动、关闭以及应急程序。

6）学习控制，可以利用被控系统运行时收集的信息来实现学习过程。首先采集被控系统响应的新信息，随后学习与自适应控制技术捕捉到这一信息，方便以后使用，如优化被控过程的响应。学习过程应用于反馈控制中，会导致非常复杂的系统行为。目前，这种复杂行为仍然是不完全清楚的。即使对于最简单的例子，也不能被排除控制系统的混沌行为。针对不同的对象会催生出不同的控制方法和技术：从基于逻辑和基于事件的，到离散时间控制器，再到来源于人工智能思想的智能控制系统。就像诺伯特·维纳在他的著作 Wiener（1961）所论述的那样，控制系统会模仿一些我们从自身行为体会到的经验。

　　不同的控制方式来自对自身的分析和设计工具。在现代应用中，都是协调运用多种技术达到预期的解决方案。迄今为止，控制工程理论和实践还没有发展到一个标准的软件"控制工程（4.13b）"，可以从问题的开始就引导我们选出合适的控制解决方案。

　　例子：

　　让我们重新讨论蒸汽机如图 7-8，以及人在回路内的情形，如图 8-4 所示。

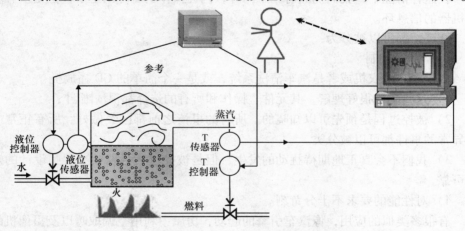

图 8-4　水位和水温控制

　　我们主要的目标是制造满足需求的蒸汽，当然还要保持被控对象处于正常状态，也就是水位、合适的燃烧条件和安全的压力级别等。控制单元就是确保水位和水温都被正常的调节。

　　如图 8-4 所示，操作员可以通过显示面板去监视被控对象工作的全过程。操作员可以跟踪系统的变化，然后调节设置。他通过程序指令根据需要制造出不同的蒸汽产品（改变压力、温度、流量）。操作员同样可以引入逻辑程序，包括启动或停止，或者跳到待机模式。

　　在更为复杂的操作里，控制单元可以监督许多的运行环境，并且能够自动地改变被控对象或控制。例如，基于燃料的经济价格，火炉能够在气和油之间切换，或者控制目标能够在备用锅炉的等待模式和跟踪调节之间转换，甚至调节子系统的控制器实现蒸汽流量动态变化时，调节水位高度。主控制器的从属控制器目标是在环境许可的烟道煤气范围内，将锅炉的效益最大化。

控制系统必须能够对故障作出反应，例如，紧急开关会在水位过低的情况下关闭锅炉，以至于不对锅炉本体造成物理伤害。

在第 3 章中，我们描述了所有上述系统可以预见的相似状况。

8.4 开环

我们已经提到过，开环控制指的是信息流不形成闭环的控制结构。用户决定控制器中的参数，控制器也对被控过程产生和应用控制信号。在存在外部干扰的情况下，被控过程动态地变化，最后由用户估计其结果。

在这种情况下，我们仍然有一个闭环，因为操作员将环闭上了，但是没有基于机器的信息环。

开环情况可以被分为：

（1）顺序控制

假设一个洗衣机或者是汽车清洗系统，或是一个简单的 CD 播放机：

1）这些装置很好理解，其元件、操作和所有的选择都很清晰明了。

2）被控过程是预先可以知晓的。所有的事情之前都已经做好，所有正常的和异常的事件都可以被分类。

3）我们不会真正地期待扰动的发生，但是被控过程可以被工程师设计的安全可靠。

4）对性能的要求不十分苛刻。

有很多类似的应用，像汽车引擎的起动，房屋中利用空调取暖以及摄像机的操作。在这些案例中，自动装置提供合适的语言以应对这类系统的分析和设计，如图 8-5 所示。自动装置可以进行编程，然后随着事件的展开执行一系列的任务。它们可能是基于事件的（在这种情形下，可能也会用到一些反馈，但在事件和时间之间是开环），或者简单地基于时间，在这种情形下，这类系统是开环的，并且即将发生的事件是完全未知的。

（2）开环控制

开环意味着不考虑被控对象的输出响应来控制可操作变量，所以没有信息闭环。

这在大多数的主/从系统中时常发生。主系统产生控制行为（很可能用一种复杂的方式），从系统实现传递命令。钥匙复制器就是机械的主从系统："传感器"扫描了原始钥匙的轮廓，切削刀跟踪此信号，复制了新的钥匙。或许我们都有过这样的经验：不会所有配的钥匙都好使，如果是因为机器的切割过浅，通过剖光可以解决这个问题。但是如果是因为切割过于多了，就没办法弥补了。

大多数的主从应用都和远程操作比较相似。如果应用在手术上，病人就会有

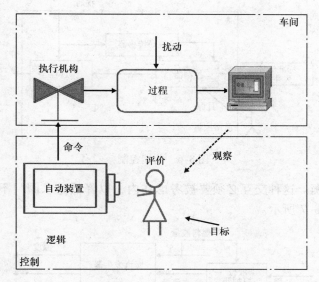

图 8-5 顺序控制

危险。如果应用在火星取样岩石上，那么大量的投资、精力和时间将会有很大的风险。

基于计算机的开环控制系统与顺序控制器相似，程序一般都会优先被计算，储存在控制器内，稍后被应用。人类的缺点是不能及时的反馈。如果实际系统的响应和预期的不同，它就会与计算控制指令的模型产生偏离。如果在计算时没有被考虑扰动在内，那么实际系统的响应将不会和期望匹配。

另一方面，如果产生控制指令的运行条件是十分精确的，那么系统将会无错误地运行。控制器不需要误差而产生信号，在反馈控制中也是如此。整个系统更加易于实现。大多数的机器人都在开环的状态进行操作。

（3）前馈

控制信号是基于从其他系统的信号源采集的信号来实时在线产生的。前馈控制是一个开环控制结构，其控制输出是基于对扰动和参考信号的测量进行计算得到的，如图 8-6 所示。

让我们再次讨论锅炉系统中水箱的水位控制。用户打开一个阀门得到更多的蒸汽，不需要等到水位下降才采取动作。我们知道蒸汽的消耗需要更多的水，因此增多的蒸汽需要控制器打开进水阀（或者增大锅炉的热量输出）。

有时像多变量的系统，对其中一个控制系统的扰动实际上是由另一个子系统产生的，该子系统控制与其他子系统有交互关系的变量。如果我们想要尝试同时控制水位和水温，水温的增加需要锅炉输出热量的增加。这将改变水/蒸汽、压

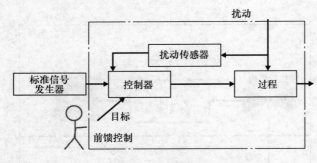

图 8-6　前馈控制

力和水位的平衡。这种交互必须要被考虑在内，以降低进水阀门不恰当的动作。这些想法如图 8-7 所示。

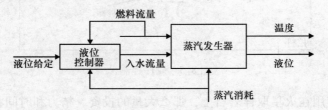

图 8-7　液位的前馈控制

　　相似地，当跟踪参考信号时，我们能够预先知道参考信号，所以可以通过先前的知识确定系统的响应与参考信号相吻合。采用这个策略去驱动汽车，向前方行驶而不是向后视镜看，如果是用反馈的原理驾驶车辆，就等同于只参考后视镜和其他设备中得到的信息来驾驶。

　　一般前馈和反馈同时使用，必须监控报警，以修正目标的实现。

　　（4）质量控制

　　质量控制是开环控制系统的一类特例。在制造工业中非常常见，这种方法主要是在整个过程完成之后进行测量、估计和改正。

　　例如，在第 3 章曾经描述的陶瓷制造过程质量控制。该过程包括：

* 测量瓷瓦的特性（尺寸、缺陷、外观等）；

* 按照之前定义的标准对瓷瓦进行分类；

* 对数据进行统计与分析，总结出对未来操作的建议，可能改变过程变量或在控制子系统中采用新的设定值；

* 向管理员报告以上发现。

　　一般情况下，这些行为都是在离线的情况下进行的，其反应时间也都比制造产品的时间长。

　　为了从质量控制中获取更多，我们可以快速地跟踪一些关键特征以接近实时反馈。可以基于部分测量结果，采用启发式或基于规则的方法。在这种情况下，纠正工作可以在很短的时间内实施。如果因为提高质量或者产量存在丰富的经济回报，对生产线进行质量改进的投资是值得的。

开环控制：
在开环控制中，信息只向着一个方向流动，如果不采用反馈，那么在以下的条件下，开环系统也可以稳定地工作： 　　• 具有良好特性的被控过程； 　　• 扰动可以忽略不计，或者扰动可测且可控； 　　• 对性能指标的要求不是十分的严苛； 　　• 但当存在以下情况时，开环控制是不适合的； 　　• 被控过程行为存在不确定性； 　　• 存在未知和不可测的扰动。 整个系统的动态行为可以由子系统的动态行为推导得到。

8.5　闭环

闭环控制利用被控过程输出响应信息来决定输入。反馈适用于下列几个或全部条件满足的情况：

1）干扰不可避免；

2）可以获得被控系统响应信息，这对于反馈来说是必不可少的；

3）对性能有严格的要求；

4）系统动态特性未知，或受限于很大的不确定性，或具有时变性。

如图 8-8 所示，在反馈系统中，控制信号需要的信息包括：所有可用信息、过程知识（包括过程知识不确定性的模型）、干扰信息（测量和模型）、需要满足的目标（参考跟踪、调节等）以及最重要的实际系统响应的测量。

反馈需要什么样的设施呢？很显然，反馈往往与成本息息相关。仪表对于测量和驱动都是至关重要的。上述问题的答案确实取决于总体需求。最重要的问题简单地说就是反馈必须能够确保是否满足所提出的需求和有足够的能力执行需求。

有时在某些应用中所考虑的目标就仅仅是需要反馈。例如，使用恒温器调节房间温度是很简单的：当室内温度太低时加热，当室内温度太热时停止加热。恒温器接收了一个相当粗糙的温度值：所需要的仅是判断室内温度与参考值上下限的关系。

一般来说，越精确的信息会产生更好的反馈。但是肯定存在着收益递减的规律。重要的是，反馈需要的测量信息是源于系统状态的概念。系统状态被定义为在给出当前和未来的输入前提下在给定的时间里用足够的信息预测系统演变。假如能够找到最少（最小维）状态对于反馈来说就足够了。对于系统来说不需要收集更多的信息，因此状态信息和状态反馈就是我们能做的事情了。

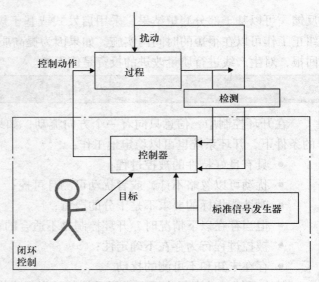

图 8-8　闭环控制

听起来很不错，但一般状态反馈需要大量的仪器和大量的通信容量来传输数据。基于完整状态测量的状态反馈是非常昂贵的，或因为状态无法衡量（例如试图测量铝土矿熔炉内部温度）而无法实施。

在这种情况下，状态信息实际上是非常有用的。闭环控制系统可能由两个独立系统组成：首先一个系统借助所有的可用信息（测量、模型等）产生（最佳的）猜测或者状态估计（或者任意可得到的中间变量），然后控制器子系统使用状态估计值去产生下一个输入值。第一个子系统，从测量、模型到状态，也被称为虚拟传感器，集成了许多与测量信号自身质量有关的特征。著名的卡尔曼滤波器就是一个虚拟传感器；这将在 9.2 节讨论。

使用部分状态信息的替代方法将在下一节讨论。

闭环控制：

　　一个基本的控制回路需要传感器、执行机构和控制器，与被控对象的相互作用决定了整体控制系统的响应。

　　下列情形中，需要用闭环控制：

- 被控过程不得不在不稳定的情况下运转；
- 被控过程的行为有很大的不确定性；
- 存在未知的扰动。

反馈必须能够容许一定程度的偏差，否则就不会有响应。实现反馈必须要提供检测量，要么是直接的，要么是关于控制目标达到程度的推算。

　　在下列情形下，反馈或许是不适用的：

- 需要的仪器仪表过于昂贵，或者根本不存在；
- 被控过程不存在不确定，并且也不存在扰动；
- 反馈设计不能被验证。

8.6　其他控制结构

　　除了前馈和反馈之外，许多其他的控制结构也已经被付诸实践，这些控制结构是一个混合体或者是反馈与前馈的组合。

　　借助简单的例子，回顾一下这些控制结构。

8.6.1　两自由度控制

　　控制系统的稳定性是由控制回路来决定的。当稳定性需要重点关注，同时系统又有扰动时，可能还有跟踪要求，单环控制策略不能提供足够的设计自由度去实现所有的目标。因为信号由系统来产生，跟踪性能显然不仅取决于闭环还取决于级联中的所有系统。于是有产生了常见的两自由度控制结构，如图 8-9 所示。

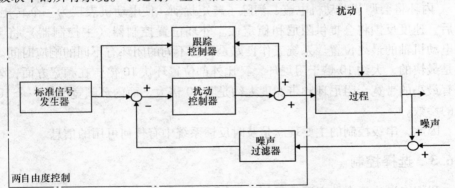

图 8-9　2DoF（两自由度）控制

　　第 3 章中描述的天线系统是这类控制系统的例子。天线应该避免外力的影响，如风。同时，天线必须指向天空中移动的物体（星体、卫星）。伺服系统使用两自由度控制器来确保对风的影响有足够的抑制，同时还要保证跟踪精度。

8.6.2　串级控制

　　完全状态信息未必能够全部获得，或者说很难直接使用。在串级控制中使用了级联的控制闭环，每个回路使用一个独立的测量和一个独立的操作变量。第一级控制器的输出是第二级控制器的输入。变量配对和多个闭环的顺序能够使控制得到非常有效的实施，并且不需要利用所有状态信息。

我们再次使用天线的伺服系统来做例子。天线最终需要指向准确的位置。位置偏差可以作为电动机的参考值，但是电动机的速度和转矩也是非常重要的变量（描述系统是如何工作的，也是系统状态的一部分）。电动机速度是可以测量的，同时电流（与转矩相关）也是可以测量的，用这些信息控制对提高系统整体性能具有很大的优势，如图7-3所示。这种多环或串级控制系统如图8-10所示。

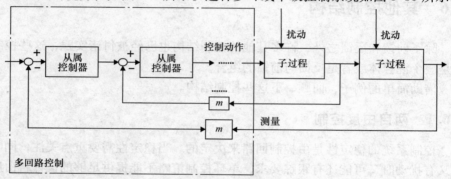

图 8-10　串级控制

内环将会调节电动机电流，消除了转矩扰动，使电动机表现为一个转矩源。然后，速度反馈将会提供阻尼和稳定性。外环位置控制器（主控制器）将会控制电动机轴的最终位置。系统工作良好是因为不同的闭环有不同的响应时间。内环是最快的，大约10倍于阻尼环，又比外部位置环快10倍。在频宽方面，外环具有最小的带宽，阻尼环频带宽度大约是其10倍大，而内环频宽又是一个10倍大的参数。

因此，串级控制的主要理念是及时反馈系统中有任何可用的信息。

8.6.3　选择控制

我们来讨论污水处理厂的案例。在污水处理厂中，所有污染物必须被净化，同时净化的污水应该满足安全和环境规定：温度、pH值、生物污染和混浊度必须受到监控。

在正常运行条件下，污水控制器决定了最大污水流量，以满足期望处理量。然而，在诸如洪水的紧急情况下，控制器将会短时"忘记"污水控制，并且控制输出流量以避免储罐外溢造成的严重损失。

对于燃油和气体流量的组合控制，安全常常优先于正常产生热量的锅炉组合控制。

另外，为了避免燃烧器中的混合物爆炸，通常空气应该过量。因此，假如电力需求提升，增加空气流量将会先于增加燃油流量。在相反的情况下，如果目的是降低电力供应，那么将会先减少燃油流量后减少空气流量。因此，根据工厂的生产需求来决定燃油和空气的先后顺序。

在第 3 章也阐述了一个选择控制的例子，涉及糖尿病患者确定胰岛素的用法，如图 3-26 所示。

8.6.4　逆响应系统

正如前面所提到的，反馈控制的一个基本特征就是反应：首先检测到一个误差，然后反应紧跟其后。

在很多系统中，只要没有使用纠正措施，初始的误差响应与后来的误差响应方向是一致的。不幸的是有些系统并非如此，最初的响应与最终响应的方向常常是相反的。

例如，对于带有纯时间滞后的系统，在初始阶段没有任何的响应。

对于非最小相位过程⊖，在这些情况下，初始响应将会误导反馈控制器。事实上，由于在实际控制过程中存在诸多的固有限制，不管我们怎样努力，这些系统都难以控制。

有关非最小相位系统典型的例子是锅炉水位控制。显然为了保持水位在给定参考点，如果液位低于参考点，入水口流量就要增大。在正常操作模式下，当出口蒸汽流量增加时，锅炉压力减小。因此，有更多的水沸腾并在水中产生更多的气泡，这将会有增大锅炉表面水容量的效果。液位传感器观测到液位的增加，随后减小入水口流量，实际上需要相反地操作。一个典型的响应如图 8-11 所示。蒸汽出口流量在 $t = 6s$ 时增加，导致最后液位降低了 4cm 左右，但是在前

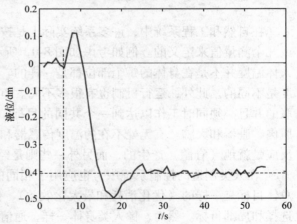

图 8-11　蒸汽出口流量增加时沸水液位响应

2s 中，液位实际上增加了超过 1cm。一个类似的问题发生在增加入水流量时，当这种相对冷的水进入锅炉后会使锅炉内水温降低，导致气泡消失并且液位下降。

⊖　在线性系统的背景下，非最小相位系统的传递函数有正实部零点，即有无界地输入也不会引起系统的响应。

　　对于这类系统前馈控制可能是有帮助的。例如，在先前的例子中，如果安装一个蒸汽流量计，液位控制器将能够提前知道蒸汽流量的变化（由于手动阀门 MV 的变化），并且（作用到自动阀门 AV）调节入水流量，预先对水位误差响应。测量到的蒸汽流量变化将会被引入作为水流参考值的变化量。然而，由于蒸汽与水流常常存在不同的动态，最后还需要一个更慢的反馈补偿。典型的控制结构图如图 8-12 所示。

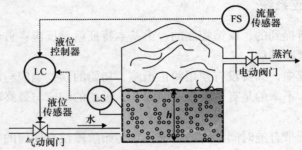

图 8-12　有蒸汽流量负载扰动时沸水液位控制

8.7　分布式和分级控制

　　在自然和工程系统中，许多系统实际上是按照空间来分布的，而不是由一个或几个测量值来定义的。例如考虑如图 8-13 所示的人体温度控制。首先要求的人体温度并不是在身体的每个部位都是一样的。心脏、大脑、脚与手指需要的温度是不同的。此外，运行机制也有很多不同。但最终所有的温度控制子系统是互联的并且必须同时工作以达到一个共同的目标。还有很多不同的温度：如皮肤、肌肉、脏器和大脑。有无处不在的温度传感器和神经末梢执做出响应。其中一些反应是就地（脊髓）产生的，而另外一些则是经由大脑来做出决策。

　　在人类创造的控制系统中，也应用了相同的规律。在复杂的系统中，尽管总体目标是一样的（优化消耗和最大化效益），但系统的每个部分有自己的控制选择和局部目标。然而，像人类身体一样，通信将会使控制器相互协调去达到总体目标。

　　因此，在分布式控制系统中，会存在简单的开/关控制器、自动装置、简单或复杂的局部控制器和协调局部操作的子系统间的信息交换。

　　回忆第 3 章介绍的瓷砖制造业。真正的目标是以最小的污染、最低的成本生产最多合格质量的瓷砖。该系统完全是一个分布式的系统，它由许多不同子流程的局部控制器组成的。所有子流程控制信号必须相互协调来达到整体目标。

　　目前，已经出现了许多分布控制解决方案。实际上，这一控制概念的出现受

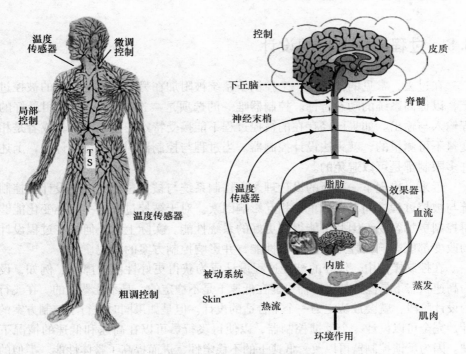

图 8-13 体温控制系统

到了传感器/执行机构网络新兴技术的启发。设计者可以选择元件、网络通信技术、计算机控制硬件及软件来设计系统，并获取一致的响应。这种分布控制的任务可以理解为分散系统（局部控制器的松散协作）或者是分层控制的结构，或者是一个混合体。想要知晓实际信息的拓扑结构以及在每次操作可以利用什么样的信息，并不是一件容易的事情。相互协调性能良好的鲁棒系统需要启发式的、基于经验的、基于专家知识的设计。

CCC：通信、计算和控制

当今的信息时代主要基于以下三大支柱：

- 处理信息的计算机（硬件和软件）；
- 使得信息数据可获取的通信手段（频道、发射器和接收器）；
- 如何利用信息数据的控制方法（算法）。

基于在通信、计算和控制领域的技术手段，网络控制被应用到了分布控制问题中。配备有（无）线网络设备的传感器与执行机构实现了反馈。这种反馈必须要利用有限的通信与计算资源来获取最大利润。如果没有控制系统，通信与计算只会使我们获得大量的没有信息内容的数据。

8.8 过程与控制协同设计

在过去，常见的例子是一个控制子系统被附加在另一个已经存在的被控过程上，以提高系统的动态特性。控制器唯一的选项是"选择"，可以利用最好的过程输入与输出。如果已经存在的被控过程不能接受特定的控制输入，或者是相关变量不可测量的，就无法设计控制器。当过程与控制器同时进行设计时，上述的许多限制都是可以避免的。

近来，出现了一种新的设计理念：控制系统与被控过程的协同设计。控制系统与被控过程之间存在着重要相互影响因素。对于被控过程的一点小变化能够使得控制更加容易，因此可能得到更好的系统性能。实际上，任何被控过程设计时的改变都能影响被控过程的动态性能，并影响控制方案的实现。

在控制操作中，保守的被控过程设计成为获得更好性能的障碍。例如，设计为高速状态下易操控的飞行器可能在低速下是不稳定的，是不能驾驶的。在飞行器的设计阶段，就会被认定为一个不合适的设计。但是如果同时进行了控制方案的设计，完全可以设计一个反馈控制器，以使得飞行员可以在高速和低速的情况下驾驶。因为反馈控制器可以改善低速下的不稳定性，进而提高了整体性能。类似的协同设计在 7.7 节中也有简略的提到。在机械系统设计中，操作性能与稳定性是一对矛盾的概念。如果在这两方面都想有很强的性能，需要协同的设计方法。

在使用热化学反应器时，最好的输出是反应器工作在开环不稳定的平衡点。恰当的控制系统（配有一个精心设计的安全网络，能够应对子系统中出现的问题）能够实现这一可能。

让我们用以下的两个经典的过程控制案例总结关于过程控制的讨论。

8.8.1 过程尺度标定及其控制

在过程控制问题中，最具有挑战的一个问题是控制大体积或流量液体的 pH 值，主要是由于氢浓度的极端范围（规模跨越了 14 个数量级）和在水中跟踪氢浓度的极端敏感性。更糟糕的是，pH 值调节点最为敏感。在调节点处，对于输入极端敏感，使得控制无从下手。

于是，在一个大的容器中调节到正确 pH 值几乎是不可能的，永远也实现不了。实际中的解决方法是标定过程的规模和控制，如图 8-14 所示。

在图 8-14a 选项中，扰动（流入容器的酸）的作用可以被 pH 传感器检测到（可能带有固有的时间滞后），并且 pH 控制器控制碱流量来中和酸。在图 8-14b选项中，用两个层级来完成上述的过程。

当强酸（pH < 3）和强碱（pH > 11）中和，大型的控制容器需要极大的耐

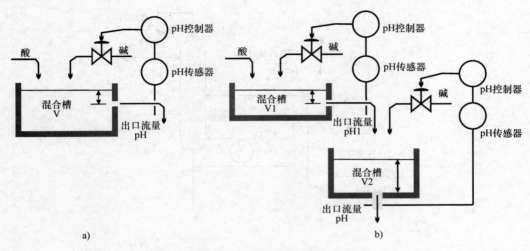

图 8-14 标定过程及其控制

a) 选项中 b) 选项中

心来解决,并且还需要一个几乎不可能存在的大型执行机构,并且有着几乎不可能的高精确度,这并不可行。

采用方案 b,使用小的容器,在第一个水槽中用一个精度不高的执行机构进行粗略的调节。在第二个水槽中,用一个小型的执行机构来精细地达到最后要求。

显然,过程也是需要联合控制策略来设计的。光靠单一的水槽过程是不可能达到高精度控制目标的。

8.8.2 过程再设计

与飞机可操作性的例子相似,我们举有两个子系统的典型蒸馏过程单元例子。蒸馏过程被分成两个部分。如果它们单独构建,加热和冷却的系统就要分别设计和控制,如图 8-15a 所示。另一方面,如图 8-15b 所示,如果两个系统能够一同设计,冷却系统能够一体化,系统的效率会更高,控制也可能更加容易实现。

相互交织的被控过程与控制
当我们设计一个新的系统时,过程与控制的协同设计是值得考虑的。以下情况可以获得更大的利益: • 可以提前描述预期的性能; • 控制子系统和过程子系统协同设计来达到预期目标; • 反馈明显的满足需要; • 在控制和过程子系统中,有最大的设计自由度来探索性能的极限。

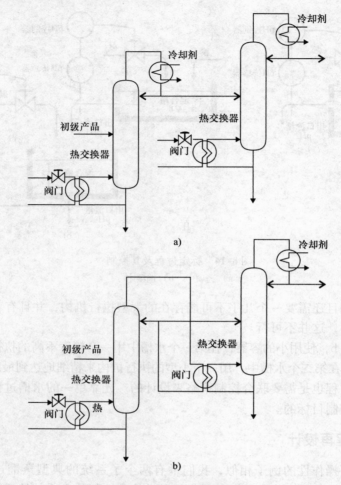

图 8-15 过程和控制协同设计

8.9 简评与扩展阅读

在这一章中，总结了与控制相关的基本概念。反馈在其中扮演了重要的角色，但是这只是一部分内容。或许我们应该及时地提醒我们自己，在反馈控制中，是根据模型来设计的，而不是针对一个实际的东西。因此，认识到模型是存在许多假设条件是十分重要的。我们不能因为模型的性能和仿真结果而得意忘形。通常情况下，如果一件事情看起来过于完美那它很可能存在问题。

许多文章是关于控制中的设计和优化问题的。深入的探讨控制与被控过程的关联的书籍多数是关于传感器的。并且呈现出针对特定领域研究的趋势，例如电、声音或者压电传感器，或者是与实际应用领域相关。实际领域的知识在这一部分尤为重要。Kawaguchi 和 Ueyama（1989）研究钢铁工业的控制问题。Hoydas 和 Ring（1982）做了大量关于人体体温如何调节的工作。控制和对于过程工艺的理解必须并驾齐驱才能得到最好的效果，例如 McMillan 和 Cameron（2005），做过大量关于 pH 值控制的工作。从许多控制产品的服务商也可以看到这一点，他们更倾向于将他们的服务集中在一个特定的地区或者是擅长的领域。控制系统设计的课程也是按照学科来划分的：机械、电子、化学或者是生物工程。或许课程并不应该这样设计。

　　Goodwin et al.（2001）撰写了大量关于控制系统设计的文章。在过程工业控制问题中 Shinskey（1996）的理论非常流行，Erickson（1999）的书中提出了协同控制的方法。许多人研究了多回路的设计，如 Albertos 和 Sala（2004）以及 Skogestad 和 Postlethwaite（1996）。要列举的实在太多了，有兴趣的读者可以很容易地找到相关的内容。

第 9 章　控制子系统的组成

整体大于其组成部分的相加。

亚里士多德

整体小于其组成部分的相加。

吉布斯

9.1　引言

就控制而言，我们必须同意亚里士多德⊖和吉布斯⊜。亚里士多德是正确的，如果我们不能从将各部分组合起来获益的话，搭建控制系统就没多大意义。毕竟控制存在的意义就是提高系统的性能。实际上，连接子系统时我们施加了约束并因此丧失了一些自由度，使得整个系统更容易理解，从这一点来说，吉布斯同样是正确的。从这个角度来讨论，他们都是正确的。

前文中往玻璃杯里倒水的例证涵盖了控制子系统的主要组成。整个过程是协调完成的。大脑利用眼睛和肌肉的反馈信号恰当地操作两只手完成动作。

基本的控制回路由如下部分组成：被控过程（从大水罐往玻璃杯里倒水）、执行器（作用于胳膊、身体和眼睛聚焦位置的肌肉）、提供过程变量信息的传感器系统（眼睛提供水流的视觉信息和大水罐、玻璃杯的位置信息，同时还有身体和腿的位置信息来产生行为，从肌肉获得的力量信息）还有控制器（大脑产生信号控制执行器，同时局部控制器也会本能地做出反应，比如水滴在左手上）。

在人造控制系统当中，所有这些组件也同样存在，不过用不同的技术来完成。在控制回路（见图9-1）当中，目前，我们总是划分出两个子系统：被控过程和控制。操作员通常通过直接作用于控制器子系统（见图9-2b）与控制回路交互。更实际地说，控制回路更像图9-2a描述的那样，控制子系统和过程子系统之间的界限更不明显。

⊖　亚里士多德，公元前384～322年，希腊哲学家，其作品极大地影响了科学的思考。

⊜　约西亚·威拉德·吉布斯，1839～1903，杰出的思想家，1863年他在美国获得了第一个工学博士，他的突破性的工作为热力学的发展奠定了基础。

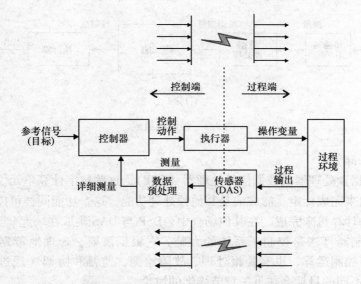

图 9-1　基本控制回路中的组成部分：过程端和控制端

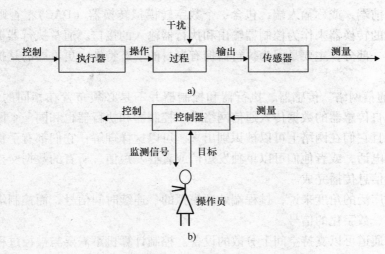

图 9-2　控制级联

a）过程端　b）控制端

　　目前，多数控制器都是数字设备，由微处理器或是通用计算机单元组成（见图 9-3）。

　　1）传感器或数据采集系统（DAS），检测我们感兴趣的变量，并通过引入模拟数字转换器（ADC）产生数字信号输出。它们的输入（以及内部操作）取决于被测的过程变量。传感器，尤其是当它的动态特性很重要时，通常看作被控

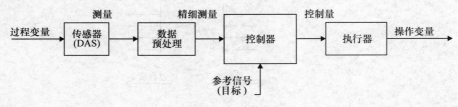

图 9-3　控制端组成

系统中的一部分。

　　2）数据预处理器或数据信号处理器（DSP），这些数字计算单元仅基于 DAS 的数字输出来完成标定、滤波或是其他预处理功能。这个功能同样可以利用执行控制算法的计算机来完成。在其他场合中，DSP 与 DAS 集成在一起。

　　3）控制器算法是控制子系统的大脑。它根据需要，合理地策划一系列动作，不仅有控制运算，也有警报处理、故障检测、监督和协调（通过与外界通信）。这些不同的目标会在下一章节详细的讨论。

　　4）执行器。执行器是控制子系统发达的肌肉。它的任务是将输入传送给过程。它的前端，或称输入端，包含一个数字转模拟转换器（DAC），否则就需要一个特殊的转换器来作为控制器输出和执行器输入的接口。通常执行器被视作被控过程的一部分，主要是因为执行器拥有自身的动态特性，更重要的是执行器自身的限制。

　　5）通信网络。传感器、执行器和控制器并不是必须布置在相同的位置上。通常将来自传感器的数据传入通信网络中。控制器和执行器也和同一个网络保持连接，而且它们在网络上可以被识别出来。可以这样理解：它们都有手机，可以给彼此打电话，或者他们可以单独发短信或者群发短信。所有的数据交换都通过网络上的信息传播完成。

　　从更广泛的角度来说，过程端处理模拟的、连续时间信号，而控制端处理时间上离散、数字化的信号。

　　通信通道可以支持空间上分散的设备。控制计算机不需要与被控过程放置在一起；而执行器和传感器通常与被控过程放置在一起。从这个角度来看，把传感器和执行器看作被控过程的扩展部分就十分合理了。

　　配置通信网络的控制系统有混杂时间和混杂信号的特点，这就引入了一些新的问题。

　　1）由于被控过程和控制必须通信，需要模拟转数字和数字转模拟的接口。动态量程（数值总量程）和精度（可以区分的数量级）十分关键，组成了设计的一部分。量程和精度会限制被控系统的性能，而且控制系统与被控过程的位置也会对通信系统有要求，需要考虑传输的信息数量或是信息大小的因素。

2）数字系统工作时使用量化的数字信号，而被控过程使用模拟信号，这就需要混合分析（模拟和离散的混合）。而用量化的数字信号来描述模拟信号到底好不好呢？

3）最后的目标和被控过程的性能有密切关系，对被控系统进行离散时间分析是不够的，因为采样时刻之间的行为（控制器调节被控对象的时间）也很重要。在控制器计算下一个控制信号和执行器执行这个新信号之间的时间里，被控过程是开环的。

虽然离散时间和连续时间之间、连续信号和数字信号之间有明显的不同，我们仍要尽可能用统一的方法来处理它们。

数字具有非常好的灵活度，可将各部分集成，并按同比例提高。从使用者的角度来说，即使通信网络属于数字领域，但其核心部分仍属于模拟信号的领域。

9.2 传感器和数据采集系统

传感器是检测或测量被控过程的设备（它也可以是生物器官）。传感器主要特性就是必须最低限度的影响过程，不失真实地测量和描述被控过程的行为，同时不改变被控过程的性能。（任何测量都确定无疑的从被控过程中吸收能量，也正是如此不可避免的影响被控过程的性能。）

被检测信号被转换成机械信号、电信号或是数字信号，用于控制子系统的输入（或是作为有效信号进入通信通道）。

转换过程就是变换器的任务。通常，传感器和变换器是整合在一起的，还常集成数字信号处理能力，被称为数据采集系统。

在传感器核心部分，传感器利用了其模拟输出（电压、电流、位置）和模拟输入（被测过程信号）的可重复的、为人熟知的物理关系。

在工程系统中，传感器的输出由数字信息组成，该数字信息较好地包含了三种信息——传感器标定（与校准数据）、信号值和测量时间。

为了获得检测时间，传感器需要一个时钟。因为时间是动态性能中极其重要的部分，这个时间必须准确，并且整个控制和通信网络中的时钟必须同步（否则很奇怪的现象会出现）。

以带调速器的蒸汽机为例，纯模拟领域的优势在于没有必要使用时钟。时间隐含在整个过程中。外界观察者只是利用时间来描述系统随着时间的演变。

因为单纯的传感器数值是没有意义的，所以传感器的标定十分重要。传感器需要标定才能使输出让人理解。被测变量和传感器输出之间的关系通常是非线性的（没有传感器可以拥有无限的动态量程和无限精度，而这对于线性来说则是必需的）。输入和输出的关系通常并不是静态的，而是动态的。更糟的是，这个关系随着运行条件（温度）和运行时间的改变而改变。传感器会损耗，会出现误差等。所以为了让传感器正常工作，需要很多额外的电路和监控。"传感器系统"这个词确实名副其实。

为了解释测量到的信号、单位、标度以及灵敏度，一般来说必须了解整个传感器的配置。这个配置在只有几个传感器的时候会很简单，但当一个多通道测量系统中有很多不同种类的传感器相连时，配置就很棘手，需要注意细节。

先抛开测量变量的基本过程，虽然对每个传感器（比如热电偶、转速计、应变仪、流量计或是酸碱度计）来说都是特有的。现代传感器或数据采集系统的理想特性是：

- 将测量的变量转换到合适的物理域内；
- ADC 将模拟信号转换到数字信号；
- 测量需要的全部量程；
- 呈线性关系；
- 减小测量时间、时延和动态效应；
- 提供需要的精度；
- 避免误差（漂移、偏差、噪声）；
- 识别故障和信号错误的状态；
- 实现自我维护；
- 需要重新校准时发出预警；
- 有合适的通信接口，可以让使用者和其他设备访问和校准传感器。

传感器的校准和转换对解释它们的数字输出是十分重要的。标记语言正不断发展成为传感器所需的、用以解释数据意义的标准信息。SensorML 就是一种正在发展的传感器定义标准[⊖]。

在反馈背景下，传感器扮演重要角色。

- 任何测量误差都会误导控制过程。量化误差、超量程误差和传感器的动态响应都会限制控制性能。
- 传感器精度对于控制的精度有很大的限制。
- 控制回路的性能也受传感器动态特性（延时，额外的时间常数）的影响。

可以通过采用冗余降低这些问题的影响，但并不能消除。传感器冗余可以通过安装额外的传感器（硬件）实现，也可以通过使用软传感器（软件）实现。软传感器作为控制算法的一部分将系统模型和测量连接起来，以提高后者的性能。同样的，前馈控制也可以在一定程度上避免上面的问题。

⊖ 美国气象局正在制定此标准在其感兴趣的领域以协调所有的传感器信息：天气预报。参见 http：//www. opengeospatial. org/standards/Sensor ML。

控制—传感器的相互作用
传感器的性能限制控制和反馈的性能。 优质反馈需要优质传感器。

　　现在，即插即用传感器和所谓的智能传感器提供了很多上面的特性，并且不只是进行单纯的测量。传感器系统是一个小型的计算机与通信设备，加入了额外电路，包括放大器、数据转换器、微处理器、固件和一些非易失性存储器。因为它们都是基于计算机处理器的设备，这些传感器可以自动去除传感器原始读数的非线性、偏移和增益误差，这样就能消除控制处理器对数据处理的需求。在智能传感器上的校准数据可以本地存储，这样整个模块都可以移除和重新使用，避免了人工重新校准。一些智能传感器系统是单晶片系统，即它们完全集成在一块硅电子设备上，可以轻松作为嵌入式硬件植入更庞大的系统中。

　　如图 9-4 所示展示了传感装置（热电偶和电桥）传送模拟信号和 ID 块，包括传感参数、校准和传感器位移的数字数据、模拟转数字的混合器/转换器以及让测量更简便的数据预处理器。

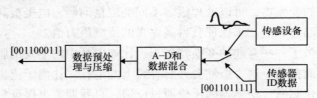

图 9-4　智能传感器组成

　　在远程数据检测和基于网络的控制系统中，无线装备的智能传感器可以对原始数据本地处理，然后将处理后的数据通过合适的通信协议传输到网络上。为了让这项技术更简便，很多接口标准正在开发当中。

9.2.1　变换器

　　像之前提到的一样，在控制子系统和被控过程子系统中间必须有一个接口，可以将控制输出的信号转换成被控过程的输入信号。相类似的，测量到的对象过程输出必须转换成可以被控制器解读的信号。

　　在某些情况下这些接口是即时的，如飞球调速器。

　　更典型的，接口有一个可以按需要转换不同域信号的变换器组成。控制器的输出就是电流或电压或是计算机表示的一个数字。这个信号需要转换为被控过程的物理输入。

从控制器到被控过程典型的变换方式是从一个（数字）数值（计算机内部）转化为一个电信号（电压或电流），再到机械运动（电动机）以及我们感兴趣的其他形式。比如，为了改变煤气炉的热量输出，我们可以使用下面一系列子系统：数字量（控制器输出）通过数字转模拟转换器（DAC）被转换为电信号，来驱动电动机或是其他执行器。电动机通过带动阀门上的轴来控制阀门，阀门调整气流大小继而调节煤气炉的热量输出。

相似的，炉温和数字控制器之间需要变换器连接。炉温可以通过热电偶（两块不同温度的金属在连接处产生电压）来测量。热电偶测量的电压通过 ADC 转化为控制计算机可读的数字信号，并且将实际温度和给定温度比较，为煤气流量设定合理的输入值。

力可以通过弹簧来测量，弹簧的伸长与力的大小成正比（胡克定律）。同样，物体受到力的作用，可以改变物体本身电阻的阻值，基于此原理的应变计也可以使用，力可以通过电压的变化观察到。

在电容板上安装有弹簧，压力的变化可以通过静电充电电容来获得。压力会在电容极板上施加一个作用力，电极板的偏移会导致电容电压的变化。这就是电扩音送话器的核心工作原理。电极板大小、弹簧负载和电荷密度的变化产生了多种压力转电压的变换器，可以处理很多不同的测量问题。电极板和弹簧的惯性表明需要最小化动态响应，来保证获得高保真的待测压力值。

生物学提供了一些有趣的变换器例子。比如内耳中的毛发细胞会随着作用在耳膜上的声波而振动。这个振动会开合耳膜上的毛孔，让离子流出，在听觉神经细胞中产生电化刺激。变换器的反应通过反馈，自我调节来保证只有很少的毛发细胞对于声波中的特定音调做出反应。每一种声音都被即时的编码成为音调，因为只有代表那些音调的毛发细胞才对此做出反应。而且在声音中每个音调的强度也在毛发细胞中编码出对应的强度。

9.2.2 软测量

在某些情况下，需要的变量并不能通过硬件传感器直接测量，可以通过动态特性和其他可以通过硬件传感器测量的信号推测出来。这就是所谓的软测量或称虚拟传感器。

如图 9-5 所示说明了这样的概念：通过采集被控过程或过程模型的信息（包括操作变量输入和干扰），可以估计部分或所有的内部变量。

软测量或是虚拟传感器是以能观性的概念为基础，利用滤波理论获得的。能观性是指利用对过程模型的知识和对系统外部信号（例如输入输出信号）的简单测量，重建系统状态的可能性。这是系统理论中一个重要概念。可观测性是系统理论的关键概念之一，因为几乎所有的系统（线性和非线性）都具有这一性

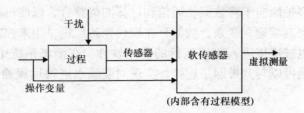

图 9-5　基于信息处理的虚拟传感器

质，并且能观性也有不同程度：有些变量要比其他变量更容易观测。

卡尔曼滤波器：

目前，在软测量或是虚拟传感器中最成功的案例称为卡尔曼滤波器⊖。自从卡尔曼在 1960 年写下他开创性的论文之后，卡尔曼滤波器在控制和信号领域内广泛应用起来。

卡尔曼滤波器或其改进版本可以估计模型全部状态，需要满足：

• 被控过程动态特性模型，尤其是包含输入如何作用于状态、状态如何与输出联系的状态描述。模型不必精确，对模型误差的估计是必要的。

• 测量系统的模型，尤其是测量误差统计特性模型。

• 被测量的输出信号有足够信息（能观性必须成立）。

• 所有输入输出信号必须可测。

• 对状态的合理初始假设。

卡尔曼滤波器的极大成功应该归功于对模型的需求小。简单合理的模型，或许加模型误差的估计就已经足够了。当然模型越准确，我们从虚拟传感器中得到的就越多。

9.2.3　通信和联网

控制系统中的大部分组件都是联网的，通过通信网络交换信息。实现这个网络有很多种方法，提供不同级别的安全保护、速度、并行性和鲁棒性。有线的、无线的和带有线控制网络的混合无线电。现在有很多标准存在，为了处理新技术新需求，还有更多的标准正在开发。这属于监控数据采集系统（SCADA）的领域。

⊖　鲁道夫·卡尔曼，1930—，在匈牙利出生，就读于麻省理工学院获得硕士学位，1957 年在哥伦比亚大学完成了他的博士研究。他因滤波器的研究而出名，被称为卡尔曼滤波。第一个卡尔曼滤波器是由美国国家航空航天局的斯坦利·施密特实现，应用在阿波罗太空计划，同一年，卡尔曼发表了开创性的研究。自那时以来，卡尔曼滤波器是系统的理论概念，产生深远的影响。

现在的趋势是倾向于将数据、通信和计算网络整合，以使过程的管理端可以和工厂的日常控制端建立联系。例如，在现代瓷砖厂里，用来控制窑炉燃烧器的传感器的信息也被连接进入工厂运行的监控软件。在灌溉系统中，SCADA 系统中无线电通信网可以与宽带网络连接，实现对灌溉水进行远程通信服务。（见第 3 章）

9.2.4 传感器和执行器网络

随着电子设备的发展，尤其是在芯片上集成无线电设备以及搭建单芯片系统的能力，已经促成了微传感器的发展，如图 9-6 所示。这些微型设备可以检测不同变量（温度、近似度等），在需要时也可以临时建立通信网络传输检测的数据。这些进展正在推动着家居自动化和楼宇自动化，是驱动经济的新技术之一。

图 9-6　微传感器和一欧元硬币比较

如图 9-7 所示描绘了在第 3 章中提到的灌溉系统中获取信息的传感器/执行器网络。如图 9-7 中所示的下层，农场传感器主要检测水位和流量，同时也检测温度、湿度和太阳辐射，在某些情况下本地气象站的信息也会被包含进来。如图 9-7 所示中也显示了相关设备的例子。

在第二层，所有无线电设备都联网工作，网络节点和中继器对收集到的数据进行集中并对信息进行预处理。这样，就可以利用传感器数据之间的动态关系，网络的可靠性也因冗余而得到提升。同样的，如图 9-7 中也列举了一些相关例子。

最后，在最高一层，节点和中继器可使用光纤网络通过一个中央节点连接起来，在中央节点处所有的信息被用来管理系统。

传感器
传感器见证了被控对象里的真实情况。传感系统提供关于被控过程的数据，也提供关于干扰及其随时间变化的数据。从这些数据中获得的信息是所有控制的基础。

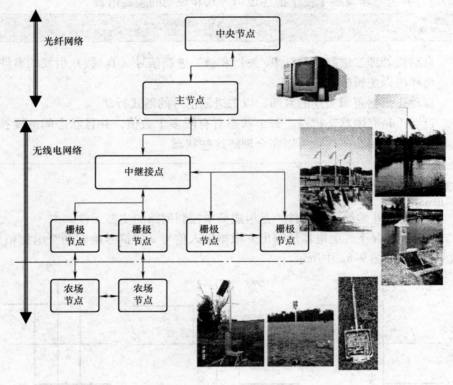

图 9-7　灌溉检测网络的组成

9.3　控制器

在前面已经描述过控制器的任务了，在这里我们讨论一些最简单最常用的控制子系统。

9.3.1　自动机和 PLC

第 3.5 节中自动洗衣机、自动洗车机或是自动售货机的信号都是用二进制形式表示，用一个容易辨认的事件序列决定过程进展的系统。这些系统称为自动机，它们的控制器也是自动机。

它们的复杂性来源于这样一种情况，它们只有很少的运算 {与、或、非} 并且信号的值只能是 {真、假}。它们的要素很少，因此即使一个很简单（但不明确）的表达（好比"让我们洗车吧"），在布尔代数中也成了一个很长（非常精确）的句子。为了可以系统地执行自动机，我们发明了可编程序控制器

（PLC），并进一步发展了便于描述逻辑等式和规则的编程语言。

自动机
自动机处理二进制信号（开/关）和被二进制信号（真/假）引发的事件。 　自动机以逻辑陈述为模型。 　自动机根据逻辑描述的判断，以二进制信号的形式行动。 　自动机是有限状态机器。每个状态有有限多个数值，并且状态间的变换也是有限的。利用布尔代数可以完全理解这些状态。

9.3.2　开关控制

继电器是非常简单的元件，是组成简单控制回路的主要元件。

在理想情况下，继电器的输出 u 根据输入信号 e 的符号确定两个电压值 ± V 中的一个，如图 9-8a 中所示。

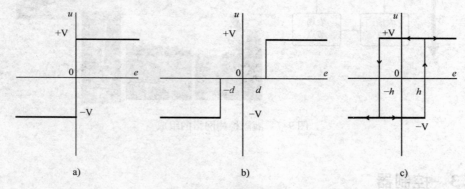

图 9-8　继电器特性
a) 理想　b) 死区　c) 磁滞

与阈值探测器连接的继电器可以用作一个简单的恒温器：它根据室内温度过低/过高，来切换加热的开/关。很明显，开关控制很简单，只提供低品质的控制。被控变量将会在给定点附近振荡。这些振荡的性质决定了这个控制的可接受程度。

因为技术的限制，也避免连续的开关振荡，实际的继电器特性略有不同。如图 9-8b 中所示显示了死区的引入。只要继电器的输入在阈值内，输出就消失。（这样恒温器就会工作的更好，加热器也会寿命长很多。）

继电器也会出现一些磁滞现象。如图 9-8c 所示就显示了这个现象。切换点取决于输入信号在穿过切换区域时是增加还是减小。

继电器有很多应用，特别是在电机控制当中，比如在电梯、传送带和起重机。

9.3.3　连续控制：PID

在工业过程的局部控制子系统中使用最广泛的是 PID 控制器。PID 代表比例、积分和微分作用。

（1）比例控制

最简单的反馈就是让输入与检测出的偏差成正比来消除偏差：负比例反馈。这是 PID 中的 P。

比例反馈是最基本的控制器。它有一个明显的缺点：没有偏差就没有控制量。所以如果这个控制器工作，并且被控对象需要一个输入才能工作，这样就会一直存在残留误差。

比例控制器中的增益越大，控制误差就会越小。同样的，增益越大，系统响应速度便越快。但是随着增益变大，系统会变得不稳定。

尽管如此，比例控制器在很多应用中都已取得成功。瓦特调速器（见图 8-1）也许是最著名的比例控制器。由于在更先进更快的引擎中，这样的控制器导致了不稳定性的现象，引起了对稳定性的理论研究。

（2）比例积分控制器

为了消除比例控制器的缺点，我们加入了积分器（PID 的 I），形成了比例积分控制器。控制器输出是两项的和：比例反馈和误差项的积分。

在这种模式下，对象输出的误差可以变成零，并且因为积分器对过去的误差进行累积或者积分，积分器会保持一个输出，所以仍会有控制动作。

很显然也存在这样的问题：积分器的初值是多少？每次被控过程改变操作条件时都要考虑这个问题。通常 PI 控制器有所谓的软切换程序，允许在保证不引起令人讨厌的电流电压跳变的瞬态响应情况下重新设置积分器。

设计这样的控制器更加复杂，需要设置两个增益变量：比例和积分，并且积分需要一个初值。同样，积分器增加了整个系统的动态复杂度。因此，调整比例积分控制器需要更多精细的设计，但额外的设计自由度可以保证它在多种控制条件下有良好的表现。

（3）比例微分

比例作用是即时的。积分作用积累过去。通常一些超前的操作也很有好处，微分作用就能提供这样的操作。D 代表微分，微分有能力预测信号的未来取值（有限制）。

特别在机械设备的位置控制中，如天线控制，被控对象本身拥有高惯性和低阻尼。这会导致相对缓慢的响应速度，并且在有共振的时候，振动性也会出现。阻尼可以通过速度反馈，或者确切地说可以通过位置的导数来反馈。

在比例微分控制器中，控制量与当前误差成正比，并且可以扩充为与当前误差变化率成正比。

在比例微分控制中我们主要关心的还是它对噪声的敏感度。对噪声的微分会对控制量有更具欺骗性的影响。要是使用比例微分，必须对噪声进行滤波或者抑制。

（4）比例积分微分

比例积分微分控制器将 3 个选项都使用了。这是目前唯一最流行的控制器，据报告称全世界超过九成的简单控制回路（单输入单输出）都是用比例积分微分控制器。

比例积分微分控制

控制量是 3 个不同项的和，它们分别与当前误差、历史误差积分和未来误差的简单预测有关。

- 比例控制量与观察到的误差成正比。它提供对当前误差的即时响应。
- 积分控制量将历史误差积分提供一个持续响应。它的引入是为了消除规定环境中的稳态误差。
- 微分控制量与误差微分成正比，预测响应过程。它的目的是提供更好的阻尼效应和更快的响应速度。

控制器的设计包含了 4 个参数的选择，即 3 个控制增益和积分器的初值。

为了改善 PID 控制效果，现代的控制器使用更多的过程模型、干扰模型和噪声模型的信息，关注更精确的对象模型预测和对过去的总结。

9.4 计算机控制器

基于微处理器的控制器只能处理数字量，基本的数字控制回路如图 9-9 所示。最常见的控制算法、PID，经常通过数字控制实现。主要区别在进出控制器的信号是经过采样获得的。最常用的采样技术是周期性采样，就是在相等的时间点上控制器接收和发出信号。

在采样周期内，控制输出同样也是执行器的输入保持不变。所以对象在采样周期内等效成开环控制。假设与动态响应速度（考虑奈奎斯特采样准则）相比采样周期很短，采样数据控制和模拟控制的区别就很小。当然，采样时间也必须足够大，以便完成决定控制量所需的计算。当前，只有难度很大的控制环境才需要特殊目的的硬件设计，因为计算与传感器和执行器相比十分便宜。控制里的（资源）限制并不是由控制计算机产生的。

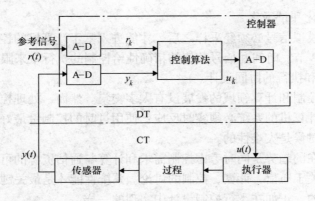

图 9-9　基本数字控制回路

　　然而，数字控制并不是模拟控制，计算能力也是有限的。更重要的是，计算机算法本质上是顺序处理的。所以当很多控制回路共享计算机硬件时，必须保证所有控制任务都能在平等的基础上完成。平等是从系统性能的角度上来说的。有一些特殊的操作系统，时间起直接作用（称为实时操作系统），目前正在不断解决这些难题。

　　下面就是一些区分计算机中模拟实时环境和顺序编程环境的要素。这些要素在共享通信网络中实现控制数据通信时变得很重要。

- 检测、通信和计算会有延时。延时会影响系统性能。
- 采样时间是在两个控制更新之间的时间，大体上随必需资源的可利用性而定。采样成为一个事件而不是一个周期性现象。
- 信号时序会受影响。所有信号的时间戳是必不可少的，需要全网络范围的时钟同步。
- 有些测量会丢失或是延时。
- 因为通信或是计算误差，新的失效模式也会出现。
- 因为计算机硬件复杂性，控制算法的验证和认证也变得更加复杂。
- 局域控制会与其他任务纠缠在一起，比如监管、协调、警报监视、警报反应。为了保证性能，必须建立资源分配和资源保障。

　　在这样的设置下，控制规律可以在软件里实现。通常，控制代码仅仅是支持设备运行的一大部分代码里很小的一部分，优势是计算机环境所提供的灵活性，可以实现更具挑战性的控制思想。它的劣势是控制从根本上改变了系统的行为，因此保证系统性能通常是非常重要的。环境越复杂，任务越困难。没人能接受自动驾驶系统这样通知我们：对不起，计算机暂时失去驾驶能力，请等待系统重启。

（1）离散化和量子化

过程中的模拟信号必须经采样之后，才能进入基于计算机的控制器里进行处理。参见 4.4.2 节。时间和信号数值的精确性给控制的执行带来限制。

（2）控制和执行的协同设计

传统上，控制和计算领域的发展没有太多交集。然而，处理控制时间时极其关键的。基于计算机的系统必须实时反应：使用过时的控制量最好情况下是没有用处，最坏的时候是灾难性的。

因此，现在的趋势是同时考虑控制需求和计算与通信资源的可利用性，可以参考第 8.7 节关于通信、计算、控制的讨论。系统性能才是最关键的，协同设计都是自动完成的，正如在飞行控制设计中实现的一样。

被控系统的大脑
基于计算机的控制器决定了被控过程的输入。 计算机和人脑在很多方面上都有不同。计算机缺乏创造性、推理能力、活泼个性、性格，但在控制领域中这些缺点反而成了很重要的优势，因为它们意味着可重复性，提高了可靠性又保证了可验证性。

9.5　执行器

执行器是能将来自控制器的低功率信号转换为可操作被控过程的高功率信号的转换器。

典型的执行器有控制物料流程的阀门、移动负载的电机和提供电压和电能的功率放大器。

在理想情况下，进入被控对象的信号应该是由控制器发出的控制信号。

（1）平滑

执行器必须将控制计算机中的数字值转换到对象输入的物理区域。因为控制命令来自离散时间点，是量化的，所以这个转换过程总是包含一些插值，但是发送至过程的信号必须是模拟的、光滑的。一个零阶保持插值法在如图 9-10 所示中展示出来，它可以使控制命令在采样周期内保持恒定。这是一个不连续信号，因为执行器总是有惯性（它们储存能量），所以也带来了执行器无法即时响应的问题。进入被控对象的输入信号会对控制器的不连续信号做出反应，并且永远不会和它相等，只会单纯做出平稳的反应来跟随它。在一些应用中这非常关键，过程动态特性的模型应该考虑执行器的动态特性。

（2）非线性

执行器都是非线性的。除去像轻微改变增益这样的平稳非线性，执行器通常

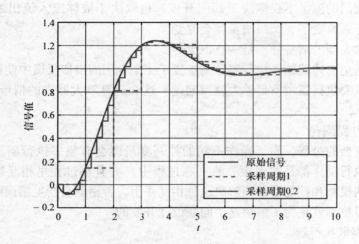

图 9-10　用不同采样速率采样的时间连续信号

有受限制的运行范围。

在处理阀门时，输出限制在全开提供最大流量和全关之间。如图 9-11 中所示的阀门展示了它的内部运转。阀门轴的垂直位移 x，决定了通过阀门的流量 f。

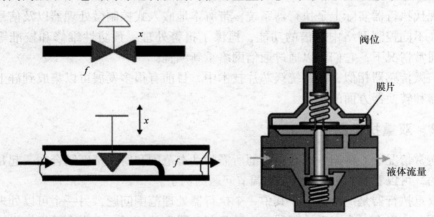

图 9-11　阀门的图示

类似阈值或是死区的非线性和迟滞在执行器中都是很常见的。

由于静摩擦，电机只有在达到了一个最小电压之后才会开始转动。

齿隙在机械执行器里是很典型的，可以看作迟滞。产生原因是轮齿中间的间隙，如图 3-12 所示。

（3）干扰

作为功率放大器，执行器通常依赖于外部功率输入和它本身的特性。

通过阀门的流量不仅取决于阀门开度，也取决于液体流入流出之间的压强差。如果压强改变了，阀门增益就会改变。

功率放大器的增益并不是一直恒定的。

为了避免上述问题，执行器总是被置于一个专用的模拟反馈中使得输出响应为线性。只要执行器增益足够大就没问题。这和运算放大器中的情形是一样的，见 7.3 节。

（4）过程耦合

对于复杂的过程，为了操作不同的控制变量就会有很多执行器。不可避免的，这些执行动作都是彼此相关的（在过程中）并且在过程里相互作用产生响应。过程的模型和控制器必须解决这种相互作用，否则就会产生错误响应。

多变量控制就是为了解决这个问题设计开发的。

（5）离散执行器

如果执行器允许数字输入，那么 D-A 转换器就可以省去。开关执行器，比如开关，就属于这个范畴。步进电动机就更复杂，它接收脉冲序列作为输入并产生合适的离散的轴转动。

9.5.1 智能执行器

现代执行器实际上是执行器系统，带有本地嵌入式控制微处理器以及信号加工和在不同控制网络中通信的功能，提供了报警处理、预防性维修和校准等功能。通常情况下，它们可以通过通信网络重新编程。

与微传感器相似，在系统级芯片技术中，目前有很多发展可以集成到硅上的执行器和转换器方面的研究。

9.5.2 双重执行器

通常情况下，将同一执行器中的所需的动态范围和所需精度结合在一起是很困难的，可以看 8.8.1 节关于 pH 调节问题的例子。

双重执行器是一个方向，其中一个执行器处理范围问题，另一个可以处理精度问题。这里有一个双重执行器用在硬盘驱动器上的例子。音圈电动机提供快速但是粗糙的响应，同时压电执行器提供高精度的更快的响应，但却只能在一个很有限区域内。

想要控制一个有很大范围的流量并且需要很高精度，这种控制是很普遍的。在这种情况下，（见图 9-12），一个大阀门用作对整个动态范围的粗略控制，同时一个与之相似但小很多的控制阀门负责精度。

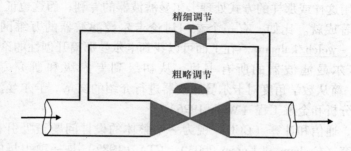

图 9-12 双重执行器：粗略控制和精细控制

执行器
执行器是控制系统的发达的肌肉。 　　执行器通常被视作过程的一部分，因为它们包含了带有非确定性和干扰的动力组件。 　　现代执行器自身就是有本地控制、通信和信号处理能力的系统。

9.6　结论和扩展阅读

对于专门讲解测量原理和转换器的书，我们推荐感兴趣的读者去看 Bannister 和 Whitehead（1991），Klaassen 和 Gee（1996），尤其是 Sydenham（1984），介绍控制是测量的驱动器。但是在这些书中介绍的技术都很快过时了。有一本针对测量基本原理的书是 Berka 在 1983 年写的（毕竟测量是科学方法的核心）。

相似的，执行器的类型和性质很大程度上取决于应用领域，并且主要由技术驱动的。相对近期的概述是 Janocha 在 2004 年写的。多数的书都倾向于关注单一工业或是单一执行器的技术。过程控制工业需要有大量的、频繁更新的工业手册提供服务（Lipták 1995）。

可编程逻辑控制是一项老技术，但有广泛的应用。有一本现代的参考书是 Rohner（1996）。现代的 PLC 并不简单是逻辑控制器了，他们已经演变成为适合通用实时控制应用的完全成熟的工业计算机了。这个领域的标准化相当有限。一些主要的供应商有 OMRON[TM]、Siemens[TM]、Allen – Bradley[TM]（Rockwell Automation[TM] 的一个部门），ABB[TM]，Schneider Electric[TM] 和 GE Electric[TM]。Dropka（1995）是一本有关 PLC 商业家族的书，Matic（2003）是介绍其他 PLC 系列的书。

软测量，特别是卡尔曼滤波器在太多书中都有讨论。在各种各样的应用中，有大量关于用这样或那样的方式处理卡尔曼滤波器的专利，而这也证实了卡尔曼滤波器的显著成就。比如，有一个专门讨论卡尔曼滤波器的万维网站http：//cs. unc. edu/～welch/kalman/。在上面可以找到卡尔曼那篇开创性的论文（1960）以及有关卡尔曼滤波器的所有书目，从初级到专家级和研究专著。Catlin（1989）有一篇从数学角度对卡尔曼滤波器进行介绍的文章。卡尔曼滤波器也用于时间序列分析和金融工程（Wells 1996）。

将控制、通信和计算（CCC）视为一个整体的设计问题正吸引着一大批研究者进行研究（Graham 和 Kumar 2003）。CTA（1982）是一项很早的研究，不过预测了很多时下常见的技术。智能微芯片、嵌入式系统技术和无线个域网络zigbee（Gislason 2008）是推动这项研究的技术的一部分。飞行控制是另一个领域，传感和执行在控制设计中协同考虑。Pratt（2000）是一篇很好的介绍实际飞行控制系统的文章。

PID 控制器是世界上使用最广泛也使用最多的控制算法。在石化、过程制造工业里 PID 控制器无处不在的。Astrom 和 Hagglund（2005）是一本专门介绍 PID 控制的书。而 PID 的变体和不同物理实现方法更是数不胜数。

第 10 章　控　制　设　计

你知道你要什么（假定你知道）

你知道你有什么（你肯定知道！）

但…你知道怎么做吗？

10.1　引言

自然环境的各种过程是事先设计好的。我们只是观察、分析并使用它。为了使用它，我们通常要改变环境，但只有当我们通过设计来改造环境时，才称它为工程系统。

工程系统的设计通常始于描述被改造系统必须提供的服务特征，以及该服务所能提供的性能。在控制设计中，从定义上我们希望系统做什么开始，就是描述系统输出的特点以及输入的限制。为了总结我们的目标，我们通常定义一个评价控制的指标。这是一个定量指标，进行评价并比较各种可选的控制系统实现方法。这就让选择最好的方法变得容易了。

在分析和设计过程中，主要使用两种方法：从上到下或是从下到上。这两种方法都是分而治之解决问题方法的具体形式。通常它们都用在迭代法中。

在从上到下的方法中，我们通过观测一些关键的（外部）信号来研究整个系统。我们怎样影响它的性能呢？系统怎样运行，怎样响应我们的外部输入？能实现什么目标？

就像 W. Gibbs 说的，整体总是比其组成部分相加要简单⊖。然而，如果整体不能大于各组成部分的相加，将各子系统结合成更大的系统就明显没有意义。

整体系统的观点也许是使得我们理解系统性能的关键。如果对我们的目标，这样的观点已经足够的话，我们就不用进一步分析或是设计了。如果我们想要将正在设计系统视作更大系统的组成部分的话，这也会成为一个问题。

有些时候，我们不满意系统的性能。这时，我们就需要放大来看，将系统拆分为子系统，可以识别更多的信号，可以处理的自由度更多。在这个层面上，有了更多的系统细节信息，我们就有能力做得更多，期待也更多。通常，这也是有代价的。当我们开始阐明系统的内部运行机理和结构时，分析和设计任务就会变

⊖　如果试图采用自下而上的观点模拟一个复杂的系统，应该也别注意这一点。

得更加复杂。从若干信号中识别出的子系统都被作为一个单独的系统对待，对它们性能的分析也要在这个尺度上。对于设计过程来说，就不仅需要了解整体系统的需求，也同样要了解子系统的需求。

为了实现对子系统全面的理解，需要将子系统与其他子系统和环境的影响隔离。在综合阶段，子系统之间的相互影响在决定系统的整体性能上起决定作用。如果要实现一个物理系统，不破坏整个系统也许就没办法实现子系统的隔离。

从上到下的方法可以迭代使用，直到我们得到的子系统性能容易理解。这一阶段就意味着整个分析过程的结束。调整子系统不现实或不可实现时，设计通常就停留在这一阶段。

某种程度上，我们在第 3 章用这样的方法展示了一些应用。

当我们用子系统完成对整个系统从下到上的重建时，才算是完成系统性能的分析，这样才可以理解子系统之间的连接会给系统的整体性能带来怎样的影响。这一步骤会证实我们做的是对的（或是错的）。

从上到下的方法在设计中非常有效，尤其是在对要使用的子系统模块有很好理解的时候。首先，需要明确整体目标或是服务需求。然后，将这些需求分解为低层级的需求，这些低层级的需求连接起来后可以实现更高层级的性能。我们可以根据这些需求设计子系统的逻辑结构，如果将这些子系统连接起来可以实现所需系统目标。

然后，我们需要根据所需性能单独设计每个子系统，依次或是并行设计（这就显现出从上到下方法的优势）。每个子系统的设计都重复这一过程，直到完成一个满足设计要求基本单元或系统。

最后，组合各个子系统，验证每一层的性能指标，自下而上进行，直到对得到的整体目标满意为止。有时，当在某一层的测试失败了，我们就需要折回到上一步。有时很不幸的是，我们需要一直回溯到底层才能发现真正的问题。

从上到下设计方法的优点有：

- 支持已有系统的再使用；
- 通过并行工作路径加快设计过程，各设计小组可以按照各自的设计目标独立工作；
- 使自然测试和评价层次化，让调试更系统化。

自上到下的步骤常用在对相似设备、服务或是系统有很多设计经验的情况下。

在设计全新的功能或不是已有设备时，从下到上的方法更常用。从已知性能的子系统入手，设想一些新的并且可能有挑战性的子系统互连来实现新的功能。组合这些子系统建立新的系统。系统必须要经过测试，并完全建立其性能。这个过程需要一直重复，直到所有的控制目标都满意并且可以保证安全的运行为止。

　　多数设计方法结合使用从上到下和从下到上两种方法，这将根据设计的阶段，可用的经验和遇到的困难来定。

　　相比用系统原型的实验，利用计算机模型在（控制）设计中扮演越来越重要的角色。

　　控制设计，尤其是有关控制子系统的控制设计，遵循着相同的原理。将控制设计视为整体系统设计的组成部分，比将控制设计视为与被控对象或是被控过程有相互作用的子系统的设计更加合理。不幸的是，控制设计通常是在被控对象已经被设计出之后才进行的。当控制成为一种改进被控对象性能的时候，这就是没法避免的情况了，我们必须适应这种情况。如果可以避免这种情况，将控制设计视作系统设计也是一个很大的错误。控制子系统只按照被控对象的特性运行并且修正其特性。因此，由于被控对象的性能，期望的（被控系统的）功能性可能要么已经丢失了，要么难以实现我们期望控制子系统所具有的功能。在所有的设计过程中，都有一些基本的约束和控制难以实现的事。揭示这些约束就是控制理论的主要目标之一。将对象和控制器子系统看作整个系统的组成部分进行协同设计需要优先考虑，可是很少有书讨论这个方法。

　　像第 8 章里讲的，控制用到了两个主要的结构：

　　● 开环或是前馈控制，使用对象特性、外部干扰或是参考信号的知识对被控对象施加输入；

　　● 反馈，依靠被控过程自身的信息来决定合适的控制作用。

　　为了实现被控系统的目标，也可以综合使用这两种结构。

　　由相互连接的子系统、控制器和被控对象组成的复杂系统应该被分级。局部控制器会用从其对应的子系统获得（也许也从临近的子系统获得）的信息作用于子系统，达到局部性能指标，减小子系统间不利的相互影响。协调全局的控制器会告知局部控制器的精确目标，这样整个系统就精细地协调组织起来达成全局目标。

　　控制子系统必须符合像 8.3 节提到的多样化目标。基于模型的现代设计十分依靠最优化工具来逐渐提升系统性能，因此性能的评估指标就十分重要。通常可用的控制设计方法和工具都是针对某一特定控制目标的。多目标控制可以通过对剩余设计自由度的后续开发实现，因为单个设计目标不能耗尽所有的设计自由度。如果在某一阶段确实没有设计自由度，那么闭环系统的性能可能不会有很强鲁棒性，困难也会随之出现。在这种情况下，最好重新检查性能指标，或者采用多目标优化方法。然而，这样强力的方法确很难实现。随着系统复杂度的增加，最优的概念变得很难定义，而它又是不断改进系统性能所需的。

　　标准的分步解决方法是将目标层级化，如图 10-1 所示的那样。时间尺度和空间尺度分离的观点可以用来减小系统的复杂度，在分级控制中的不同层级上处理不同的目标。总之，这些层级组成了控制设计的整体解决方法。

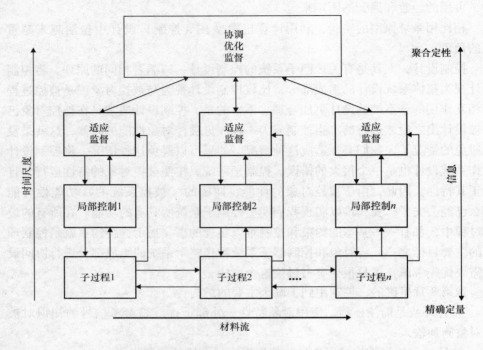

图 10-1　整体框架中的控制分级

在接近物理子过程的最底层响应最快，被控过程的测量用来给局部控制提供信息。信息流要求快、精确和准确，以便实现严格的控制。

经过滤波并与其他局部信息汇集在一起形成新的信息，该信息会传输到更高层级的控制当中，制定关于自适应、优化或是监督的决策。这也可能在更慢的时间尺度上发生，不会影响局部控制器性能，并向更好的全局性能逐渐靠近。

最后，在上面的层级里，信息被汇集并定性表达出来，在子过程的基础上协调被控对象的运行。

本章将简要地介绍针对不同层级的控制设计问题。向对控制设计感兴趣的读者介绍很多参考文献，其中大多涵盖基于计算机辅助控制设计和实用例子。我们会用包括第 3 章介绍过一些应用例子来阐明相应的观点。

10.2　控制设计

处理一个规范的系统或是子系统时，下面的步骤（稍显程序化，因为设计过程普遍都很复杂）在控制设计中比较常见。

首先，明确控制目标，这就意味着必须了解被控对象可以实现什么[⊖]，也意味着我们已经有了合适的对象模型[⊖]来进行控制设计。实际上，我们很可能既不知道怎样明确目标，也不知道怎样实现目标。稳妥的办法是重复之前做过的工作，然后继续探索还有什么地方可以取得进展。不过之前使用的设计规格很可能过于简单。而且，最好的设计并不存在，一般情况下在已有条件下获得进一步提高就已经足够了。

（1）模型

● 明确控制目标。

● 识别可用的输入、物理域和取值范围。至少可利用输入可以明显影响控制目标。否则就需要重新设计被控对象或是重新制定控制目标或是两者同时进行。

● 识别可用的输出。保证所有的性能目标都可以通过测量来取得。如果不能，就需要质疑控制目标的有效性，或是增加传感器（直接传感器、软测量或虚拟传感器）。

● 识别干扰。它们都是可测的么？模型是什么？

● 识别参考信号。先验信息是什么？

● 用所有可识别的信号获得被控过程（控制）模型。确定模型的可靠性。它的约束是什么？

应该考虑执行器尺寸、动态响应范围和性能，如果必要的话（当执行器的动态响应与对象的相似时）就应该作为被控对象组成部分（扩展部分）。传感器也是同样的，它们的动态范围、动态响应以及精度都必须与目标相配。同时，如果传感器有不可忽略的动态响应，这个响应就必须在控制设计开始之前被考虑进来。

在这个时候，被控过程，有可能是增加了传感器和执行器的，已经暂时确定下来。下面就可以得到描绘了所有相应变量的方框图，如图 9-2a 所示。对模型和信号不确定变量的描述可以让模型更完整。

我们现在就能够进行子系统的控制设计了。

（2）分析和设计

● 选择适当的控制结构（前馈、反馈、前馈反馈组合、嵌套、分散控制）并完成一个如图 9-3 所示的方框图。选择信息图表，哪些测量与哪些输入相关是非常重要的。经验在这里起到关键作用（证实了被控对象输出对输入的敏感度，为配对信号提供依据）。所有输入都是可测量的，假设可能会带来极大的灵活性，

⊖ 通过控制让水流上山没有任何意义，因为唯一的能量源来自重力。

⊖ 这通常指的是数学模型，而模型只需适合其目标，不一定需要完全代表被控对象行为。

但使问题过分简单化，同时也让设计变得十分复杂，尤其是对大规模的系统。实际上并没有简单方法可以实现信息结构的选择。此外，它们的数目也会随着输入和输出的数量增加呈指数增长。因此，在考虑所有可能结构之后选择最适合的一个是不切实际的。

• 将控制目标转化为一系列适合所选择控制结构的目标。考虑到这个控制结构会明确每个控制子系统需要达成的目标，这样全部的努力结合起来才能实现整体目标。

• 为每个子控制器和其相关联的控制目标选择合适控制算法，来满足子控制器的动态性能。

• 分析子系统性能，并验证是否实现设计目标。

这时，模型和控制算法也被选定了。最后一个阶段，我们可以评价测试结果来检验是否达到了设计预期。

（3）执行和验证

• 设计验证阶段首先通过仿真，然后使用硬件在回路技术进行实验。按照要求反复调整控制器参数。如果这一步失败了，检验设计性能指标然后重新分析设计，一般情况这意味着部分模型或假设是不恰当的。这一步通常需要从上到下的方法。

• 确定控制器实现。数字控制器需选择硬件和软件来实现控制需求。有很多商业软件包可以将仿真软件设计的控制算法编译进微控制器和软件可编程硬件解决方案，这使得这一步相对容易。通过仿真然后试验来验证控制器实现，同样使用自下向上的方法。

• 综合：将控制、执行器和传感器在被控对象上实现并调试。

• 在全工况内大范围改变实际操作条件来测试并评价控制系统性能。

• 在各种可能出现的故障情况下测试评估被控系统。当安全非常重要时，安全因素就成了设计性能中必要的部分，且重要性明显优先于系统性能。

• 完成调试，将被控系统交至最终用户并提供被控系统的持续监测。

控制设计
总结起来，设计控制器需要： 1）从控制的角度了解被控过程。可以实现的什么，不能实现什么？明确控制要实现的目标，保证目标在被控过程（可接受的）性能之内。 2）选择控制结构并设计控制系统。 比较不同的结构并确定最终选择的控制器。 3）细致调节控制器参数。 实施、测试并证明方案的有效性。

10.3　局部控制

设计过程的步骤已经在前面描绘出了轮廓，1）和3）是控制设计任务的常见步骤。而控制设计步骤2）可能在性质上各不相同，在接下来的章节中会详细说明。

10.3.1　逻辑控制与基于事件的控制

这种情况下的信号是二进制的，代表逻辑真或者逻辑假。无论是开环的还是闭环的，这一类控制问题主要是关于被控对象调度的。

在 3.5 节里描述过并在 8.4 节和 9.3.1 节里回顾过的自动售货机或者自动洗车房就是简单的例子。在这类应用中，控制量的序列很关键。为了描述这个设计过程，考虑一个装填瓶子的过程，如图 10-2 所示。

如图 10-2 所示，传送带可以传输瓶子或是底托。处理这些瓶子时，每个底托会到达一个特定的位置，在这里执行预先编程好的操作。开始时，瓶子会被从加料底托中捡起，放在传送带上。经过清洗、烘干、装填、封闭、贴标签，最后包装放入运输箱里。

图 10-2　瓶子自动装填系统

所有这些过程都是预先设计，一般情况下不会出现问题。每个操作台都是经过编程，只要瓶子在指定位置上就会执行任务并在传送带保持静止的指定时间内完成任务。从全局的视角来看，每个控制台的动作都是根据前馈命令执行的。在局部，闭环控制和模拟信号来完成规定任务。例如，填装操作可以用基于时间的开环方法或者基于使用填装液位的闭环来测定瓶子是否已经满了。原则上整个系统是一个混合体，既需要离散的变量也需要连续的变量。不过从全局观点来看，系统的进程可以通过单纯的基于逻辑的信号来捕获：瓶子是/不是在位置上；是/不是填满了等。控制量也是二进制的：传送带运行/静止，瓶子是开/关的，瓶子是满/空的。过程中的任何一个失误都会触发警报，警报也是逻辑信号，任务完成/任务未完成。

信号是二进制数值时，布尔代数（处理 1 和 0）就可以应用。基本的逻辑运算像与、或、非以及他们的结合都可以用来描述系统动态性能。而且逻辑可以提供一个形式上的设计规格和设计验证。计算机工具可以综合处理这些设计，并给出可以实现整个控制器的计算机程序。

控制方法或是控制程序会变成一串逻辑语句。例如，填装瓶子控制台，可能有这样的形式：

IF "bott – in" (= 1) And "bott – empty" (= 1) THEN "start – filling" (= 1)

IF "bott – full" (= 1) And "filling – removed" (= 1) THEN "bott – move" (= 1)

有很多技术可以处理基于逻辑控制器的分析与设计。它们在计算机科学中扮演着重要的角色。原本这些算法是通过可编程序控制器（PLC）实现的。如图 10-3 所示描绘了一个时序系统的状态机，它由如下部分组成：

1）可数状态，S_1，S_2，…，S_n。这些状态代表着系统可能的运行状态，就像在瓶子装填系统中的那些操作台一样。在每个状态下系统会执行给定的任务或是一组任务或是几组任务直到任务完成，或者其他状态占据优先权。

2）转换，t_1，t_2，…。在系统环境中有对应所有可能逻辑状态的有限目录。如果过程处在一个状态中触发了某种转换，并且如果这种转换实现了，自动机会转移到另一种被使能条件规定的状态。转换自身必须实现或者被使能，并且过程必须在转换生效之前处在使能状态中。

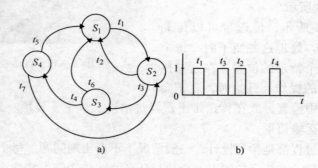

图 10-3 时序系统

a）状态机 b）过渡时间

条件触发状态转换并用一组有限的可行转换来表示。

让我们来解释如图 10-3a 中所示自动机的行为。状态 S_1 使能转换 t_1，而 S_3 会使能转换 t_4，t_5 和 t_6。使能过渡的时间线如图 10-3b 所示。自动机初始状态为 S_1。当 t_1 使能时，它会转移到 S_2。下一个会发生的转换是 t_3，系统就会转移到 S_3。这时，t_2 使能但是什么都没发生，因为系统状态并没有为这个转换使能。系统会保持 S_3 状态，直到 t_4 触发。

观察到如果 t_2 比 t_3 更早触发，自动机的转换就是不同的。大体说来，转换是异步触发的，可以在任何（模拟）时间触发，并且只由逻辑上使转换发生的条件来支配。

设计问题存在于确定一组状态和转换条件，这样自动机可以从任何初始状态移动到期望状态。不希望的状态就要避免。更好的是自动机可以从微小事故后的异常状态恢复。

对于像举出的例子一样简单的系统，设计是一项很容易的任务。难点在于复杂系统的设计。在制造工业中，自动机有成千上万的二进制条件和转换，找出自动机的问题也并不困难。这样系统的状态数会快速呈几何级数增长。n 个二进制条件的描述就带来 2^n 个可能状态。那么，对于 $n=10$、100、1000、带来的状态就是 1024，1 后面 30 个 0，还有 2^{1000}。最后，就是一个比全宇宙原子数还大的数字。这样，如图 10-3a 所示那样的图示就没用了。处理这样的系统就需要特殊工具和适当的软件。

自动机的建模、控制综合和检查理论已经发展成熟了。有很多计算机工具可以为这些理论的实现服务。这些设计工具可以处理的巨大复杂度凸显了控制技术中的巨大进步。

10.3.2　跟踪和调节

最常见的局部控制目标就是无论在被控对象的动态特性中出现怎样的干扰和变化，都将被控变量调节到设定值或是设定值附近的范围内。以规定精度来跟踪给定信号也很常见。

在第 8 章中，我们都讨论过很多已有的局部控制结构，包括反馈、前馈以及它们的结合。有大量的文献专门讨论这类问题。

在这个情况下，信号通常是模拟的，但是也可能用离散时间表示成采样信号的形式或用连续时间来表述。干扰也会用静态方法、随机方法、确定方法或是它们结合的方法来描述。时域和频域的方法还有线性和非线性技术也已经发展起来。系统方法、启发式方法、基于优化的设计以及基于资源定置的设计（recipe based）都是可行的。控制设计由以下几个方面决定：

1）被控过程或对象模型。大多数现代控制设计方法都是基于模型的，利用一些形式的最优化或是使用标准的验证方法。它们都需要被控对象和干扰的数学描述。对象模型可以是：

——单输入、单输出或是多输入、多输出。

——线性或是非线性；

——时变或是时不变；

——基于输入、输出或是基于状态空间；

——以连续时间或是离散时间形式表现，或者使用基于事件计时的方法，或者时间轴的结合；

——随机性或是确定性的；

——精确描述或是作为一组需要同时处理的系统中的一个；

——拥有有限状态空间描述或是需要无限状态空间描述（状态本身是一个方程）空间描述。

可以考虑所有可能的组合。

2）外部信号模型。干扰模型或参考信号模型是各式各样的，必须与正在研究的问题相适合。

——干扰/参考信号模型可以是线性的或是非线性的；

——干扰/参考信号可以是确定性的，在一大组信号当中；

——干扰/参考信号可以是随机的，有确定属性，如模型规定的样本均值；

——干扰信号可以通过输入信号、输出信号或是特定内部信号以及它们的组合影响系统；

——干扰信号可以用累计或是倍增，或是更加显著的非线性方式改变系统；

——干扰特性也许是时变或是时不变的；

——干扰/参考信号也许可测，也许不可测。

3）启发式。有些控制方法是不需要模型的。这时设计就要采用启发式方法，解决一大类系统的设计问题。经验在这些方法中扮演重要角色。

——基于资源定制的设计规则。例如，著名的 Ziegler – Nichols PID 调节过程就是这样一种方法[一][二]。

——基于规则的设计，获取操作员或专家的操作行为。通常用在相对安全的自动过程中（比如拍摄数码照片或是备份录像）。

4）控制目标。取决于控制目标怎样表达：

——作为优化指标，有约束或无约束信号（可以用时间点、时间区间或是终端约束来表达）；

——在频域内（带宽、最大增益、增益裕度和相位裕度）；

——在时域内（时间响应、振荡、时滞、超调、欠调、信号范围条件、信号增益条件、操作员压力缓解条件）；

——结合频域和时域要求的设定条件。

• 操作制度。控制设计可以处理正常运行、故障处理，不确定条件、可变模式和切换条件。这些不同的操作条件通常也需要不同的对象模型。

⊖ 约翰·齐格勒（John Ziegler），1909 ~ 1999，美国化学工程师（1933，华盛顿大学）和仪器设计师而闻名，他以 1940 年在泰勒仪器公司与尼克尔斯联合开发的 PID 参数整定方法而闻名。

⊖ 纳撒尼尔·尼克尔斯（Nathaniel Nichols），1914 ~ 1997，美国控制工程师，毕业于密歇根大学，以 PID 整定规则和控制设计而闻名。因他在控制设计领域的工作，国际自动控制联合会（IFAC）在 1996 年为其颁发了荣誉勋章。

Ziegler – Nichols PID 调节准则

在单位反馈回路中，采用 PID 控制器，确定被控对象输入，需要进行下面的实验。将积分和微分项的参数设置为 0，增加比例增益，直到被控对象的输出为持续振荡。此时的比例增益记为 K_C。测量系统的振荡周期，记为 T_C。

- P 控制，比例增益设计为 $0.5K_C$。
- PI 控制，比例增益设计为 $0.45K_C$，积分增益设计为 $0.55K_C/T_C$。
- PID 控制，比例增益设计为 $0.6K_C$，积分增益设计为 $1.2K_C/T_C$，微分增益设计为 $0.08K_C T_C$。

考虑一个有两自由度控制器结构的设计过程，如图 10-4 所示（也可参见 8.6.1 节）。假设所有信号都是标量，为了方便，也假设所有块都代表线性算子或是线性系统。

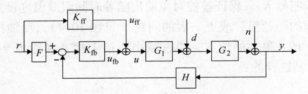

图 10-4 两自由度控制框图

这些方块有下面的定义。H 是测量装置，也用来消除某些测量误差，干扰 n 来表示。F 将参考信号滤波，消除参考信号 r 中可能出现的突变，该突变不能被被控对象跟踪。K_{ff} 和 K_{fb} 分别是前馈和反馈控制器。干扰信号 d 和 n 分别进入过程的内部和过程的输出。被控对象是 $G_2 G_1$，这里将它们分开成两部分，从左到右先是 G_1，然后是 G_2。干扰 d 加在 G_1 的输出上。干扰 n 与 G_2 的输出相加为输出 y，被测量后用到反馈当中。

设计反馈控制器 K_{fb}，保证闭环的稳定性以及抑制干扰的性能。前馈控制器 K_{ff} 提供良好的跟踪响应，将已经由反馈闭环获得的性能再次提升。前馈控制器自身必须稳定，在闭环稳定性上，它不会也不能起到作用。

如图 10-5 中所示的结构在热处理控制问题上十分有用。控制目标是无论炉内发生什么都使炉内的温度跟随预先设定的温度曲线 r。在这里稳定性是次要的关注点（但仍然很重要，因为我们不能容许炉内温度的振荡）。主要设计反馈控制器 K_{fb} 来在存在干扰条件下保证炉温达到设定值，例如开炉门或负载变化等带来的扰动（通过干扰 d 来表现）。

将传感器的固有测量噪声滤掉是通过 H 算子进行的。滤波应该有 $H_n \approx 0$ 的

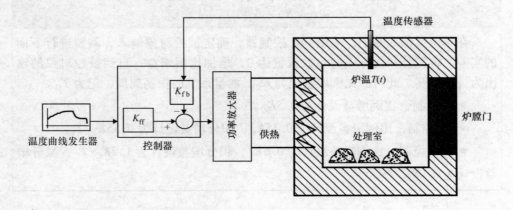

图 10-5　两自由度控制应用

效果，但被控对象的输出应该被精确的检测。这两者总是需要互相权衡。

设计跟踪控制器 K_{ff}，保证被控对象输出随着时间跟踪温度设定曲线 r。

在炉温处理的问题里，或更一般的问题（见图 10-4），反馈控制器 K_{fb} 必须能够消除干扰。在 d 很大的地方，通过减小连接干扰 d 和输出 y 的算子来实现的。这个算子⊖是这样的：

$$y_d = M_d d; \qquad M_d = \frac{G_2}{1 + G_2 G_1 K_{fb} H}$$

注意 K_{ff} 并没有参与运算。使得 $M_d \ll 1$ 的目标是通过将 K_{fb} 放大实现的。但并不是将 K_{fb} 任意放大，因为必须保证稳定性。一般情况下，K_{fb} 会包含一个积分器，因为这会完全消除常值干扰 d 的影响。

下面开始调节跟踪控制器 K_{ff} 的跟踪参数了。它的目标是保证 $y \approx r$。跟踪算子是这样的：

$$y_t = M_t r; \qquad M_t = \frac{G_2 G_1 K_{fb} H}{1 + G_2 G_1 K_{fb} H}\left(F + \frac{K_{ff}}{K_{fb}}\right)$$

抑制干扰和跟踪并不是独立的。但总体来说，我们可以首先进行抑制干扰和保证稳定性的设计，然后设计 K_{fb} 使得 $M_t \approx 1$，来处理跟踪设计的问题。

反馈设计策略如下：

1）调节控制器参数。假设控制器结构已经确定，应该根据一定的步骤来调整参数，比如经验法则或是为了寻找合适设置的参数寻优过程。这在大部分简单应用或是有丰富经验的领域中有很好的效果，比如通用方法（如 PID 控制器）可以解决现在的问题，剩下的任务就是选择实际的参数。

⊖　可以使用 5.6 节介绍的框图代数方法计算得到。

2）配置闭环动态特性。有很多方法确定 K_{fb} 获得合适的闭环动态特性。最常见的方法是状态反馈，是闭环系统响应满足预先设定的闭环响应。该过程通常涉及最优化。

3）改善闭环时间响应。为被控对象增加一个控制器，然后处理时间响应的特性。一般情况下，这是一个大规模最优化问题，但对于线性系统仍然可以有效解决。

4）塑造闭环的频率响应，与时域相似，$G_2G_1K_{fb}H$ 在频域工作。频域能提供更多详细信息，也经常导致更多棘手的最优化问题出现。

5）如果干扰可测，加入附加的前馈控制量比如 $u_{ff} \approx -1/G_2 \cdot d$，可以近似抵消干扰的影响。

6）将给定指标最优化（这是难点所在，什么样的指标是好的指标呢?），这样将扰动抑制到最小，并获得最好的鲁棒性抑制过程模型不确定性，或是最好的跟踪性。

10.3.3　交互作用

目前，我们已经处理了单输入被控对象的问题。而大多数被控过程会更复杂。通常情况下都是多个输入影响多个输出。而且，总是有相互冲突的目标。

很显然，对于每个需要调节或是跟踪的输出信号都要有一个输入与之对应，否则就会变成一个病态问题。如果每个输入只影响一个输出（我们有很多单输入单输出系统的例子），那么问题就很简单了，但实际情况并不是如此。

经典的方法（基于我们在单闭环问题的知识）是将输入、输出配对（例如：u_1 用来控制 y_1，或者对 y_1 与其对应参考输入 r_1 的偏差进行反应，u_2 用来控制 y_2 等）。完成配对工作可以起到显著的效果，比如 u_1 主要影响 y_1，但对其他输出影响很小。因为 u_2 也影响 y_1，从设计 u_1 的控制律来看，输入 u_2（以及其他所有输入）会被当作干扰处理。当然，所有输入都是可测的，这样我们可以利用前馈控制器来辅助消除其他输入的影响，这就称为解耦。

但是通过配对解耦并不总是有效的，并且设计也必须被视为多输入多输出的综合问题。

配对（解耦）会很明显地简化设计问题，因为如果有 m 对信号，我们只需要设计 $2m$［或者进行解耦，$2m+m(m-1)$］个控制器。全部多输入、多输出设计需要考虑 $2m^2$ 个控制规律的设计。在多输入、多输出设计中，额外的自由度预示着可以实现更好的性能，但会更加复杂。此外，如果出现失误（比如测量失效），相比简单的解决方案，重新配置这个复杂的方案可能会非常困难。考虑到所有可能的运行状态，相比更高性能的复杂控制器，我们更倾向于有更多约束性能稍差的控制器。一般情况下，选择合适的控制结构是一项困难的任务。

考虑之前讨论过（见图 7-8）的锅炉控制的例子。原则上，配对的选择很明显：通过水流量来控制水位，通过燃油流量来控制温度或压强，如图 7-8 中所示。然而，这中间有一个很强的内部相互作用，因为温度是通过燃油流量来调节的，蒸汽和水的平衡会改变，这样炉内要求的水量也同时会改变。所以，当燃料流量受到影响时，水流量也应相应变化。同样，往锅炉中加入冷水，这就需要额外的热量输入。设计集中控制器处理这些联系，保证水流和燃油流协调工作，按要求维持水位和温度，似乎是一个有道理的方法。在这个情况下，经验显示每个闭环使用两个自由度的配对方法效果也不是很糟糕。

如图 10-6 所示是造纸机的示意图。决定纸质的主要特性就是比重和含湿量（厚度也很重要）。卷筒速度决定被控对象的产量，当然有很重要的经济价值。控制这些变量有几个选择，但它们明显都是不独立的。被控变量一般是压头箱出口的纸浆流量、干燥辊内部的蒸汽流量、筒压力、纸张速度、纸张张力等。一个好的配对方法是将纸的重量和纸浆流量配对，将纸的水分含量和蒸汽流量配对。这样，其他调节产量的输入变量就都视作干扰，需要解耦处理。

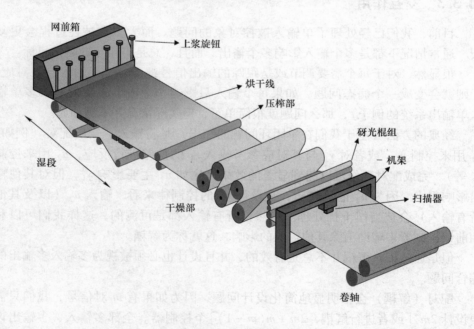

图 10-6　造纸机的控制组件

多输入、多输出系统设计的技术水平已经很高了，尤其是线性系统。根据性能指标和对象模型设计合理的、可接受的控制器的自动化综合包已经出现。

多输入、多输出系统

　　为了独立控制过程变量，至少需要与过程变量相同数目的操作变量。

　　通常，这些变量存在于内部耦合。多输入、多输出系统的控制是通过下面方法中的任一种实现的：

- 解耦，将输入与输出配对，然后将其他输入视作需要抑制的干扰；
- 合作，或者集成，所有输出变量都用控制律与输出相连。

10.4　自适应与学习

　　大部分控制通过使用线性定常系统模型都可以顺利完成。甚至当过程本身是非线性非定常的时候也同样成立。其实控制本身首先是调节信号。只要信号与它们的参考信号接近，线性模型对获得过程特性的本质来说已经足够有效了。

　　然而，有时线性是一种约束性过强的假设，对象特性随时间变化，或参考信号变化太过剧烈，这样就不能忽略被控对象的非线性和时变特性。

　　非线性对于系统来说并不是一个有用的描述，它涵盖范围很广，包括线性。非线性有时是缺乏定义的，所以没有一种可以通用的控制设计方法可以在处理全部非线性问题。

　　自适应控制是一种设计方法，用来处理因过程中由时变或者非线性特性带来的自然时间尺度的系统（Astrom 和 Wwittrnmark 1988；Anderson 等 1986a）。本质上假定在任意时刻开始的一小段时间里，过程可以视作线性甚至是时不变的模型，但在延长的时间标度上这些局部时间模型就会漂移得很远。

　　自适应控制在 20 世纪 50 年代早期建立基础，那时人们正在尝试使用经典频域技术来控制有强非线性控制特性的试验飞行器。

10.4.1　模型参考自适应系统：MIT 准则

　　假定我们想要被控过程与给定模型有相似的输出响应。模型参考自适应系统（MRAS）（Landau 1979）利用模型和过程输出的偏差来调节控制器参数减小偏差。控制器参数和调整机制可以简单，也可以复杂。

　　MIT 规则（Mareels 和 Polderman 1994）第一次提出是为了对单一参数进行自动补偿，这个参数反映了过程时变的要素（可能是非线性因素导致的），如图 10-7 所示。通过一个可调的控制参数来补偿这个参数。参数的调节是根据过程输出偏离理想输出的多少进行的（在这里假定模型的其他部分是已知的），调节这个参数是为了将误差平方的积分最小化。

$$\frac{\mathrm{d}\theta}{\mathrm{d}t} = -k. e. \frac{\mathrm{d}e}{\mathrm{d}\theta} \qquad (10\text{-}1)$$

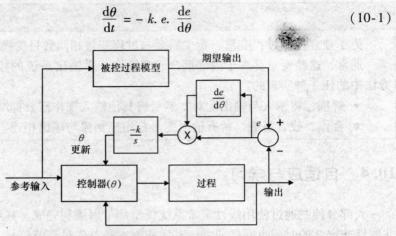

图 10-7　一个简单的 MIT 规则自适应控制律

　　然而，这个控制律并不像看起来那么简单。它的动态特性和被控系统的动态特性很丰富，时至今日也只有理解其中的一部分（虽然关于这个问题有相当多的文献）。只要遵守时间尺度分离的假设，它的性能还是可以接受的，并且很直观。

　　现在，自适应控制可以处理远比当初 MIT 规则设想更多的复杂度，也促进了其发展。Landau 提出的方法将模型参考方法一般化，他将从过程输出获得的信息和从闭环参考模型获得的信息进行比较。如图 10-8 所示的自适应机构会根据被控过程输出误差的估算来计算并更新的控制器参数。

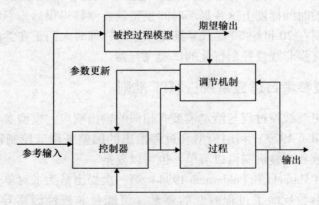

图 10-8　自适应控制：模型参考自适应，MRAS

10.4.2　自校正控制

　　在 Aström 提出的自校正方法中，目标是以过程模型的直接或间接知识来调节控制器参数以尽可能实现控制目标,如图 10-9 所示。

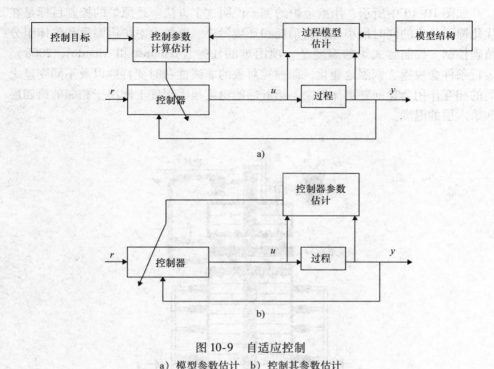

图 10-9 自适应控制

a) 模型参数估计 b) 控制其参数估计

在间接方法中(见图 10-9a),辨识模块估计被控过程参数,用来重新计算控制器参数。根据快速采集的输入、输出过程信息,参数更新就以相对缓慢的速度进行来避免两个闭环的强耦合。相似的,在直接方法中(见图 10-9b),辨识模块通过从被控对象获得的输入、输出信息直接估计(缓慢地变化)控制器参数。

10.4.3 增益调度

增益调度是另一种更简单却在很多实际应用中都很有效的方法,首先选取一系列预先计算好的参数控制器,每个控制器的设计都是基于适应特定运行条件的过程模型的。在正常条件下,根据实际运行状况选取最合适的控制器。当所有运行条件都已知时,这种方法很合适。通常选择一系列的有代表性的运行状况,相应的控制器参数离线计算。控制设计可以是任意类型,控制器甚至可以是不同结构,随运行要求进行调整。为了在实际中运行良好,控制模式的切换不能太频繁,并且必须切换平滑才不会干扰输入信号。例如,飞行控制器就是基于这种方法设计的,根据对飞行器速度和高度的测量来完成调度的。在控制器切换时,控制量根据之前和最新的输入信号的平滑插值来计算。

如图 10-10 中所示，用冶金炉的例子说明这个方法。还原炉的控制目标是在优化镍回收率的同时最小化燃料消耗和环境污染。这要求对炉内温度和气体组分精确控制。控制膛式炉的温度是一项困难的任务（Ramirez 和 Albertos，2008）。运行条件会快速、剧烈地变化，而被控对象的非线性和时变特性以及不同变量之间的相互作用会让问题更加复杂。第五层的温度很大程度上取决于相邻的第四层和第六层的温度。

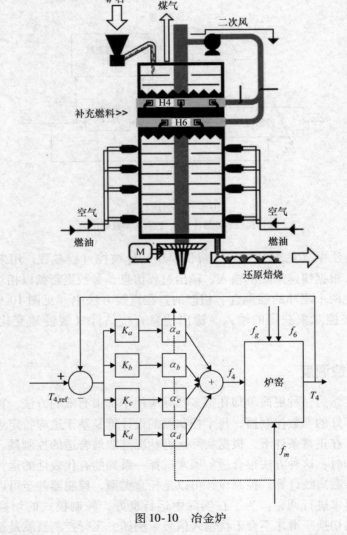

图 10-10 冶金炉

根据炉膛热负载来选取 4 个运行条件。对于每个条件来说都要获得一个温度

（输出）和气流（输入）的线性模型。在不同运行条件下的模型变化很大，没有任何一个的控制器可以在不同条件下工作良好。因此，需要为每个运行条件设计一个特定的 PID 控制器。对于每个正常的运行状态，炉膛当前时的负载是可测量的。然后炉膛负载通过用来进行设计的运行状态加权和来表示，实际的气体流量可以通过与运行状态相关联的 PID 控制器控制量加权和获得，如图 10-10 所示。

10.4.4　学习系统

理想的即插即用控制器会根据过去的经验来学习应该做什么。在一般环境下这样的即插即用控制器很难出现，但在充分约束的环境下，学习控制就是可行的。学习是自适应的高级形式，自适应控制的思想就是大多数自学习控制系统的核心。

学习控制器结构如图 10-11 所示。

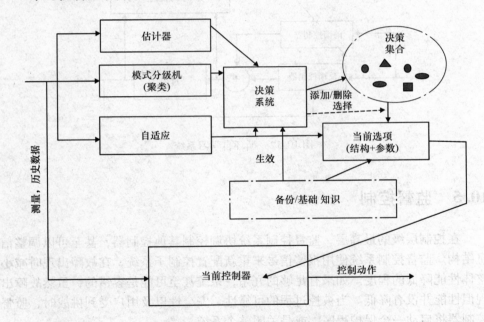

图 10-11　即插即用控制：从零开始

首先设计一组控制器，其中一般都包含一个安全控制器（防止其他控制器都失效）。来自被控对象的信息通过当前控制器处理，决定被控对象当前的输入量；也可以通过自适应模块进行处理，调节控制器参数来保证系统性能；估算模块，计算当前控制器的适当程度；聚类模块，识别不同的运行模式。根据这些模块的输出，决策系统将决定采用哪个控制器是最合适的，管理系统则实现从当前控制器到最新选择控制器之间的转换。

学习控制非常适用于控制含有重复操作的过程。这在许多机器人应用中很常见。比如，焊接机器人必须跟踪一个预设的轨迹来焊接车辆底盘零件。对每个底盘来说该动作都是重复的。相似的机械手集齐部件并将它们按特定次序摆放，反复进行。当这个过程重复的时候，从过去的循环中学习使下一次循环提升也是可行的。每一次循环，控制动作都可以提升性能，即机器人学会怎样执行所需的操作。如图 10-12 所示。这个控制策略命名为重复学习控制。

实际控制动作包含两个部分：一个是通过学习过程不断完善的开环控制或是前馈控制，另外一个是用来处理干扰以及不可学习的、突变过程的反馈控制，如图 10-12 所示。

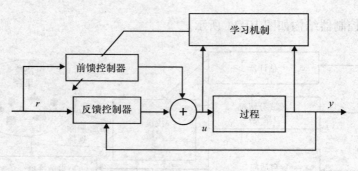

图 10-12　循环自学习系统

10.5　监督控制

在控制层级的最高层，监督控制系统协调控制其他控制器，甚至可以调整信息结构。监督控制系统使用报警信号来重新配置控制子系统，在故障出现时减小整体性能降低的程度。如果有足够的冗余，系统甚至可能是容错的，虽然故障出现但性能并没有降低。当被控过程的可靠性、安全性以及用户受到挑战时，监督控制器将启动一个保护程序，或是关闭整个系统。

例如灌溉系统（见3.3节），当特定区域有大雨量时，受影响的管道进入关闭模式，所有的引水渠必须停止向受影响的管道输水。新的控制目标是在管道中储存尽可能多的水，所有剩余的水必须安全转移出系统，绕开整个农场。在极限情况下，所有的水位、流量设定值均需要重新设置。就像前面讨论过的，有些自适应控制的实现需要一个管理层来决定在一系列预先计算好的控制器中最好的一个。然而，大体来说，监督控制用来处理运行模式间的切换、关闭或者开启，初始化应急程序等。

　　监督可以用很多不同的方式实现，如人在回路或是人力监督，辅以不同层次的自动化和自动推理，或是完全自动化：

　　1）基于警报。对于每个警报，都会预先设置一个特定的系统响应步骤。根据警报，响应可能影响一个小的子系统或是整个系统。典型情况下目标是恢复预警器状态或是新的安全运行状态，或在极端工况下可能会导致关闭。有一个例子是关于配电电网的。监督系统执行故障响应步骤，根据情况调节子系统。

　　2）基于性能。根据从过程中汇集的信息，监督算法计算很多可能出现的情形，或者比较很多提前计算过的情形并挑选下一个动作，调节局部子控制器来处理新情况。这只在系统正常运行的条件下是可行的。这个方法可以与基于警报的方法相结合。

　　3）基于模型。基于模型的监督是（自适应）控制中最先进的解决方案。使用在线数据，被控对象的模型就可以实时更新，同样更新的还有控制目标。全局最优算法监视并跟踪整个过程。这需要在实际模型上有很大的投资，并且需要大量的计算机资源和最高层次的监控和自动化。这个投资需要与运行性能带来的收益来综合判断。航天飞机、太空实验室、飞行器控制和类似复杂科学仪器（碰撞机、例子加速器）的关键过程，都属于这一类别。

　　4）基于目标。监督系统根据目标和当前运行条件切换子控制器。这可以根据查表法或是仿真。这一策略在图 10-13 中描绘出来，监督系统可能会选定一个新的控制结构。

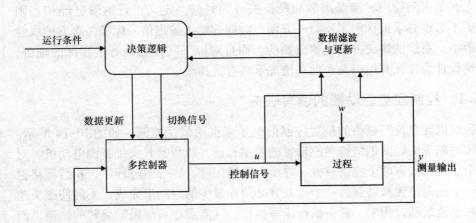

图 10-13　目标驱动的监督

　　大多数监督准则都可以结合使用，不过最后在某个层面上还是要受人监督支配。自治系统可以与环境和人进行，但仍然是一个难以捉摸的研究方向。

10.6　优化控制

一般来说，最优意味着最少。原则上，对于适当选择的标准来说，每个控制器都是最优的。在控制领域的文献中有一些有趣的理论讨论这个效应。按照通俗的理解，一个问题只有一种解决方法，那就是最优解决方法。

然而，最优控制理论在控制设计中扮演着重要的角色。问题描述关注下面要素：

1）对象模型。我们需要一个清晰计算效率高的对象模型来满足控制目标。

2）约束。模型中的信号不能是随意的。约束是问题定义中必需的部分。干扰和参考信号的模型也同样需要。

3）设计目标。控制目标是用来比较不同可行方法的标准，决定哪个或哪一组方法最好。时间最优、能量效率、最大干扰抑制都是典型的控制目标。同时，保证系统稳定性是典型的设计目标。控制目标通常涉及模型的输入输出$^\ominus$，有时还要包含约束（信号不能过大，不能振荡等）。在最优控制中，模型本身就是一种约束，因为模型表示了输入和输出间的动态联系。

4）选择/输入。可能被选择的变量和参数是哪些？它们必须满足哪些约束？

有很多方法来设计最优控制器。有关最优控制的文献很多，都与数学上变量微积分联系紧密。大体说来，最优控制设计需要数值方法，很多问题都很难解决，尤其是当问题同时涉及离散和模拟信号的时候。定义可行的解已经相当困难，更不必说寻求最优解了。另一方面，对拥有输入输出信号标准二次方的线性系统模型，系统的解决方法是很成熟的。而且对以下问题已经有了很深的理解，如最优设计为什么有用以及在何种情况下具有鲁棒解。

10.6.1　控制硬盘驱动器的读写磁头

我们以硬盘读写磁头的位置控制的例子来说明最优控制，如图 10-14 所示。支撑读写磁头的轻薄钢结构与驱动臂的末端相连。执行器其实是音圈电动机。对应两个运行模式有两个控制目标：寻道和磁道跟随。在寻道过程中，执行器将磁头从一个磁道位置移动到另一个，并且必须在最少的时间里完成，不能使磁头越界。在磁道跟随过程中，磁头执行读写操作，这需要尽可能跟随旋转的轨道，而因为机械驱动结构（例如偏心）的不完善，磁头和轨道会有相对运动。磁道跟随是抗干扰控制的问题。

$\ominus$　如果性能指标不包含模型的输出信号，该模型是无关紧要的。如果对输出行为进行惩罚，问题通常是病态的，主要导致无法实现的行为。

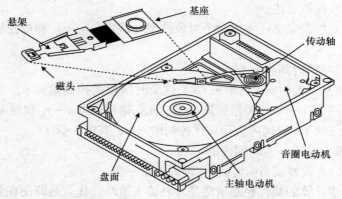

图 10-14　硬盘驱动

更现代的读写磁头会使用双重执行器。在较慢的音圈电动机上安装低惯性压电变换器/执行器。这个压电变换器非常快，但是移动距离却很小，只有两个轨道间距的长度。双执行器的结合可以同时获得速度和精度。图 10-15 展示的是对一个改变读轨道命令的响应过程。如图 10-15 所示，快执行器和慢执行器的作用效果分开表示，来表示它们动作的不同时间尺度。图中很清晰地表明双执行器的响应较传统的单执行器有很大改善。

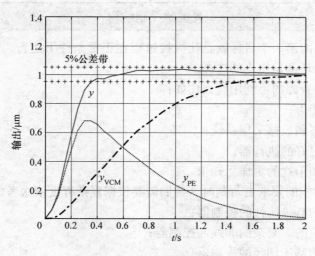

图 10-15　轨道转换

10.6.2　模型预测控制

模型预测控制是第一个在石油工业被广泛接受的最优设计方法。它是借助一类基于滚动时域优化控制问题计算输入的反馈算法，利用实际模型和约束条件。

基本想法可以这样表述：

模型预测控制定义。考虑一个对象模型（假定 $y = Gu$）和被控输出的理想参考曲线（假定 y_r）：

1）定义当前时间为 t。

2）计算从当前时间 t 到未来 $t + T$ 这个时间段的控制输入 u，这样在满足所有约束的条件下让一些相关指标最小化，比如输出误差 $y - y_r$ 和输入量 u。

3）在 t 到 $t + h$ 时间内应用最优控制输入 u，其中 $h \ll T$。

4）测量在 t 到 $t + h$ 时间内的 y。

5）将 $t + h$ 设置成当前时间 t。返回到第一步。

在第一步计算的最优控制策略是开环输入策略。优点是即便在复杂情况下该步也可以被评估，且满足硬约束。很少有方法可以如此有效的处理约束。下一步是在一小段时间内应用这个控制，然后重新计算求解。通过实际测量，产生合适的开环策略，这实际上等效成为一个闭环控制，因为输入会对系统在控制下实际的状况产生响应。这是一个最有效的控制策略，已经有很多模型预测控制在工业中应用的报告（Camocho 和 Bordons，1995）。模型预测控制也有很强的鲁棒性，可以为控制提供很好的策略（只要在开始计算时有合理的模型可以计算输入量）。

先进的控制结构

控制系统的第一个目标就是让被控过程在正常条件下运行。开环控制或是简单的反馈闭环都是优先的选择。

基于更多资源的可利用性，比如：

- 计算能力；
- 传感器和数据采集系统；
- 更多更好的执行器；
- 过程和干扰的更详尽知识。

当被控性能的要求更苛刻时，我们需要根据复杂程度依次考虑：

- 最优的有鲁棒性的控制器；
- 自适应的、复杂的非线性控制器；
- 混合的基于切换的控制器；
- 分级的基于人工智能的控制器。

记住在控制中，稳定性和安全比性能更重要。设计的黄金定律是：简单。记住任何可能出错的东西都会出错。

10.7 总结

当面对过程控制设计问题时，首先将精力放在基本的子系统上。因为那些最完整、最优、最漂亮的设计可以在这一层面上实现（因为问题更简单，更容易描述清楚等）。然而，整个系统的性能是最关键的。任何子系统层面上的最优化可能都是徒劳，因为各局部最优系统的结合未必产生最优系统的性能。

全局系统才是最关键的。子系统的失效对整个系统来说可能是灾难性的。首要的目标是实现一个可行的、可靠的全局设计。细致的调节和优化可以之后再做。任何情况下，优化必须从全局系统的性能而不是从局部的子系统来评判。即使这样，全局优化也许不是首要目标，因为安全和可靠必须要优先考虑。

例如灌溉渠系统，全局优化要求用所有的水位决定所有闸门的位置。这种多输入、多输出设计在纸面上可行，但实际却无法实现，因为它依靠的通信太脆弱得不到保证。利用配对和解耦的次优分散设计，可以很好地运行，有更高的安全性和可靠性。在商业上，Total Channel Control™ 正是应用了这样的解决方案。

同时，因为大多数控制设计是基于模型的，我们需要明白所有模型的有效性都是有限的。因此，在控制设计中，保证已获得的系统性能不依赖于超出有效性区域的模型。例如，考虑电机模型，很容易地总结出输入电压越高电机达到需要转速的时间就越短。问题是可以施加在电机上的电压是有限的，超过了限度电机就会烧毁。有时，模型的有效领域并不被人认识，在完全被人接受之前需要对所有控制设计进行校验和测试。

10.8 结论和扩展阅读

Astrom 和 Murray（2008）是一本介绍反馈系统和设计的书（比本书有更多数学和严格的推理）。这本书可以在网上买到。大体说来，大部分介绍控制的书都需要掌握大学水平的积分和线性代数的知识。面向域控制的参考书并不多见（Albertos，1997）。

谈到自动机的重要性，Turing 和 Von Neumann 的基础工作不能被忽视，可参考 Turing（1992）和 Von Neumann（1958）。Von Neumann、Turing 和 Norber Wiener 创造的自治机械设计仍是系统工程和计算机科学中梦寐以求的。

离散事件系统——在现代制造系统建模和设计中使用的一种通用自动机，在 Cassandras 和 Lafortune（2008）中进行了讨论。David 和 Alla（2005）主要讨论了建模问题，也可以作为教科书。离散事件系统的综合可以参考 Zhou 和 DiCesare（1993）。

多变量控制设计在很多关于控制设计的书里都有讨论和研究，这里列举出几本，如 Albertos 和 Sala（2004），Goodwin 等（2001），Green 和 Limebeer（1995），Boyd 和 Barratt（1991）。如果没有大学水平的微积分包括复变函数和基础线性代数的基础知识，这些书都是很难读懂的。

关于自学习、自适应和自校正控制的概念都很老旧，可以追溯到 1960 年 A. Feldbaum 的双控制准则的构想。这个准则揭示了学习和校正的矛盾。调节会减少复杂度，但是这样就没有什么可学习的。因为学习过程需要有充分激励动态性能的信号，因此与调节过程冲突。任何形式的学习都会导致非线性控制，理解自适应控制的行为将变得非常困难。自适应控制通常会蕴含一些形式的混沌性能。有一些书就是讨论自适应控制的概念的，比如 Mareels 和 Polderman（1994），Goodwin 和 Sin（1984）。在 Anderson 等（1986a）中介绍了一个基于时间尺度分离思想的自适应控制策略。

在 Dlyle（1992）等书中，用经典的方式介绍了频域思想。而在 Green 和 Limebeer（1995）中则有对频域概念更现代、更多代数的处理。如果想了解 Bode 和 Nyquist 工作的历史描述和影响，可以参看 Mindell（2004）一书。

对于双执行器控制的概念及其硬盘伺服系统的应用，在 Chen 等（2006）一书中进行了介绍，我们也引用过这个例子。

模型预测控制将最优化变成了一种控制技术。这些思想和它的应用领域在 Maciejowski（2002）中有很详细的介绍。这个方法首先在石油化工行业里发展起来的，工业应用的成功带动了模型预测控制理论的发展（Camacho 和 Bordons，1995）。在仪器工程手册（Lipták1995）中详细地介绍了模型预测的控制方法，并将这个方法称作处理大型非线性过程的最有效的控制方法。

第 11 章 控制的益处

生命本身，地球的生态
和国家的财富都依靠
错综复杂、不稳定的平衡
世人知之甚少的反馈回路。

佚名

11.1 引言

对于了解工程世界和自然世界的运行机制来说，控制是必不可少的，但仍然很难清楚它的定义。控制是一种隐藏的技术。其实控制和反馈存在于控制算法的智能设计中，并且通过子系统的微妙连接来实施。控制与系统的关系，就像是思维和大脑的关系，这个比喻很好地说明了控制是怎样隐藏的。

在工程世界中，控制和反馈并不局限在工业、制造业或农业的应用中。它们在服务行业里是同样重要的。反馈在风险管理中扮演着重要角色。控制的概念也用来优化机场的客流。系统理论思想已经用在类似管理谈判等一些环境中。在经济中，反馈是供求关系的核心，也是中央银行用利率刺激经济的原因。反馈回路在过程的所有环节都起作用，从恒温器调节室内温度到世界气候的变化。

反馈的巨大益处并不比生命存在和气候稳定的益处小。经济和工程给人带来的益处也不能与之相提并论。而且，如果没有控制和反馈，我们如今的生活水平和长寿在某种程度上都不可能存在。事实上，从工业革命开始，反馈就支撑着经济的持续增长。

在某些层面上，工程控制系统可以看作操作员能够实现的自动操作行为。在这种情况下，控制通过提高被操作活动的可靠性、可重复性和连贯性来实现效益。这方面的例子就是车辆的巡航控制，允许驾驶员不用过度专注于速度控制。另一个案例是车辆燃烧效率的提高。没有控制或反馈，很多系统的开发都会受到很大的影响：卫星飞行、网络、自动灌溉系统、火星地表探测器、无需操作就能导入循环系统的导管和对四肢瘫痪病人思维模式作出反应的自动轮椅等等。

在本章中，我们讨论控制和反馈的益处，这也是维持其进一步发展和应用的动力。

11.2　医学应用

控制对于生物医学工程以及更一般的健康应用的影响是巨大的。

控制对长寿最基本而且最关键的两个贡献是公共卫生洁净水和冰箱的应用，大大降低了我们在饮食中对盐的需求。没有反馈和控制，自来水和冰箱都不可能存在。

精密的控制系统提高了那些因心脏或是其他器官发生病变人的生活质量。例如，透析机依靠自适应技术（压力控制、抗凝作用等）来提供必要的服务。在医院的急诊室，将病人重要参数的检测与治疗措施（来自医生、护士和他们所监控的机器）结合起来，可以极大的提升对病人看护的质量。

在外科手术中，使用无线通信技术的微型机器人设备的发展，让医生可以用微创技术来完成手术和身体状况的检查。

如图 11-1 中所示是一个内科医生在 ALF－X 系统的控制室操作台上，这是 SOFAR S. p. A 和欧洲委员会联合研究中心共同开发的带有触觉反馈的远程机器人手术系统[⊖]。这是一个模块化系统，由 5 个可以通过一个或 2 个手术控制台远程操纵的机械臂组成，可以实现 1:1 的触觉远程传输功能。实际上，就是医生通过一个触觉设备操纵外科仪器尖端所施加的力，这可以让医生的感知跟随手工处理的程序，和施加在仪器轴上的精确控制力结合在一起，触觉传感可以提高手术的效率和安全性。这个系统可以用来做任何形式的腹腔镜检查，很容易适应手术环境及其变化，只要病人的位置和可访问端口距离很近，就不会增加系统接入的时间。

图 11-1　腹腔镜介入手术

⊖　http://ec. europa. eu/dgs/jrc/downloads/jrc_tp2770_force_estimation_for_minimal_invasive_robotic. pdf.

医生完全不用关心手术仪器控制的复杂性，可以专心完成手术。反馈和前馈控制技术（使用仪器的精细模型）对保证手术的成功是必不可少的。

有身体残疾的人承受着很大的痛苦，因为他们即使做最简单的事情也需要依赖别人，在（他们自己和紧邻的生活圈）感情上也遭受着毁灭性的打击。残疾所带来的经济影响很大，因为残疾人没法参加正常的经济活动，并且缺乏可以丰富生活的社会活动，自动控制系统可以在这个领域提供很多的帮助，一个有力的证据就是仿生耳，它是一个通过直接刺激听觉神经使严重耳聋者恢复接近正常听力的前馈控制器。

有许多其他的医疗应用依靠控制和反馈。下面这些可以大致描绘控制在医疗领域里的巨大影响：心脏起搏器、调节血糖水平的胰岛素泵、电动假肢、肌肉控制或是脑电图控制的假肢、声控轮椅、用于治疗抑郁症和癫痫的电子神经元激励器。仿生学这个新兴领域还处在发展初期，但是已经显示了很好的前景。

家庭信息学：

家居自动化（家庭信息学⊖）也十分依赖反馈。

我们大多数的生活消费品（不只是马桶）都用反馈加强功能。冰箱、冷藏室、微波炉、中央供暖和空调都利用简单的温度反馈达到目标。虽然洗衣机、烘干机和洗碟机用到很少的自动操作，但用了很多基于规则的逻辑来最小化用水量，提高效率（有些通过与互联网连接进行远程监控和软件更新，并且通过制造商网站进行预防性维修）。有些洗碟机、洗衣机和烘干机利用动态声音反馈来抑制电动机的噪声。很多像摄像机或是照相机一样的设备，有自动对焦、画面稳定和自动白平衡的功能，这些反馈技术可以让你更专注于按下快门。你的耳机（和你的手机）会利用反馈抑制周围的声音，这样虽然周围有很多噪声，也可以仿佛在一个安静的环境里享受音乐了。它们利用自动增益控制来保证最小失真，有些甚至可以适应声场来创造教堂里的声效。有没有想过轻如羽毛的扬声器为什么能够产生令人难以置信的好声音，然而在过去这些设备重量仅有一吨。反馈和前馈用来将预失真的信号传给扬声器，以补偿它的传递函数，抵消多余的扬声器质量。

上面只是简单地介绍了当前的发展，家庭信息学的全新革命还在继续。光、热、安保和声音在我们一出现时就工作，还可以通过网络连接远程控制。一个自动吸尘清洁的家，或者是一个可以自动吸尘的机器人（可以清除收集的灰尘脏污）怎么样？自己清洗的窗户？一个知道保护花坛的割草机器人怎么样？

⊖　家庭信息学，家和信息科学的结合词。

11.3 工业应用

控制工程和蒸汽机一样占据了工业革命相当重要的部分。在保证产品质量的前提下通过从家庭手工业到大规模生产，获得产量的提升，为 20 世纪的经济成就和提高生活标准打下基础。如果在整体制造工艺中没有精密的控制，上面所说的二者都不会实现。

对于由很多相互作用的子系统组成的复杂系统，控制是必不可少的。例如大规模工程系统，只有依靠控制电力供应网或是水、气、油分配网络才能正常工作。在配电网中，供求关系是通过调整总输电线的频率（50Hz 或 60Hz）来匹配的。供电服务的质量需要电网中合适的电压调节来保证。因特网则从根本上依赖反馈控制节流用户端（计算机和手机）的数据包来保证它的稳定性和功能性，这样才不会超出通信线路的容量。实际上，所有的大规模制造业工厂，例如化工厂和食品加工厂，都依靠控制来保证始终如一的产品质量。如果众多机械部件加工没有严密的控制，一辆现代汽车就没有办法组装成功。如果电路系统中没有嵌入式控制来补偿制造工艺瑕疵的话，以纳米级精度制造的计算机芯片也是不能工作的。

控制和反馈用来克服干扰、自身固有变化以及加工过程中不确定性的影响。

在工程领域（和自然领域）控制存在以下优点：

• 复杂性。在保证每一个子系统按规定运行的条件下，允许建立由一些交互子系统构成的更加复杂的系统。

• 安全性。系统会有更少的损耗和维护。系统性能的监视可以给预防性维护提供依据。

• 高效性。控制系统，使其消耗更少的初级资源（能量、原料），产生更少的废品。自学习和自适应控制可以更好地调节系统性能达到效率最优。

• 多功能。系统运行地更合理，通过反馈控制使不理想的性能受到抑制，或者非自然或是少有的行为也可以通过反馈控制成为可能。

• 高品质。面对不可避免的不确定性和干扰，控制可以提供可重复的，更严格的产品输出。

控制所产生的这些好处都转化成经济利润和产量提升的形式，成为对控制和反馈投资的正确理由。对控制预想的投资回报期有多长呢？回报可以通过单位成本产生的额外收入来实现，或者降低成本来达成同样的收入。在过程工业中，控制通常用来降低运行成本，也可以满足更苛刻的运行要求，比如最小碳足迹或是最小环境影响，这些都可以通过减少原材料和能量的使用，提升过程产出或是减少废料和污染的排放来实现。控制和自动操作的合理性可以通过产量提升，降低运行成本来证明，不需要对工厂设备生产能力进行额外的投资。同样重要的是，控制和反馈的使用可以提高产品质量和产品一致性，这样就可以在市场中有更高的售价。控制的合理性也可以通过提升制造过程的灵活性，减少对操作过程和产品需求变化的响应时间来证明。

我们将从几个方面详细说明。

11.3.1　安全和可靠性

一般来说，控制系统的首要目标就是产生控制动作，也就是对于给定的系统产生合适的输入信号，使输出满足设计要求。我们可以看到任何控制都需要传感器来监控输出，以确保系统正常地运行和执行器作用于被控对象。对这些传感器和执行器不仅要考虑正常运行下实时控制的实现，还要提供诸如安全操作等其他保障：

1）学习　监视被控系统的性能可以让用户对系统了解更多。随着时间的推移，不仅会提升控制效果，而且可以改善系统的安全记录。

2）安全和维护　传感器可以提供建立警报和预测故障模式或是紧急情况的信息，这使得预防性维修得以实施。

3）故障保护　执行器可以在故障条件下工作，通过故障保护、干预策略可以避免重要灾难的发生。当然，执行器同传感器和控制计算机一样，也会引起故障。执行器、传感器以及解析数据和计算控制量服务器的冗余，是保证安全，防止关键设备故障的一般策略。

4）自适应行为　在有些系统里，控制和信息结构（传感器和执行器是运转的，数据从传感器流向执行器，并使用计算机算法）可以随着整个系统的要求来改变。这样的灵活性通常很难实现，总会带来挑战性的设计问题（就像设计复杂度会随着不同信息结构数急剧增加），但也是获得更好运行条件的优势。

情况通常下，在一般的控制过程中真正执行的代码只是控制所有操作模式代码的一部分。在生物学中也是这样，负责正常行为的那部分 DNA 只是整个 DNA 序列中很小的一部分，因为大部分 DNA 是用来防止功能性复制错误的。

只有在安全问题至关重要的一些应用中，控制是主要的驱动力。飞行器自动驾驶控制和核电站的运行就属于这一类。注意在这两个例子中，操作员在控制回路中仍是必需的。

11.3.2　能量、原料或是经济效益

被控系统的目的是满足特定输出性能，保持系统变量在正常运行范围。通常在这些运行条件下，仍有追求能量消耗和原料使用的效率。如果没有，我们可以考虑寻求一种效率和性能之间的平衡。例如，从减少能量耗散和原料消耗所获得

的收益可以证实，更大的产出和较低的品质会导致收入降低。

在一个热冷轧钢厂的产钢过程中如图 11-2 所示，我们可能会惊叹生产最终统一的薄钢板消耗了极大的能量。在这个过程中的任何进步，都可以节省能源，减少废品。同样地，大多数工业过程都利用控制在节省能源、减少原料的使用和减少废品方面有所收益。

灌溉的例子（见 3.3 节）提供了另一种解释。自动操作的主要驱动是将水按农夫要求的时间、地点送到，可以提高农田产量的最大化。另一个驱动力是将水没有损失的传输，可以将水的使用效率达到最大。在用水量很多的地方，后者

图 11-2　轧机

将是输水过程的首要目标。其实单纯根据经济唯理主义，需求量应该根据水价来调节，这样可以最大化提高生产率和经济效益。在缓和经济需求的计划中，控制应该被实施。而且没有控制和与控制相联系的信息基础结构，这项任务是极难完成的。然而，单纯根据经济考量的水分配策略所带来的社会后果可能会很严重，也需要大量合适的政策框架。

11.3.3　可持续性

目前，更具有持续性的消耗更少能源以及使用更少原料并产出较少废物的运行方式已经成为工业系统创新的主要动力。最重要的不只是系统在正常运转条件下运行，还要使其在运行过程中留下最小的环境足迹⊖。

我们很清楚，控制对于实现更具有可持续性的工作方式大有裨益。当然，这需要仪器、分析和设计的投资。

11.3.4　更好地利用基础设施

当生产系统并没有在可接受的范围内工作时，或者在市场当中不再有竞争力，有一种选择是放弃这个过程，建立新的生产力。如今，这是最后的解决办法，

⊖　动力学第一和第二定律告诉我们，没有一个过程可以避免衰变环境中的能量。宇宙中的总能量的固定（第一定律），任何使用能量的过程都会降低能量的质量（第二定律）。

通常这样一笔投资会被推迟到现有基础设施达到使用寿命之后。直到那时，提高维护和现存基础设施的运行才是比较经济的选择（实际上，大部分设备的使用寿命结束被定义为后续建设比从头建立新设施更昂贵的时间点）。

在维护和改良运行条件的投资是系统使用最多的控制方法。通常，也是比较经济的解决方法，因为改装或者升级一个复杂的控制系统的成本比重建一个生产系统要小很多（但也不是绝对这样的，因为后者也需要一个复杂的控制系统）。而且复杂的控制系统能够产生有关系统性能的信息，这些信息可以决定对哪些基础设施进行投资，或者从整体经济角度来看维护是最有利的。

从技术和经济角度上讲，对更加复杂的控制系统，投资的有效性在很大程度上依赖于被控对象性能的提升空间。因此，要考虑如下问题：

1）当前系统是否有效（从能量角度或是耗费原料的角度）？还有没有足够的提升空间（经济的或是技术的）？

2）基础设施是否足够灵活，可以允许系统性能的改变？调整基础设施或翻新传感器和执行器来提高经济收益有多昂贵？

3）系统正常运行条件离安全上限有多远？正常情况下最优的对象性能是否足够在当前运行条件和安全上限之间重复使用？

4）我们对对象了解多少？既然对象设计时可以允许多种运行条件，甚至有时超越安全上限，那么我们对此是否有更深入的了解？

11.3.5 使能作用

在某些情况下，被控对象和控制的设计结合在一起实现对在不施加控制的情况下，就完全反常（可能不稳定的）的被控对象的控制。

例如前掠翼超声波飞机有很高的机动性，但是它的飞行是不稳定的，没有计算机的辅助是没法驾驶的。两翼升力微弱的不平衡都会破坏飞机的飞行路线，它需要持续的反馈来实现飞行的调整。飞行员如果不借助自动舵的帮助，很难驾驶这样的飞行器，自动舵可以持续地调节机翼使其保持理想的飞行轨迹，实现飞行器的优势在于前所未有的机动性和反应速度。目前还没有这样的飞机，意味着这是一个很艰难的设计任务。

相似的，如果自行车的后轮受转向装置的影响，车就会非常难骑。将人的期望解释成命令来修正转向角，从而保持理想过程中的自动驾驶仪使驾驶完全不同。

倒立摆就是大家熟知的一个例子。摆的自然位置受重力影响处于下垂状态，然而利用控制和反馈，可以让摆维持在一个不稳定的平衡位置。我们所掌握的控制问题，是以直立姿态行走，而不是四肢着地的爬行，也是控制让发射火箭上太空成为可能。事实上，从机械的角度来看，火箭可以近似为一个倒立摆。

在生物技术过程中，除去一些自然不稳定的平衡点之外，高产量和高品质通常是相互矛盾的。控制可以使一个系统到不稳定的平衡上，并将其维持在这种状态，以达成理想的高产量高品质的结果。

反馈的经济利益

在工程世界里，控制和反馈提供给人们经济利益，就像它在自然安全范围内通过对象或过程，或是在开环不稳定的条件下，从运转获得新的功能的能力，已经证明了其合理性。

在开环不稳定的情况下，整个系统的运行和安全都依赖控制和预设的对象子系统之间的相互作用。

更典型的控制可以提供更复杂、更安全、更可靠性以及质量效率的功能。

11.3.6 其他应用领域

目前，控制广泛应用于所有工业和农业活动中，而且越来越多的服务于经济的应用也开始依赖控制和反馈。虽然下述不全面，但在某种程度上足以说明控制和反馈在经济社会中已普遍存在。

1）农业生产：温室内的微气候控制、施肥、灌溉系统、平整土地和自动收割机。

2）汽车工业：机器人装配线、质量控制、汽车部件标准化、软件系统、计算机辅助制动、计算机控制牵引、计算机控制稳定性、光线状况和降雨状况的自动反应、车内温度控制、车内声音激活功能、引擎控制、排气控制、效率和耗油率控制、自动驾驶停车功能和即将实现的从 A 地到 B 地的自动驾驶服务。

3）化工和制药业：调节过程参数、产品产量优化、满足安全需求、能源消耗最小化和生产量或生产效率最大化。

4）制浆造纸：控制实现原料最小化，水和能量最小化、减少废品、提高纸质量、预防性维护、提高仪器寿命、废纸自动循环、使用原料流中的循环纸、造纸厂速度和张力控制和提升处理量（在不降低质量的前提下提高速度）。

5）发电与输配电：控制对提高输电和燃料效率、保持电力参数（电压和频率）在预设范围内、提高国家电网的安全性和可靠性（一个令人满意的电网正常运行时间超过 99.9%）都是必需的。为了提高可持续性能源（风能和太阳能）的入网，我们需要新的控制策略，因为分布式发电与现在的分布负载集中发电的运行模式非常不同。控制也可以通过合理匹配电力供求关系来提高传输效率。

6）银行业和基金管理：投资组合的风险管理或是风险控制、汇率投机、投资组合资产分配和信用卡欺诈都是利用控制和反馈的概念实现的。

7）国防：无人车执行自动监视任务、空对空和地对地防御响应、智能导弹控制、自动导航炸弹和智能炸弹、弹道导弹的船体运动独立平台、直升机自动驾驶降落到船上以及传感器网络监视。

8）灾难恢复：在部署人类救援队存在风险或过于危险的情况下，无人车执行自治的或是受监控的搜索与营救任务。

9）流程再造：人和各类的过程，如机场乘客的吞吐量、银行和政府服务中心的排队或是医院里病人分流，都可以通过使用控制和反馈得到提升。

10）智能基础设施：大型建筑物悬架的主动控制，利用水箱和水泵来分配水使水塔晃动最小，基于使用模式的电梯分布，张力杆控制缓和地震效应分散能量，人工触发的随负载，季节和使用情况调整的暖气设备，自动遮光窗户以及基于交通密度来调整价格的高速公路入口流量控制。

11.4　社会风险

随着控制子系统的应用越来越普遍，人类的工程也越来越依赖控制子系统能正常工作，若控制子系统出现故障时将导致整个系统瘫痪。在现代医学中，寿命终止等同于大脑（完全）衰竭。控制（子）系统的作用在事实上相当于神经系统的人工模拟。

我们所有的基础设施，比如净油器、供水网络、发电机和交通系统，都依靠控制系统有效、持续的运行。而且他们相互依存的关系逐渐加深，甚至通过网络或是内联网的通信设施相连接，可以实现监督、可解性甚至管理控制。管理控制和数据采集（SCADA）系统在工业控制系统中很常见，从学术上来看，它们控制着我们日常生活依赖的环境。

只要这些控制系统保证不被滥用也不受外部恶意信息的侵入，就什么问题都没有。但是，人工系统没有完全可靠的和百分之百的保证。

而且，在这种情况下安全和责任越来越难以平衡，若要同时满足这两种要求就需要额外的工作。我们不仅需要知道没有无故障的系统，而且我们必须接受这种风险。我们需要在无所不在的控制（可以实现社会可持续性的物联网）、不同用户（提供必要的检查和平衡）在不同位置对信息的开放式获取（选择和加工）以及在信息滥用的风险中取得一个平衡。同时这种平衡也需要法律保证，才能使人工改造的世界持续安全的运行。

11.5　注解和延伸阅读

在 Sternby（1996）中，将具体介绍自适应控制在血液透析中的作用。对生物灵感的反馈，在血液透析中作用的一个相对比较新的解释在 Santoro（2008）

一书中可以找到。

耳蜗植入的巨大成功归功于信号处理、反馈和微电子的进步，但首先要归功于 Graeme Clark⊖在研究上的天赋与坚持，这在 Clark（2000）中都有讲述。

机器人学和训练医生的触觉接口等应用研究在不同的领域都有应用。具体的例子可以参见 MUVES 计划，网址

http：//www. muves. unimelb. edu. au/

有源噪声控制或者有源噪声消除是一项广泛应用的技术，在 Snyder（2000）一书中进行了简单的介绍。

家庭信息学、家居自动化和环境智能的发展很快，有很多书探讨了发展趋势和介绍了丰富多彩的机器人和智能家居，在（Soper 2005；Briere 和 Hurley 2007；Karwowski 2006）书中有介绍。

至少从 1869 年，让人惊奇后轮驱动自行车已经面世了，但在路上看不到这样的自行车。http：//www. wannee. nl/hpv/abt/e－index. htm 网站专门介绍这个很有意思的发明。

控制和反馈的简要历史在 Lewis（1992）和 Franklin（2006）一书中都有介绍，这两本书的读者对象是工程专业的学生，是介绍反馈控制中很有名的教材。

从工业革命至今，在世界范围内具有影响的，关于反馈的书似乎正待出版。

关于 SCADA 和其缺点的综述可以参考 Shaw（2006）一书。Lipták（1995）一书也有介绍了 SCADA 的内容。关于无线网络和控制网络的新标准正在开发过程中，详情请访问www. isa. org。

⊖ 动力学第一、第二定律告诉我们，没有一个过程可以避免衰变环境中的能量。宇宙中的总能量的固定的（第一定律），任何使用能量的过程都会降低能量的质量（第二定律）。

第 12 章　展　　望

对未来有极大的期望，
便无须预言。
亚伯拉罕·林肯

12.1　引言

　　仅从我们目前获得的知识来看，反馈和控制深入日常生活各个角落的机会是巨大的。而且，我们很显然还没有穷尽控制和反馈的所有理论或是创新。在最后一章，我们将简略地描述反馈和控制一些最近的进展和有前景的趋势，让我们敢于管窥未来。当然，我们也会忽视许多进步。用亚伯拉罕·林肯的话说，我们对控制领域的未来极有极大的希望，但我们也十分清楚对未来的观点也会受我们自身的限制，我们提供的注释和实例仅仅是为了开阔思路，鼓励我们自己加入和继续分享反馈的快乐。

　　在最后一章，从网络化分布式控制的发展讲起，从云计算的概念讲到环境智能。然后，我们关注自动操作，特别是作为自动操作的一个方向，即我们在本书中淡化处理的机器人技术。人工智能和基于智能体（angent）系统之间的联系在计算机科学领域内研究价值是很清楚的。最后，我们来看仿生技术以及像设计制造电子机械系统一样的设计制造生物系统的前景。

12.2　从模拟控制器到分布式网络控制

　　控制系统的主要思想可以用瓦特调速器表达：一个能够实现我们控制目标（速度）的机械设备，连续操作（开闭进气阀）来实现我们的目标。实际上，瓦特调速器经常被当作工业革命的象征。蒸汽机没有瓦特调速器是无法工作的，而没有蒸汽机则没有整个工业革命。在某些背景下，调速器仍然被视作"高级工程学"。当然，作为控制工程师，我们喜欢调速器这项发明，但它很明显地已成为昨日黄花了。

　　在今天，控制器已经不再是一个专门实现特殊任务的特定仪器了。数字控制是通过简单的软件实施的，在计算单元上运行。任何一个控制任务都与其他的任务分享相同的物理资源（计算能力、通信能力及储存能力），如通信、控制、协调、报告和接口需求等。而且，控制系统不再与被控过程放置在一起。被控过程在空间上是分散的，就像因特网或是电力网，被控过程可以在全球扩张，甚至更远，就像在无人操纵的太空中执行任务。就像执行器和传感器为可以实现的控制目标施加了物理限制，有限的计算和通信资源也是一样的。在分布式传感器/执行器网络上，用分布式通信和计算资源来设计控制，带来了新的挑战和机遇。最基本的挑战就与时间有关。我们用分布在世界各地的时钟测量时间，在同一个系统中就存在许多局部时间，更重要的是有许多不同的时间概念。这些问题该如何协调呢？我们怎样在多个时间轴上描述动态性能，这些时间轴还可能在全局范围内相互冲突（但在局部空间上一致）？从这个角度来看，我们可以找到局部动态性能、周期时钟（也许同步很差）和基于事件计时的模拟时间来解决这个问题。那么如果没有全局时间轴这种概念的话会有很大关系吗？我们很多设计工具都是为了处理这个混合世界而不断调整的，而这个世界最终只是通过标记事件间的互换来实现同步的。

12.2.1　嵌入式控制系统

在被控过程中，实现完全分布和完全集成的应用已经层出不穷。现代的高密度纳米科技计算机芯片或是现代汽车都是这个趋势的良好例证。

如图 12-1 所示，汽车具有的基本控制系统包括：伺服制动（甚至导线制动）、计算机辅助驾驶、牵引力控制系统、主动制导悬挂系统、局部气候控制、声音控制和声音均等化、对环境亮度反应的汽车照明、对环境条件反应的挡风玻

图 12-1　带有分布式传感器的汽车

璃刷、引擎控制、燃料效率和污染控制系统以及巡航控制，有些车还有防撞装置和自动停车的功能。在有些城市，通过交通网络和全球定位系统（GPS）的汽车通信协调工作，防止路上拥堵并提供最短时间抵达目的地的行车路径。

这样，你的车还怎么会不把你从公司带回家里呢？

在车里，控制、计算机和通信网络的基础设施有很多。单纯地从燃料效率的角度来看（更少的电线＝更轻的重量＝更高燃料效率），建立内部无线网络比有线网络更切实可行。

甚至手机也是一个相当了不起的计算机系统，在控制背景下它拥有巨大的潜力。例如，追踪所有手机或所有全球定位系统的信息，将这些信息连入交通网络信息系统，就可以提供驾驶时间、最佳路径的信息，事实上这就形成了一个可以调节交通信号灯，提供个人路径建议，实时改变限速（还有通过与引擎控制单元通信施加可变速度限制或基于全局建议是否采纳来调整过路费的潜力），甚至可以在紧急情况下调节车流数量。利用这样的技术，人们可以基于位置信息和驾驶习惯来设计过路费用户付费系统，在围绕空间使能服务开发的空间信息科学将会有一整套全新的规则。

在这样的大规模应用中，约束也是设计的重要部分。一些新的设计问题也不断出现，怎样在传感器、执行器、通信和计算之间利用和分配可利用的能量？管理整个城市的交通网络需要多少能源？基于反馈的自动交通网络与目前基于政策的开环管理网络相比，其能源效率能提高多少？嵌入式控制系统设计需要考虑如下问题：

1）整个系统会在许多不同的模式下运行，各种各样的子系统需要满足各自不同的局部任务，并且有些局部任务是相互冲突的。全局最优对局部最优和局部均衡（在局部层面以竞争的观点，公平的获取信息和其他资源）的概念需要考虑。

2）通信网络必须处理很多协议和数据，而且网络管理也是整个系统管理中的一个子任务，通信必须可以被打断和复原。网络拓扑结构是具体问题具体分析的。

3）系统的有些部分可能出现故障，但功能性一定能够保证，即使会牺牲一些好的性能。

4）可用电力和资源调度。

5）多任务分享资源，允许一些任务的优先权和再次确定优先权，可以平等获取资源。（适合目标，或最大化收益）。

6）适应和学习的潜能很大。

7）保持可靠性和安全性，当问题出现或可能出现时报警。

8）为了实现目标，系统允许缓慢地扩张甚至收缩。

对于所有大规模控制系统来说，重要的是系统和人类社会如何进行交互？人类接口是什么？我们与这项技术会有怎样的相互影响？关于隐私和个人安全的问题，个人权利和期望与社会权利和期望间的潜在冲突必须全面考虑。

12.2.2　网络化控制系统

在网络化控制系统中，网络中的每个节点（之后我们会提到智能体的概念）都可以完成一些任务，并且每个节点可以获取局部资源，其中大多数有局部的准则和目标。整个网络的协调可以实现网络范围内的广泛目标，如图 12-2 所示，只有一小部分节点被识别，但整个云计算可以视作由相似节点组成。

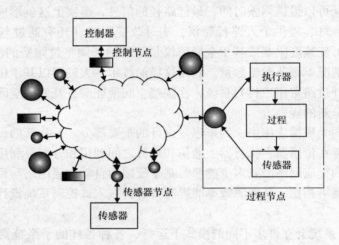

图 12-2　网络化控制系统

如图 12-2 所示，每个过程都有自己局部传感器和执行器系统，其实是它自身的网络，又连接在云计算网络上。用不连接的传感器和执行器这一术语可以描述这种情况。于是物联网就出现了：由网络组成的网络就有了新的潜力，可以分享信息和计算资源，以及拥有合作的能力。这又带来了新的控制问题：如何协作、监控、促进和引导呢？

向谁相信谁这样的问题出现了。从协作中我们得到什么？我们失去了什么？物联网怎样在社会中利用？有很多研究活动专注在这些问题上。

从控制和反馈的观点来看，问题的复杂性在于分级模型的建立，以及网络信息质量的降低，尤其是因为延时、丢包和潜在的冲突数据以及未能同步的数据。这种普遍的信息可信度降级可以通过传感器的多元性和增加的冗余来消解，软测量可以克服这些问题。在这样的网络中，数据同步就不是一个无足轻重的问题了。

物联网可以被推动到极致，想象一下你的智能 T 恤（你的电脑接口），和你的助听器、鞋和手表，还有家里的冰箱和奶瓶，它们都在网络当中。想象是免费的。你的健康状况被监视，医生会提供健康建议：一切正常但是还需要锻炼。按照你的需要，安装助听器的新软件来提高对古典音乐的感知度。接下来将注意力转向即将到来的会议，你会得到消息：有些参会者因为交通问题会迟到 10min。在你和母亲通话，讨论晚饭的问题时，冰箱（正在听着对话）会插话提醒你冰箱里已经没有牛奶了，顺便告诉你在母亲现在所在的街角转过的店里就可以买到。

这样的梦想引导我们来讨论信息物理系统。

12.2.3　信息物理系统

信息物理系统可以定义成一个由传感器、执行器和实时与物质世界交互的计算单元组成的系统，它拥有分布式资源受限的控制系统的全部特点。

关于物质世界的直接信息是通过很多局部仪器获得的，这些仪器在空间上是分散的并且通常是不同性质的。它们感知不同的内容（温度、亮度、速度、触电压力、声音、化学药品），拥有不同的精度和量程，利用不同的采样技术（大概也有不同的时钟）。另一方面，运行性能的需求既有局部的又有全局的，每个部分都有自己的目标但也有系统的整体特性。这样，信息物理系统需要异构物理层、全局决策和控制网络之间的集成，通过分散的和分布式局部传感/执行结构来执行。这种网络的一个很大的困难在于解释传感器数据，甚至识别它们时间上的先后顺序都很难。

信息物理系统的应用和实例在许多技术领域都出现了，包括公用网络、汽车、航天、交通网络、远程通信网络、环境监控、生物医学和生物系统（比如身体网络），还有国防系统。

自治的无人驾驶飞行器控制系统现在可以管理一队自治无人驾驶飞机/潜水艇/汽车，来执行持续从几小时到几天的协作任务。所有成队的自治交通工具有局部导航、引导、故障检测/修复和数据处理能力。它们通过数据交换，尤其是共享传感器信息来协作。任务控制以有限时间和有限燃料为目标优化路径，避免恶劣的环境条件，将任务的效用最大化。在未来，信息物理系统可以在非结构化的环境中执行被指派的任务。它们与其他主动或者被动的部分相互影响并通过反馈优化资源的效用，譬如提高寿命。反馈是处理过程不确定性的一种很好的方法。但在这种情况下，不确定性延伸到了很多其他问题当中，包括即时任务、资源使用、处理智能体或信息处理的决策。

在大多数（可以预见的）场景中，我们可以看见自治的元素（交通工具、机器人、人）在非结构化环境中相互作用，接受来自机载传感器和环境里网络化传感器的数据，与其他周围的智能体交换数据完成预设任务。一个正在进行的项目（PATH⊖），利用网络协调汽车驾驶来提升高速公路的效用，如图 12-3 所示。这个想法来自"Better Place"（一个以减少运输油耗为目标的公司），依靠网络的反馈和控制来实现这个目标。

图 12-3　成队高速行驶的汽车

与结构化环境交互的信息物理系统将复杂的人类意图转化为优先事项和物理行动都是非常困难的，更不要说在非结构化环境，并且很多优先级相互冲突。在这些发展中，CCC（计算、通信和控制）需要以一种比现存方式更合理的方式结合。为了实现诺伯特.维纳在机械环境下真正自治的最初梦想，控制还需要长足的发展，才能产生与人类社会无缝连接并服务社会的机械环境。

设计这样的信息物理系统的主要挑战如下：

1）有效的空间、时间物理系统建模和对这种模型有效性或不确定性的估算；

2）从一系列潜在的、又相互冲突的目标中选择并优化相关的目标；

3）在局部和全局层面保证安全；

4）协调局部活动，在资源有限的情况下参与全局活动。

12.3　从自动操作者到类人机器人

在 18 世纪初的工业革命，利用蒸汽机作为引擎（见图 8-1）将人和动物从大多数耗费体力的活动中解放出来。在 20 世纪中叶出现的计算机则在数据处理上取得了巨大进步，将人类从脑力活动中解放出来，而机器在这方面则更快、更可靠和更持久。对于减小体力活动的残酷驱使到现在并没有减弱，并且大多数重复运动已经获得自动系统的支持。

动力系统、数据处理和制造业自动化的结合仍然是工程学中反馈和控制的一个主要推动力。机械手就是这一方向上的产物，目标是用更快的速度，用更少的自然资源，更少的能源来进行制造，还要提高产品质量。装卸操作多半是自动化的，在有些工业领域里，像汽车制造广泛地使用机器人来替代所有的日常操作。

⊖　Clark Graeme，1935—，澳大利亚的多通道耳蜗植入创始者。仿生耳研究院的创立院长。

机器人给制造单元提供了更大的灵活性，不用牺牲制造速度和精确度。机器人在高度重复的任务上特别有用，因为人的注意力持续时间很快成为主要问题。从控制的角度来说，机器人带来了新的挑战。它们本质上是非线性的，因为机器人动态性能可以用欧拉－拉格朗日形式简洁地描述出来，非线性主要是由于关节间的相互作用，既快又复杂，强迫我们用非线性系统的分析法和综合法来处理。在过去的几年里，有大量的研究围绕它展开（Ortega 等，1998），现在单一制造单元多机器人协作已经很常见了。

然而，尽管机器人用处很大、很可靠。但到目前为止，机器人在代替人来完成园艺工作这一点上，还没有任何工程上的进步。而且与人相比，从能量角度说它们也太过昂贵。

12.3.1　类人挑战

创造一个类人机器人的探求正在顺利进行。

例如，机器人世界杯足球竞标赛（RoboCup）正在开发一队自治机器人队员，使用国际足联 2100 年之前的官方规则，它们可以击败人类足球世界冠军。这可能是一个骄傲的甚至错误的目标。类人机器人的开发可以使它在自己电源的支持下踢一场足球，既没有超越人类足球运动员在机械方面或是其他方面的能力，也从不违反比赛规则，那么没有任何理由相信类人机器人一定能赢，或者应该会赢，除非它们拥有获胜的策略。重点在于没有任何超过人类能力这个事实，让我们关注这样一个问题，类人机器人究竟意味着什么？我们一旦可以建造人形机器人，我们为什么还要在人类能力上停留？钛框架就可以做得很好。很明显，在我们进入这个领域前，需要好好地处理一些严肃的道德问题。一个简单的除草机器人，不会吓到奶奶，对宠物狗也很友好，了解郁金香和杂草的区别，并在自己需要维修的时候（一年不超过一次）提醒我们，这样的机器人就很好。

在这里真正的挑战在于图灵测试[⊖]。很容易想象，机器或是机器人将来能够通过 21 世纪图灵测试的所有目标。那时，我们将有能力用一种自然的方式与机器人做交互。

机器人真的可以让地球变得更好么？也许在我们与机器人打交道之前，我们应该试着与我们自己和我们的邻居和睦相处。

12.3.2　主从系统

可以协助人完成搜救工作或是远程（比如太空任务）实施复杂手术的机器人

⊖ 高速公路高级运输的合作者，在这个方向上有很多进展，参见http://www.path.berkeley.edu/
PATH/General/.

系统很明显已经唾手可得了。事实上，将机器人手术发展到比人手更可靠更精确的完备程度也并没有明显的障碍，尤其是引入了微型手术设备以后。到目前为止，大多数操作都是用人作为环路中最后元素来开环监控的。在这种情况下，人的动作被主从系统中的远程机器复制，虽然远程操作会有延时，为了实现连贯的动作，很多局部操作也是完全自动化的。可能还需要一段时间，机器人才能在医生单纯指挥下实现手术，或者自治机器人在地震灾区进行搜救。

不久的将来，机器手、脚和腿可以提高截肢者的生活质量。主要的问题是如何实现人机接口，使得大脑或神经系统可以对义肢精确的控制。

12.4 控制中的人工智能

机器人自治和信息物理空间的发展自然而然地指向了由阿兰图灵创立的人工智能这个研究课题。因为对自然智能的理解一直是激发对控制论探究兴趣的动力之一，因此人工智能是一个有趣的发展方向。

在控制中，对于智能控制的追求体现了这一趋势。但因为它给人一种其他控制方法都不智能的印象，这个术语多少有些争议。

基于机器学习和机器推理技术的人工智能的概念已经证明了在理论和实际应用中的有效性。机器学习非常适合处理复杂的概念，至少在原则上对于理解易处理问题和不易处理问题的区别是很有用的。解决建模和控制的机器学习方法目前还在发展阶段。成功的应用实例已经开始出现，尤其在难以量化的过程控制上以及在经验和定性描述起主要作用的领域。

神经网络、模糊逻辑、专家系统、进化算法都是这个研究领域的概念。目前，已经有了很多不错的研究成果，但是理论和实践仍然处于初级阶段。可以说，离拥有可靠的灵活的学习（可以总结并结构化的经验）和处理非结构化环境的自主决策能力，还有很长的路要走。

专家系统是人工智能中首先发展起来的。利用逻辑推理和决策图表，专家系统可以解决很多有趣的问题，提供了很好的工具可以用系统的方法获取人类专业知识，并且可以辅助人的推理。例如，大规模紧急情况下的伤员分类可以从专家系统上获得极大的帮助，指导经验不足的医护人员。它们也可以用来协助训练新职员，例如训练复杂仪器的维护人员或通过模拟场景来训练职员处理紧急情况的能力。获取人类经验和建立复杂专家系统的工具仍然十分有限，许多原始研究的问题，尤其是围绕自动推理和新知识开发的问题，在很大程度上仍然没有得到解决。

人工神经网络利用逼近法在强非线性过程的建模上已经有了重要的应用。它们在故障诊断上同样有效，尤其是故障特性和报警条件与强非线性特性和观测量多样性有关。已经有研究人工神经网络的理论和应用的重要文章出现。IEEE 神经网络协会将这个领域的研究定义为，出于生物学和语言学目的的计算范式的理论、设计、应用和发展，这种计算范式涉及神经网络、联结机制系统、遗传算法、进化设计、模糊系统和包含以上各种形式的混合智能系统⊖。

模糊逻辑或是模糊系统，视为神经网络的一个分支，用来系统地处理近似的知识、定性概念甚至是事实带有矛盾的方法。模糊系统大量利用集理论概念，建立概率理论概念（尤其用来调整不完整信息）来描述不确定性。它易于实现的特点引起了很多关注。模糊逻辑概念用在类似洗衣机、洗碗机和录像机这样的消费品上，提供了增强的功能。

神经网络中支持学习、建模和控制的技术利用了遗传算法和进化设计的概念。这些技术的核心本质上是利用拥有良好的全局可逼近特性的特定类型非线性模型处理大量变量的优化方法。直观地来看，它们借助了生物进化理论这一概念。

在控制和系统工程学背景下的机器学习基础理论概述可以在 Vidyasagar（1996）中找到。

尽管神经网络的研究已经取得了巨大的进展，并有着广泛的应用，但是人工神经网络理论和实践仍然与实现完全自主的、可以在监控和不监控两种环境下学习，以及可以推理和挖掘新知识的人工类人脑设备的目标相差甚远。在我们看来，在没有解开人脑功能结构之前这个目标是不会实现的。从设备的角度来说，（超级）计算机可以用人脑细胞数量（1000 亿个晶体管是可以想象的）的元件来建成。而且这些电子设备可以用神经细胞刺激的百万倍速度来切换，原则上它们可以用连续不断的方式这样切换几年。仍然处于落后地位的电子世界依旧保持着原始的输入输出能力（包括传感器的多样性和原始的输入带宽，人脑的输入带宽可以达到每秒切换 10^{18} 件事，这是根据输入到皮质的突触数量估计而来的）和实际的学习储存知识的特性。能量消耗和储存密度是人脑与人工大脑十分不同的另一方面，人脑要超过人工大脑几个数量级。没有大量专注于人脑的研究成果是不可能的。毕竟心理健康的前沿领域才是最能引起挑战性兴趣的，在有云计算和流计算的稳定进展后，我们可以在 21 世纪末看到拥有人脑一样能力和功能的人工大脑。

⊖　阿兰图灵在他 1950 年的论文"计算机械和智能"中讨论过这个问题。如果一个人无法用日常语言作为交互媒介来辨别人和机器交流者的区别，那么机器就通过了图灵测试。

12.4.1 环境智能

欧盟 IST 顾问组 2003 年报告[⊖]，定义"环境智能"为覆盖智能接口的传感器和执行器的基础设施环境，通过嵌入类似家具、衣服、汽车和公路甚至是类似绝缘材料的建筑材料以及类似涂料的装饰颗粒等日常对象中的计算联网技术支撑。环境智能构想了一个精确计算、高级联网技术和人类接口的信息环境。这样的环境可以意识到人存在的特定特征，并将自己调整为用户期望的环境。它可以对指令或是手势智能地做出反应。甚至有人构想了这样的系统，当需要降低指令的不确定性和模糊程度时，系统可以与用户进行智能地对话。大体来说，期望的情况是环绕智能完全不会被用户察觉到。

在环境智能的研究和发展中，很自然地关注到支撑技术：捕获、传输和处理信息。真正的进步在于系统都能够解读数据并作出反应，这就是控制和反馈。不确定性、变化的情况、冲突和时变的目标还有资源限制都是必须处理的问题。自治和与人进行无缝交互的所有概念都需要考虑安全性和等级制度的问题，以及谁真正地处于被控地位。

无处不在的计算、通信和控制是用来实现环境智能的关键因素。因为环境智能有环境与人交互作用的分布式本质，被视作网络控制系统在复杂度上的跨越。然而，在这里也存在所有网络控制环境中的关于空间和时间轴以及关于信息降级和资源协作的问题。而且，需要与跨越不同语言和文化的人的声音、姿态以及行为进行交互的计算资源，目前在人类社会仍是无法想象的，即使有这样的资源，我们也并不能做得很好。如果我们不能建立一个没有冲突的人类社会文化环境，我们怎么能期望创造人和机器之间没有冲突的环境呢？

智能体或是（软件）个体的概念，正用来朝环境智能前进。

12.4.2 智能体

智能体是对环境拥有有限知识的自治独立个体，根据预设的规则和过去从环境中获取的信息进行结合，包括根据用户、其他智能体或是自身利益与其他智能体进行的交互作用，有对这种基于环境的结合做出反应的能力。

这个极简抽象的定义十分普遍。因此使得智能体的分类十分宽泛，包括所有动物和植物，还有像传感器和汽车这样的简单装置。工业企业甚至是视作整体的人类社会也可以看作是智能体的特殊例子。

以智能方式工作的智能体就是做适合自身环境和（当前）目标的事，对变化的环境和变化的指令保持灵活（适应性），从环境中学习并根据获得的信息做

⊖ 原文引自 IEEE 神经网络学报网站。

出正确的选择。

　　多智能体系统是一种实现根植于计算机科学的分布式系统的自适应控制方法。在计算机科学中，这是发展最快、最有前景的研究领域之一。多智能体系统组成了一个处理复杂系统的非常有趣的方法，既可以在模仿或虚拟的环境中也可以控制和维护工业环境。

　　很有趣的研究方向是与智能体合作时出现的性能描述方法有关。一个非常简单的智能体群体的性能也可以十分复杂，就像在聚群和模仿领袖游戏中证实的一样。模仿领袖的执行，就是每个智能体必须模仿领袖（智能体），如图 12-4 所示（考虑与如图 12-3 所示的相似之处）。这里所有的智能体都有相同的目标，需要达成一致，因为它们必须有相同的航向并保持安全的间隔距离。使用了简单的反馈机制，但我们对这样动态特性的理解仍然是很肤浅的，还有很长的路要走。一个特殊的研究方向是根据观察动物世界中的兽群习性和聚群获得的，引发了动物界令人着迷的简易规则确实很引人注目和鼓舞人心。

图 12-4　一群鸟（或者一组装置）

12.5　系统和生物学

　　生命和自然经常可以给工程系统的创造带来灵感。

　　飞机是从鸟获得灵感的。当然飞行器绝不会像鸟一样巧妙，但我们学会了飞得更快、更高。

　　De Mestral 发明的维可牢，是根据刺果粘在衣服和头发上的自然现象得到的。

　　最近生物学定量研究的蓬勃发展，以及描述从蛋白质折叠的亚细胞过程到整个器官的复杂数学模型，展示了系统工程新的机遇与挑战。

12.5.1　生物系统建模

建模生物学的问题不胜枚举。

以细胞过程为基础的蛋白质折叠需要对原子和作用力的性质进行量子物理描述，以飞秒（10^{-15}s）为时间尺度、以纳米（10^{-9}m）为空间尺度，然而一个人的平均寿命大概有 10 亿秒（10^9），以米作为测量单位。跨越时间上 26 个数量级、空间上 9 个数量级的建模实在是极具挑战的。

从反馈的观点来看，什么时候用纳米级的信息来影响单位级的性能才能变得那么重要？保持所有纳米尺度上的信息维持相同尺度上的精确性并不是那么难以置信。同样，我们的经验也表明了这种做法一般是不必要的，但是什么时候知道呢？

如果回想一下运算放大器的工作原理，反馈也可以用在这里。高增益可以解耦系统，尺度也可以用本构关系来归纳总结。基于这种理念的成功例子正在涌现，比如奥克兰大学由 Peter Hunter 领导的生物工程研究所得到的人类心脏的全面模型，也称为奥克兰模型。

正如成功的模型都以成功的反馈设计为基础，在开始这个领域的设计之前有一个方法可以尝试。其中重要的挑战是开发一个的模型库，以及用来表达的标准语言，这样我们不仅可以开始建立新的模型，而且还可以开始用生物基本组成部分来建立综合法。面前的路已经计划好了，但我们才刚刚起步。"in silico"细胞或是细菌的成果仍在几年之后，在这些方向上的发展需要全世界范围内的协作努力。这是很值得努力的，因为它的潜力是巨大的。

12.5.2　生体模仿学

缺少完整的模型和全面的理解并不能阻止我们模仿部分行为，并在建造环境中改装它（例如潜水艇、飞机和维可牢的例子）。

至今最成功的生体模仿学发明最有可能是称为 MP3 的数字音频编码标准。在 MP3 标准中，声音比传统的激光唱片音频标准更密集。而传统的激光唱片音频标准利用奈奎斯特－香农准则用近似准确的实行来呈现声音。MP3 是一种有损压缩形式，就是说在编码过程中信息会丢失。对于耳朵无法听见的声音就没有必要进行录制或编码，根据这个观察结果建立了这种形式。MP3 的声音与最初发出的声音不同，但是我们的耳朵并不能分辨这种区别。物理上很容易就能测量到这种区别，一个传声器就可以辨别，但人的耳朵却不能，这就是心理声学编码或感知编码。对于音乐来说，用 MP3 编码完全可以接受，但是在其他应用中，比如直升机传动箱或是心脏功能的声学诊断中，有损压缩就是不可行的。

12.5.3 仿生学

仿生学为机械学、物理学、电学与生物学的交叉学科，十分依赖反馈。

对听觉神经的多通道（目前的技术发展水平是大约 20 个电极）进行电子刺激的仿生耳（Clark 2000），如果非要与健康耳朵的刺激（大约 20000 个通道）持平的话，可能还只是一个梦。大脑的学习能力与训练（各种形式的反馈）相结合，利用只有人类正常耳朵部分能力的仪器，可以让失聪的人获得正常的生活。如果对健康的听觉神经怎样接受刺激有更好的理解，我们就可以在这项技术上有更多的进步，有极大缩短训练周期的前景。

备件技术的目标并不是我们身体里的某一个器官。大多数器官都可以从反馈和控制概念中获益，毕竟备件替换的身体部分同样利用反馈和控制（与身体其他部分交互作用）实现功能。心脏起搏器必须对身体活动作出反应，人造胰腺可以帮助调节体内的葡萄糖。人造心脏、肺、胃都可以用某种形式获得，可以预见，一整套身体的备件都会出现并且帮助我们生活得更好、更长久。

目前，人造器官和人体的接口还很不成熟。如果与神经（控制和命令）和血液（能量）可以相容的接口出现，可以预见会有更多的进步。利用神经系统或它的命令、反馈和控制的信号以及从葡萄糖中获取能量可以制造出长效的生物工程组件。为了实现这个梦想，我们需要更好的生物学模型以及对生物学和机械/电子设备接口的更深理解。我们所需要的突破点在于理解神经系统中表达信息的编码方式。

12.5.4 生物组件系统

更进一步，可以预见生物细胞和亚细胞将成为工程系统不可或缺的部分。这需要对细胞和细胞机制的精确量化模型有更深入的研究，但是在概念上，从系统工程学角度来看并不存在障碍。方框图中的每一个方块拥有一种功能，只要这个功能具有某种特征，它就可以用在设计中。一旦它可以与其他部分（可靠）相连，就可以人工制造。所以考虑到系统生物学（仍需要发展）、生物化学中可以产生与硅连接的可靠制造过程，以及软件工程（可以处理复杂度）的进步，可以想象新一代工程师将利用硅芯片和细胞甚至是器官作为基础单位设计系统。这样的混合技术需要利用两个领域的优势：硅的极高速度和稳定性，可靠并且可重复；与节能相结合，而且对于生物过程有高灵敏性。

想象一下制造一个类人脑计算机，每秒可以进行 10^{15} 次运算、功率小于 10W（比现有计算机好 5 个数量级），并且有如今的硅基电脑使用寿命长，可重复性，精确度高的。如果有这样的设备，图灵测试就显得无足轻重了。

12.5.5 蛋白质和纳米尺度的生化工程

生化工程师可以更普遍的利用细胞和生物特征。我们的构想是创造新的分子、新的药物传递机制或是在身体的原位修复受损组织。也许这项技术可以发展到生长新器官的程度，比如修复耳蜗而不是依靠仿生耳。很难想象，当我们理解生物学到了可以完整编写 DNA、可以创造新的生物或是重新繁殖旧品种的程度，我们究竟还可以实现什么。

利用分子传感、信息处理和分子反馈机制，蛋白质的处理在亚细胞工厂的分子层面完成。蛋白质肯定会带来一些新的问题，但是更重要的是有了新的理解：在复杂环境中更有效地（比如耗能更少）实现反馈的方法。这个领域的研究和发展真的令人振奋和着迷，展现了一个现在只能幻想的高复杂制造业。如图12-5所示药物传递机制的示意图，展示了蛋白质的错综复杂以及"智能"药片的形状。在这样的发展下，反馈和控制可以通过生化过程完全集成。

很明显，这项技术的潜力是极大的，但同时带来了一些严肃的道德问题。我们为什么止步于生产器官？如果只是因为我们可以的话，创造一个没有感情生物机器人是不是符合伦理道德的呢？

 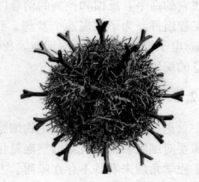

蛋白质模型：～10nm　　　　　　　　　　　　纳米胶囊：～100nm

图 12-5　蛋白质和改造的纳米胶囊的比较

12.6 结论和扩展阅读

关于嵌入式控制系统的信息以及相关的众多研究活动可以在欧盟的项目网页上找到：完美艺术家网络 ARTIST2, www. artist – embedded. org/artist/。Vahid 和 Givargis（2001）有关于嵌入式系统有趣的介绍。

　　目前，网络控制系统是一个非常活跃的研究领域。有专门提供这一领域活动概况的网站：http：//filer. case. edu/org/ncs/basics. htm。Hristu – Varsakelis 和 Levine（2005）将网络控制和嵌入式控制系统汇编在一起的。

　　环境智能在 Weber（2005）和 Remagnino（2005）中进行了详细的讨论。Remagnino 的书尤其关注人机交互的问题。总的来说，处理隐私、安全和道德的问题必须唤起人们的注意（Ahonen 和 Wright 2008）。

　　在 RoboCup™ 的网站 www. robocup. org 上描述了对类人机器人球队的探索。Ivancevic（2006）也有关于类人生化建模和基于欧拉 – 拉格朗日形式控制的理论概述。根据这本书的概念开发了一种综合模拟引擎。

　　在图灵的书（1992）和摩尔的书（2003）中有关于图灵测试的解释。摩尔的书中也综述了相关的思想和相关联的 Loebner 奖。Loebner 奖每年举行一次关于人工智能竞赛，详细介绍见www. loebner. net/Prizef/loebnerprize. html。图灵给人工智能打下了基础。系统理论和人工智能的结合是激发诺伯特维纳的控制论的动力（维纳 1948，1954）。在 1954 年书中提出的道德问题在今天仍然与我们息息相关。系统理论、控制论和人工智能之间的关联以及更加普遍的计算机科学与人脑的关联是 Von Neumann（1958）建立的。

　　智能体和多智能体的计算机科学在 Ferber（1999）的经典著作中可以找到，更近一点的有 Shoham 和 Leyton – Brown（2009）。云计算和流计算的发展在这一领域扮演着重要的角色。

　　在 Alon（2007）中，类似系统工程学的系统生物学解释了前馈和反馈的概念（虽然不是用系统语言）。这一新兴领域的教科书数量实在惊人。Kriete 和 Eils（2006）讨论了我们提到过的计算问题和多尺度问题。从多尺度建模的角度描述现有成果的作品，奥克兰 Peter Hunter 小组关于人类心脏的工作绝对值得一看，网址是：www. bioeng. auckland. ac. nz。利用神经元制造接口并与大脑更大程度的交互作用是神经工程学的领域。脑波人机接口、通过大脑激活的被控假肢以及对大脑变化的更好理解都是神经工程学的领域。Elisasmith 和 Anderson（2004）将反馈控制与神经科学结合在一起。

　　Bar – Cohen（2006）主要讲了仿生学，特别是仿生化学。在 Clark（2000）中可以找到仿生耳的故事。

　　关于未来系统工程、控制和反馈的背景，Holton（1998）值得一读，记住，如果不对人的行为负责，人就不会有真正的进步。

本书由 Springer 授权机械工业出版社在中华人民共和国境内（不包括香港、澳门特别行政区及台湾地区）出版与发行。未经许可的出口，视为违反著作权法，将受法律制裁。

北京市版权局著作权合同登记　图字：01 – 2013 – 8301 号。

图书在版编目（CIP）数据

反馈控制导论／（西）佩德罗·阿尔韦托斯（Pedro Albertos），（澳）艾文·马雷斯（Iven Mareels）著；范家璐等译 .—北京：机械工业出版社，2018.1

（国际电气工程先进技术译丛）

书名原文：Feedback and Control for Everyone

ISBN 978-7-111-59038-5

Ⅰ.①反…　Ⅱ.①佩…②艾…③范…　Ⅲ.①反馈控制 – 研究

Ⅳ.①TP13

中国版本图书馆 CIP 数据核字（2018）第 017060 号

机械工业出版社（北京市百万庄大街22 号　邮政编码100037）
策划编辑：林春泉　责任编辑：林春泉
责任校对：郑　婕　封面设计：马精明
责任印制：孙　炜
北京玥实印刷有限公司印刷
2018 年 5 月第 1 版第 1 次印刷
169mm×239mm · 17.5 印张 · 321 千字
0 001— 3000 册
标准书号：ISBN 978 - 7 - 111 -59038-5
定价：79.00 元

凡购本书，如有缺页、倒页、脱页，由本社发行部调换

电话服务　　　　　　　　　　　网络服务

服务咨询热线：010 – 88361066　机 工 官 网：www.cmpbook.com

读者购书热线：010 – 68326294　机 工 官 博：weibo.com/cmp1952

　　　　　　　010 – 88379203　金 书 网：www.golden – book.com

封面无防伪标均为盗版　　　　教育服务网：www.cmpedu.com